U0213129

"十三五"职业教育国家规划教材

高职学生安全教育

（第三版）

主　编　吴　超　陈沅江
副主编　王　秉　康良国
　　　　刘加杰　安进同

GAOZHI XUESHENG ANQUAN JIAOYU

中国教育出版传媒集团

高等教育出版社·北京

内容提要

本书是"十三五"职业教育国家规划教材。

本书秉承保持前版基本内容、框架和特色不变的原则,新增了国家安全,增加了案例、阅读材料、趣味练习,更新了相关法律等。

本书内容涵盖高职学生当下生活、学习和未来从业所需的基本安全知识,内容共 8 章,包括:通用安全观念、国家安全、生活中的安全、心理和生理健康与安全、公共安全、实验实训与择业安全、职业卫生、职业安全。章节文前提供案例、趣味练习,章末提供阅读材料、思考与练习等。为了利学便教,部分学习资源(共享课视频、案例等)以二维码形式提供在相关内容旁,可扫描获取。此外,本书另配有教学课件等教学资源,供教师使用。

本书既可用作高等职业院校安全教育课程的教材,也可作为企业新员工安全意识和安全知识培训的用书。

图书在版编目(CIP)数据

高职学生安全教育 / 吴超,陈沅江主编. —3 版
. —北京:高等教育出版社,2022.7
ISBN 978 - 7 - 04 - 058954 - 2

Ⅰ. ①高… Ⅱ. ①吴… ②陈… Ⅲ. ①安全教育-高
等职业教育-教材 Ⅳ. ①X956

中国版本图书馆 CIP 数据核字(2022)第 116338 号

策划编辑	李光亮	雷 芳	责任编辑 雷 芳	封面设计	张文豪	责任印制	高忠富

出版发行	高等教育出版社	网 址	http://www.hep.edu.cn	
社 址	北京市西城区德外大街 4 号		http://www.hep.com.cn	
邮政编码	100120	网上订购	http://www.hepmall.com.cn	
印 刷	江苏德埔印务有限公司		http://www.hepmall.com	
开 本	787mm×1092mm 1/16		http://www.hepmall.cn	
印 张	16.25	版 次	2022 年 7 月第 3 版	
			2018 年 7 月第 2 版	
字 数	346 千字		2014 年 8 月第 1 版	
购书热线	010-58581118	印 次	2022 年 7 月第 1 次印刷	
咨询电话	400-810-0598	定 价	38.00 元	

本书如有缺页、倒页、脱页等质量问题,请到所购图书销售部门联系调换

版权所有 侵权必究

物 料 号 58954 - 00

编委会

Bianweihui

第三版前言

Disanbanqianyan

承蒙广大高职院校师生、同行和专家的厚爱,继《高职学生安全教育》(第二版)入选"十二五"职业教育国家规划教材并于 2018 年出版后,2020 年本书又入选"十三五"职业教育国家规划教材。

近年来,国家对高校学生安全教育提出了一些新要求,例如:国家要求深入学习贯彻习近平总书记总体国家安全观,落实《中华人民共和国国家安全法》,将国家安全教育纳入国民教育体系等。同时,近年来,各种安全新问题(如席卷全球的新冠肺炎疫情、实验室安全问题)不断出现,严重威胁高校学生的安全。

显然,上述新要求和新问题对高职学生安全教育的内容提出了新要求。为此,在高等教育出版社的组织下,教材编写组决定在《高职学生安全教育》(第二版)的基础上修订本书,以便更新教材内容,进一步提升教材质量。本次主要修订内容如下:

(1) 新增两章内容。新增通用安全观念和国家安全,包括常见国家安全体系等知识,以便读者掌握国家安全的基本常识。

(2) 修订部分章节内容。结合疫情防控需要,增加防疫安全的内容,帮助高职学生了解疫情防控常见措施;增加防踩踏事件知识、实验室安全意识教育、实验室安全策略教育等学生急需的知识。

(3) 对章节顺序进行调整。为了利学便教,调整了部分内容的顺序。另外,立足当前与高职学生密切相关的新型网络安全问题,增加了移动支付安全、微信使用安全、防范校园贷等内容。

(4) 对章节布局进行完善。新增案例及分析、趣味练习,激发读者的阅读兴趣;

新增小提示,拓展读者的学习思维;新增综合练习题,提高读者学以致用的能力;新增阅读材料,扩大读者的知识面。

(5)对书中细节查漏补缺。修改了个别章节的内容,使教材内容逻辑性更强;修改了部分句子,使语言表达更加流畅;部分内容以图片、表格等可视化方式呈现,使内容更加直观;更新了视频素材,方便读者观看学习;根据国家最新颁布的法律法规标准,更新了安全法规的相关内容,做到常学常新。

我们相信,第三版教材将更好地服务于高职学生安全通识教育和科普工作。由于安全问题高度复杂,安全知识、技能发展迅速,加上作者水平有限,书中肯定有疏漏和不妥之处,恳请大家批评指正!

编　者

2022 年 5 月

第一版前言

Diyibanqianyan

本书为"十二五"职业教育国家规划教材，经全国职业教育教材审定委员会审定。

近年来，随着高职院校改革的深入，高职学生的生活空间不断拓展，他们除了正常的学习、生活，还要参加校内外的实践活动，安全教育问题日益突出。加强安全教育，使学生增强安全防范意识和提高自我保护能力，逐步成为高职院校的重要工作之一。因此，编写出一本高质量，有针对性、系统性的安全教育教材是一项非常重要的工作。同时，要使此类教材内容适应各专业的学生并使他们都有学习兴趣，在选材和编写风格上有一定的难度。编者近十年来一直从事安全素质课程的教学工作，具有许多相关教材的编写经验，而且热心于安全科普的推广工作，有了上述基础，我们相信编写出来的教材定能达到较好的效果。

由于篇幅限制，我们在教材中没有插入太多的案例，大量事故案例及其分析以课件形式作为本书的配套电子资源，供师生拓展学习。另外，如果要了解更多更新的事故案例，可以上网搜索，并进行印证和补充。

本书另配有教案、教学课件和习题等供任课教师参考使用；附录和各章结尾提供了许多安全知识练习。在教材中也设计了很多思考题以及能让同学们参与的社会实践与调查题，使教学内容更加丰富。

理想的安全教育是把安全知识渗透到各门课程中以及生活的各个环节、方方面面，使得同学们都会自然而然地热爱生命，有人文关爱精神，有比较先进和科学的安全理念，处处都自觉地想到安全和注意安全，不仅关注自己的安全，也关心他人的安全。即：人人讲安全,安全为人人;人人需要安全,安全需要人人;人人重视安全,事事才能安全。

本书的特点是：

(1) 内容全面。本书内容涵盖了日常生活中的安全知识、心理和生理健康方面的安全知识、公共安全知识、实训实践与择业方面的安全知识、职业卫生和职业安全方面的基础知识等,书后附有关于职业安全的法律法规知识。这些知识既有适用于在校学习阶段的内容,又有适用于从业阶段的内容;既有基础的通用安全知识,又有较为专业的安全入门知识。

(2) 贴近学生的实际生活。安全教育不是通过教材"单向"灌输和强制规范的,必须具有实用性和可操作性。本书围绕学生的学习、生活以及未来的职业生涯规划,选取学生身边常见的安全现象,促使学生主动学习安全知识、培养自己的安全意识。

(3) 注重形式的趣味性。本书采用科普语言进行编写,提供了众多的安全实例及练习,有利于达到寓教于乐的效果,这既是一个教材编写的创意,更是对教学效果的一个挑战。

本书由中南大学的吴超、陈沅江担任主编。书中的安全漫画(原稿)由中南大学安全工程专业本科生许洁完成。作为教学资源的事故案例 PPT 由中南大学安全技术及工程专业研究生张蓉编辑。衷心感谢本书所引用的参考资料的所有作者。由于时间较紧和作者水平有限,文中肯定有疏漏和不妥之处,恳请大家批评指正。

编　者

2014 年 8 月

目 录

Mulu

资源导航

Ziyuandaohang

第 1 章　通用安全观念

学习目标

1. 领会安全的内涵；
2. 树立、弘扬和践行现代安全价值观；
3. 学习和弘扬安全文化。

1.1　安全的内涵

案　例

汉朝有一个过访主人的客人，看到主人家炉灶的烟囱是直的，炉灶旁边还堆积着柴草，便对主人说："建议你把烟囱改为拐弯的，使柴草远离烟囱。不然的话，将会发生火灾。"主人听了，认为这个客人故意找碴儿出他的洋相，心里很不高兴。不久，家里果然失火，幸好邻居们一同来救火，把火扑灭了。于是，主人杀牛置办酒席，答谢邻居们。有人对主人说："当初如果听了那位客人的话，就不会有火患了，也不用破费摆设酒席了。"

分析：把烟囱改建成弯的，把灶旁的柴草搬走，是消除事故隐患的做法。防患于未然胜于治乱于已成，安全工作需要有先见之明，在祸患发生之前就加以预防，可以避免酿成重大祸害。

1-1   谜底

猜谜底

1. 家在上头好在前头(一字)   2. 年年无事故(古都名)

安全是指一定时空内人的身心免受外界危害的状态。

其内涵包括：① 对时间和空间进行了限定。② 强调以人为本。③ 人受到的危害是来自"外界"的，这一点把安全与人自身的生老病死区别开来。④ 人受到的外界因素导致的危害可分为三大类：身体受到危害，心理受到危害，以及身体与心理两种危害的同时作用或交互作用。⑤ 间接反映了物质损失的危害情况，有价值的物质的损失对人的危害可归属为对人心理的伤害和生理的伤害。⑥ "外界"是指人、生物、制度、文化、自然灾害、恐怖活动等有形无形的事物。⑦ "人的身心免受外界危害"也涉及职业健康或职业卫生等方面的问题。

从中可以看出，安全的研究对象是关于保障人的身心免受外界危害的基本规律及其应用。随着时代变迁，"安全"的概念也会随之发生变化。

1.2   现代安全价值观

案例

"安全是每一个人的事"是美国狂热安全主义者、促使美国于1893年制订《铁路安全生产法》的先驱洛伦索于1874年提出的。这句话非常朴实易懂，但具有丰富的内涵和哲理，其表达出"安全必须依靠所有的人，也是所有人的事"的道理。每一个人都要承担起安全的义务并能够享受安全的成果。只有这样，才能推动安全工作取得成效、提升整体安全水平，而所有人安全观念和意识的强化、安全知识的增长、安全技能的提升等都需要依靠安全科普，安全科普要以全民的安全科普需求为实践基础。

分析：安全科普的主要要求，一是以提高公众的安全素质为目的，以公众的安全科学需求为导向，运用通俗化、大众化及公众乐于接受和参与的方式，普及安全知识，培养安全技能，倡导安全科学方法，传播安全科学思想，弘扬安全文化，以及树立安全伦理道德；二是安全科普要运用安全教育功能、安全科学功能与安全文化功能等。

猜谜底

1. 女人加冠，男人称王(四字词语)　　2. 玄德在时无祸灾(成语)

1-2　谜底

1.2.1　社会主义核心价值观引领的安全价值观

价值观是表现文化的最本质的、最具有决定性的要素。习近平总书记指出，核心价值观是文化软实力的灵魂、文化软实力建设的重点。党的十八大提出，倡导富强、民主、文明、和谐，倡导自由、平等、公正、法治，倡导爱国、敬业、诚信、友善，积极培育和践行社会主义核心价值观。

社会主义核心价值观是中国特色社会主义新时代安全文化(特别是安全价值观)建设的基石和价值观指南。将社会主义核心价值观融入安全文化建设，不仅是培育和创新中国特色安全文化的有效方法，更是促进我国安全、健康、可持续发展的重要途径。因此，要以社会主义核心价值观引领中国特色安全文化建设，实现文化强安、文化筑安的目标。社会主义核心价值观引领的安全价值观也应是当代高职学生学习和倡导的安全价值观。

1. 富强与安全

"富强"引领的安全价值观是："安全是资源，是财富，是投资，是生产力，是民富国强之基，是持续富强的关键保障。"

2. 民主与安全

"民主"引领的安全价值观是："每个人都是安全的主人，安全需要你我的共同监督、参与、发声和建设。"

3. 文明与安全

"文明"引领的安全价值观是："安全是文明进步的重要标志，安全兴则文明兴，要牢固树立安全第一、以人为本、生命至上、安全发展、预防为先的理念。"

4. 和谐与安全

"和谐"引领的安全价值观是："安全是最低的和谐，和谐是最高的安全。倡导和践行安全发展观，推动和谐社会建设。"

5. 自由与安全

"自由"引领的安全价值观是："没有安全就没有自由。为了安全可合理限制自由，但要尽最大可能保护自由。"

6. 平等与安全

"平等"引领的安全价值观是:"安全面前,人人平等。人人需要安全,每一个人的安全都应得到平等保护。"

7. 公正与安全

"公正"引领的安全价值观是:"安全是每一个人的事,倡导安全公正,人人享有安全,保障安全人人有责。"

8. 法治与安全

"法治"引领的安全价值观是:"法治,既是安全治理的利器,也是每个公民安全权利和力量的源泉。强化法治素养和依法治理,用法治思维和手段解决安全问题。"

9. 爱国与安全

"爱国"引领的安全价值观是:"安全是国家生存和发展的前提和基石,维护安全是爱国的基本表现,是爱国的起点。"

10. 敬业与安全

"敬业"引领的安全价值观是:"安全是每个人的责任,安全无小事,常怀安全之心,常行安全之事,尽心尽力、尽职尽责保安全。"

11. 诚信与安全

"诚信"引领的安全价值观是:"安全容不得一丝欺骗,每起责任事故灾难都是对安全诚信的考核。安全诚信,从我做起。"

12. 友善与安全

"友善"引领的安全价值观是:"安全需要友善之心,不得危及他人安全,主动关心他人安全并善于保护他人安全。"

1.2.2 现代十大安全理念

(1) 安全第一,预防为主。"安全第一"是处理安全与其他事务之间关系的准则;"预防为主"具有方法论的意义。

(2) 安全是每一个人的事。在很多情况下安全工作都是互惠的,人只要想活着,都会与安全牵扯上关系。即所谓"人人讲安全,安全为人人;人人讲安全,处处才平安;人人需要安全,安全需要人人;人人重视安全,事事才能安全"。

(3) 安全文化是第一文化。一个人不能没有文化,有文化是人类区别于其他动物的标志;一个人需要学习很多文化,但安全文化是首要的,安全文化不可或缺。如果一个人一点安全文化都没有,那他就不可能生存下来。

(4) 安全教育从出生开始。婴儿出生后,父母总会在养育孩子的过程中多多少少传授一些安全知识,只是称职的父母会更加有意识地、系统性地教会儿女更多的安全知识。

(5) 安全教育是终身教育。社会总是在发展,科学技术总是在推陈出新,人的衣食住行和工作生活环境总是在变化,这些总伴随着出现新的安全问题,也要求人不断学习新的安全知识,如手机安全、互联网安全与信息安全。

(6) 安全是一个系统工程。系统工程本身就是安全的属性,不管系统多大,从微观到宏观,从单一因素入手是解决不了所有安全问题的。

(7) 风险恒存且是动态的。风险存在是绝对的,只是风险的大小不一,有时小到可以暂时忽略而已;如果风险是静态的,那就不会发生什么事故了,事故本身就是动态发展的,而且向坏的方向发展,直至酿成事故。

(8) 有安全知识和意识才能感知危险。隐患之所以是隐患,就是因为其总是有隐蔽性。没有安全知识,我们很难预测很多危险;很多人有安全知识,但没有安全意识,照样出事。如果能够准确预测危险,那对事故的防范就十拿九稳了。因此,一个人承受的风险大小是与其拥有的安全知识的多少成反比的,有的人总是能逢凶化吉,就是因为他拥有更多的安全知识。

(9) 事故总在系统弱处被引发。不管是硬件、软件,还是人自身,在一个系统中,哪里有漏洞,哪里就可能发生事故;在一个有空隙的容器里,水总是从空隙处漏掉;千里之堤毁于蚁穴,哪里有薄弱环节,哪里就容易成为突破口。

(10) 发生伤亡总有前因后果。由于事故发生是动态的,客观上就存在时间因素和时间序列,这也带出了一系列相关事件,有各种直接原因和间接原因,即所谓事件线链和事件网链等。

小提示

为何必须追求绝对安全

安全不只是不出事故,安全也是不断降低人类活动中的风险等级的目标。安全是相对的,很难有绝对的安全。但追求绝对安全可以作为一种信念和精神,有了这种孜孜不懈的追求,就可以带动很多福利事业和科技的发展。这正如人类追求太空移民一样,目标尽管遥远,但其带动作用却非同小可。

1.3 学习和弘扬安全文化

 案 例

在古代,矿工是一种极其危险的职业,矿工们工作时总提心吊胆,一怕塌方,二怕瓦斯爆炸,三怕冒水。基于长期的工作经验,矿工形成了种种禁忌。他们敬鼠如神,哪怕再穷,填不饱肚子,吃饭时总要分一点饭菜给老鼠,吃不下的剩饭也从不带回家。

分析：① 煤矿井中有瓦斯，这种气体会使人窒息和引起爆炸，老鼠和矿工一同生活在井下，它们也受到毒气的威胁，但鼠类对这种气体极为敏感，只有在没有毒气的地方，这种小精灵才出现，所以矿工见了老鼠就有一种安全感，若看不到老鼠在矿井中窜来窜去，即产生恐惧心理。② 井中时常会发生冒顶和推倒掌子面的不幸事故，人们不易发现其征兆，但老鼠特别敏感，若鼠群集体迁移，则预兆事故即将来临。矿工们摸索出老鼠的生活规律后，代代相传，这样就形成了关于老鼠的忌讳。

猜谜底

1. 御林军（四字劳动保护工作用语）　　　2. 体检（三字用语）

1-3　谜底

"大事起于难，小事起于易。故欲思其利，必虑其害；欲思其成，必虑其败。"在中国的历史文化瑰宝中随处可见安全文化。安全是社会的永恒主题，弘扬安全文化是建设平安社会的重要途径。

1.3.1　倡导和弘扬安全文化的意义

安全文化是人类文化的重要内容，为当代人的生命安全提供了极大的帮助。从更广泛的意义来看，倘若能使长期存在于人们心灵深处的那种寄望于神灵保佑的安全意识从旧的迷信中解脱出来，从而相信科学、尊重科学、应用科学，那么就有了实现自身及公众安全的保障。探求实现安全的科技方法，形成群体的安全意识、思维和态度，应该有一个符合自然和社会规律的安全观，那就是努力挖掘、弘扬安全文化。只有当安全文化达到了公众化和社会化水平，即个体的安全文化素质和群体的安全文化效应达到一定的水平时，"安全第一，预防为主，综合治理"的安全方针才算真正落实了。安全文化普及和全民弘扬安全文化之时，就是人类对安全的物质要求和精神境界达到新的高度之日。安全文化建设和传播是公众与社会安全之本。

1.3.2　学习和弘扬安全文化

形成良好的安全文化氛围，非常重要。下面仅用举例的方法，谈一些学习安全文化的要点。

（1）学习各种安全知识。目前，很多专业安全知识正在转化成基础安全知识，例如：家用电器安全（电视机、洗衣机的使用方法等）、交通安全（驾驶安全常识等）、网络安全（病毒、黑客的防范等）、食品安全（有毒物的识别等）、环境安全（装修材料的选择等）等，过去是专业人士才懂得的知识,现在普通人也都知道。

（2）通过欣赏安全漫画学习安全知识。通过网络或书籍等渠道来欣赏安全漫画,学习其中蕴含的安全文化。

（3）通过学习安全警句建立正确的安全理念。例如,"安全、舒适、长寿是当代人民的追求","安全:生产与生命的保证",在这方面有诸多安全文化学习资料。

（4）在娱乐中确立正确的安全观。例如,大量安全谜语、安全幽默（笑话）等都能有助于我们树立正确的安全观。

（5）做安全知识测试题,加深安全知识印象。通过做安全文化测试题,可有效学习和巩固安全知识。

（6）通过看安全动漫、安全沙画、安全小品、安全相声或听安全歌曲等也可轻松学习安全法规知识。

（7）有针对性地阅读一些专门的安全知识读本,系统学习安全知识。

（8）借助个人网络社交平台传播安全文化。借助个人网络社交平台（如博客、微信朋友圈、QQ 空间等）,通过创作安全杂文与安全诗歌等来传播安全文化是不错的选择。但需特别提醒的是,在借助个人网络社交平台传播安全文化时,要注意所传播的安全文化内容的正确性、可靠性、合法性等。

小 提 示

安全文化特征

"安全文化"的提出源于核安全文化,切尔诺贝利核电站泄漏事故后,国际原子能机构（IAEA）的国际核安全咨询组（INSAG）在 1986 年提出安全文化的概念,并于 1991 年发表名为 *Safety Culture* 的报告（即 INSAG - 4）。在 INSAG - 4 中,安全文化的概念首次被定义,并且这一定义被世界上许多国家的许多行业接受,得到广泛的认同。IAEA 把安全文化的发展划分为三个阶段,每个阶段具有不同的特征:

第一阶段:自律阶段,以规则和条例为基础;

第二阶段:自觉阶段,良好的安全绩效成为组织的一个目标;

第三阶段:自为阶段,安全绩效总是能够改进的。

◎ 小　　结 ◎

本章主要介绍高职学生应掌握的基本安全知识,具体包括了解安全的内涵、树立现代安全价值观,并鼓励高职学生学习和弘扬安全文化。

◎ 思考与练习 ◎

1. 如何理解安全的含义?

2. 现代十大安全理念包括哪些内容？

3. 试访问一些安全文化网站。

4. 试着搜集一首有关安全的古代诗词。

5. 试着搜集一个反映古代安全科技水平的例子。

综合讨论一

每年6月16日，是我国"安全生产宣传咨询日"，全国各地都会组织安全宣传咨询日活动，举办应急预案演练周活动，进而增强公民安全意识和减少人员伤害事件。

请结合学校自身特点讨论：如何设计校园安全事故警示教育活动？

综合讨论二

安全涉及每一个人的学习、工作和生活，包括人身安全、财产安全、防火安全、生活安全、交通安全等。要帮助校园里的同学和老师以及其他人员培养良好的安全意识，提供良好的、安全的生活环境，就需要加强校园安全文化的建设。校园安全文化建设是必要的。

请同学们讨论：如何从班级、学院或学校层面建设安全文化？

---------------------------------- ◉ **阅读材料** ◉ ----------------------------------

安 全 文 化

事故统计学研究结果表明，人一生中遇到伤害事件的次数超过100。有的人比较"幸运"，均能"逢凶化吉，化险为夷"；有的人却很"倒霉"，成为事故的牺牲品。人的"幸运"与"倒霉"并不是命中注定的，在某种程度上是可以自己把握的，在很大程度上取决于人拥有多少安全文化。

国家的安全、社会的稳定、厂矿的安全生产、全民的防灾减灾思想意识、公众的安全素质、环境保护、产品安全、生活与生存领域的安全等都属于安全文化的范畴。安全文化是随着人类的生存和发展而产生的，并随之得到不断的创造、继承和发展。安全文化具有光辉的历程，并有各种文字记载，如安全文化史学、安全科学技术发展史学、健身长寿的灵方妙语、防衰抗老的传世诸说等。

安全文化寓于人类文化宝库之中，它不以人的主观意志为转移，是一种客观存在，是人类在生存的实践活动中，依靠集体的智慧和力量以及科学技术的进步，给人类后代留存的瑰宝。弘扬、开发、利用和发展安全文化，使之一代比一代丰富、永世流传，是关系到人类发展、社会文明、国家兴衰的大事，也是人类生存、发展的永恒主题。

安全文化教育是提高全民安全文化素质的最根本的方法和途径。以这种重要的方式来传播和继承安全文化，也是宣传和传授安全文化最有效的手段和极为普通的办法。通过安全文化教育就可以有计划、分阶段、按层次、有目标、系统性地传授安全文化，提高全民的安全文化素质。通过安全文化教育来改变人的思想意识、思维方法，规范人的行为,树立安全文明道德风尚,确立正确的安全人生观和安全价值观,从精神文化和物质文化中,学习保护个人、群体的知识和方法,达到提高全民安全文化水平的目的。在校期间,大学生是被教育者;在未来,他们是教育者和引导者,在提高全民安全文化素质方面将会发挥带动作用。

(资料来源:吴超教授博客)

第 2 章　国家安全

学习目标

1. 掌握国家安全观的内涵及其构成内容；
2. 了解国家保密安全的内容；
3. 了解防范恐怖袭击的应急常识；
4. 了解邪教的特征与危害，能够辨识邪教的表现形式；
5. 了解网络安全和通信安全，掌握预防网络和通信诈骗的方法；
6. 了解政治安全等方面的基本知识。

2.1　总体国家安全观

案　例

　　朱某是北京某大学的一名学生。在北京学习期间，结识了某国驻华大使馆文化参赞龙某，后又结识了某大使馆新任文化参赞萨某。其间，朱某认识了某自治区党校退休老师杜某。后来，萨某提出要朱某及杜某等为使馆收集有关材料，当时朱某及杜某未表示拒绝，并与萨某签订了协议，接受由萨某提供的摄像机、活动经费以及两人的薪酬。朱某和杜某先后前往多地拍摄、录制，返回后，朱某、杜某被抓获，并被追缴了全部拍摄、录制资料。经某自治区国家保密工作局、宗教事务局鉴定，朱某、杜某所收集的资料其密级为"机密"级。其实施的行为严重危害了国家安全。

　　分析：朱某的行为是非法提供国家秘密的行为，严重违反国家保密法，危害国家安全。他在物质诱惑下，在国外机构的指使下做出了有损国家利益的事，沦为国外敌对势力收集情报的"被利用者"。作为大学生，我们要牢记国家利益高于一切，保持应有的警惕，不能出于个人私利泄露国家机密，危害国家利益。

猜谜底

1. 家在上头,好在前头(一字)　　2. 年年无事故(古都名)

2-1 谜底

有国家就有国家安全问题,国家安全涉及国家最根本的利益,维护国家安全是一个国家的首要任务。所以,我们都应当成为国家安全和国家利益的自觉维护者。

2.1.1 总体国家安全观概述

1. 总体国家安全观的内涵

2014 年 4 月 15 日,习近平总书记在主持召开中央国家安全委员会第一次会议时提出总体国家安全观,并首次系统提出"11 种安全",即政治安全、国土安全、军事安全、经济安全、文化安全、社会安全、科技安全、信息安全、生态安全、资源安全、核安全。面对新冠肺炎疫情,2020 年 2 月 14 日,习近平总书记在中央全面深化改革委员会第十二次会议上,把生物安全纳入国家安全体系。国家安全体系的主要内容如图 2-1 所示。

当前我国国家安全的内涵和外延比历史上任何时候都要丰富,时空领域比历史上任何时候都要宽广,内外因素比历史上任何时候都要复杂。

国家安全工作应当坚持总体国家安全观,以人民安全为宗旨,以政治安全为根本,以经济安全为基础,以军事、文化、社会安全为保障,以促进国际安全为依托,维护各领域国家安全,构建国家安全体系,走中国特色国家安全道路。

抓住和用好我国发展的重要战略机遇期,把国家安全贯穿到党和国家工作各方面全过程,同经济社会发展一起谋划、一起部署,坚持系统思维,构建大安全格局,促进国际安全和世界和平,为建设社会主义现代化国家提供坚强保障。

图 2-1　国家安全体系的主要内容

2. 危害国家安全的行为

危害国家安全的行为通常是指国家敌对机构、组织、个人实施或者指使、资助他人实施的有害国家安全的行为。例如:

（1）阴谋颠覆政府，分裂国家，推翻社会主义制度的行为。

（2）参加境外各种间谍组织，或者接受间谍组织或代理人的任务的行为。无论行为人是否接受了间谍组织的任务，是否进行了窃取、刺探、收买、非法提供情报或其他破坏活动，只要参加了间谍组织，即构成了间谍犯罪。

（3）窃取、刺探、收买、非法提供国家秘密的行为。即使在未参加间谍组织，也没接受其代理人任务的情况下，只要主动为间谍机构窃取、刺探、收买、提供情报，也属于危害国家安全的行为。

（4）捏造歪曲事实，制作传播危害国家安全的音像制品的行为。

（5）利用宗教进行危害国家安全活动的行为，制造民族纠纷和煽动民族分裂危害国家安全的行为。

3. 公民和组织应当履行维护国家安全的义务

根据2015年7月1日颁布实施的《中华人民共和国国家安全法》，公民和组织应当履行下列维护国家安全的义务：

（1）遵守宪法、法律法规关于国家安全的有关规定。

（2）及时报告危害国家安全活动的线索。

（3）如实提供所知悉的涉及危害国家安全活动的证据。

（4）为国家安全工作提供便利条件或者其他协助。

（5）向国家安全机关、公安机关和有关军事机关提供必要的支持和协助。

（6）保守所知悉的国家秘密。

（7）法律、行政法规规定的其他义务。

任何个人和组织不得有危害国家安全的行为，不得向危害国家安全的个人或者组织提供任何资助或者协助。

机关、人民团体、企业事业组织和其他社会组织应当对本单位的人员进行维护国家安全的教育，动员、组织本单位的人员防范、制止危害国家安全的行为。

企业事业组织根据国家安全工作的要求，应当配合有关部门采取相关安全措施。

公民和组织支持、协助国家安全工作的行为受法律保护。

没有国家的安全，公民自身的安全就无法得到保障，古今中外，概莫能外。每个公民都应视国家利益为最高、最根本的利益，将维护国家安全列为首要任务。因此，维护国家安全既是党和国家对每个公民的基本要求，也是每位公民应担负的责任和义务。

2.1.2 国家安全教育

1. 维护国家安全的义务

全国人大常委会于2015年7月1日通过的《中华人民共和国国家安全法》第十四条规定，每年4月15日为全民国家安全教育日。

国家安全法第二条规定，国家安全是指国家政权、主权、统一和领土完整、人民福祉、经济社会可持续发展和国家其他重大利益相对处于没有危险和不受内外威胁的状态，以及保障持续安全状态的能力。

在我国,国家安全主要是由国家安全机关负责的。1983年6月,第六届全国人民代表大会第一次会议批准设立国家安全部。1983年7月1日,中华人民共和国国家安全部正式成立。

2015年11月,全国国家安全机关向社会发出通告,"12339"是国家安全机关受理公民和组织举报电话。这条热线是由国家安全部设立的,以方便公民和组织向国家安全机关举报间谍行为或线索。

犯罪嫌疑人王某,大学毕业后应聘到某公司担任业务员,在通过互联网发帖寻找兼职工作时,被网上的境外间谍情报机关人员盯上,对方以某投资咨询公司的名义将其招聘为信息员。受金钱诱惑,王某在明知对方是境外间谍情报机关人员的前提下,仍然不计后果,一意孤行,接受对方任务和指令,积极为之效力。先后多次以旅游的名义到某重要军事目标周边进行实地察看,秘密搜集该营区的地理位置和各种武器装备的型号、数量、位置等军事情报,通过电子邮件,加密传递给境外间谍情报机关,构成了间谍罪。法院一审判处王某有期徒刑10年,剥夺政治权利3年,并处罚金5万元。

2. 普及国家安全知识教育的紧迫性

当今社会,大学生的生活空间大大扩展,交流领域也不断拓宽。在校期间,大学生除了进行正常的学习、生活,还需要走出学校参加各种社会实践活动。在这种情况下,如果缺乏必要的社会生活知识,尤其是安全知识,势必会导致各种安全问题。因此,加强大学生的安全教育,增强安全意识和自我防范能力,已迫在眉睫、刻不容缓。

《中华人民共和国刑法》第一百一十一条规定:为境外的机构、组织、人员窃取、刺探、收买、非法提供国家秘密或者情报的,处五年以上十年以下有期徒刑;情节特别严重的,处十年以上有期徒刑或者无期徒刑;情节较轻的,处五年以下有期徒刑、拘役、管制或者剥夺政治权利。

目前,我国所面临的国际环境复杂多变,安全形势不容乐观。这主要表现为境外敌对势力和间谍情报机构为达到分化、西化中国的目的,一方面利用各种渠道,以公开或秘密的方式,传播西方的政治和经济模式、价值观念以及腐朽的生活方式,培养和平演变的"内应力量"。另一方面采取金钱收买、物质利诱、色情勾引、出国担保等手段,或打着学术交流、参观访问、洽谈业务等幌子,刺探、套取、收买我国秘密。许多大学生国家安全意识不强,具体体现在以下几个方面。

(1)大学生的国家安全观念尚待更新。大学生对国家安全的认识还停留在军事、战争、国防、领土、情报、间谍等传统的、局部的认识上。当前,国家安全既包括国土安全、政治安全、经济安全、军事安全等传统内容,也包括文化安全、科技安全、信息安全等方面的新内容。因此,全方位理解国家安全有助于大学生端正思想认识,增强国家安全意识。清楚地认识到这一点对大学生加强国家安全意识有着十分重要的作用。

（2）大学生的国家安全意识尚待增强。提起国家安全，大学生会自然联想到国家安全机关、军队、警察，这种把国家安全责任全部归于安全专门机构和人员的片面认识，使大学生不能自觉地把维护国家安全与自身的责任联系起来，或多或少地、有意无意地认为"国家安全与己无关"。此种观念和想法是极其错误的，维护国家安全不仅是公民的权利，也是公民的义务。《中华人民共和国宪法》第五十四条规定："中华人民共和国公民有维护祖国的安全、荣誉和利益的义务，不得有危害祖国的安全、荣誉和利益的行为。"《中华人民共和国国家安全法》第六章中明确作出了公民和组织维护国家安全的义务和权利的规定。大学生应该以国家主人翁的姿态，积极履行维护国家安全的各项义务，行使相关权利。

（3）大学生的安全警惕意识尚待提高。随着我国经济发展、社会稳定、人民安居乐业，国际地位与日俱增，和平环境使大学生自觉不自觉地对国内外敌对势力的破坏活动放松了警惕，淡化了安全意识，认为"对外开放无密可保""和平期间无间谍"等。由于思想麻痹，造成国家的一些机密被泄露，更有甚者，因经不起金钱、美色等种种诱惑，而不惜丧失国格人格，出卖情报，给国家安全和利益造成重大损失，教训极为惨痛、深刻。

3. 大学生怎样维护国家安全

有国家就有国家安全工作，无论处于什么社会形态，或者实行怎样的社会制度，都会视国家利益为最高、最根本的利益，将维护国家安全列为首要任务。所以，每位大学生都应当成为国家安全和利益的自觉维护者。

（1）要始终树立国家利益高于一切的观念。国家安全涉及国家社会生活的方方面面，是国家、民族生存与发展的首要保障。所以，把国家安全放在高于一切的地位，是国家利益的需要，又是个人安全的需要，也是世界各国的一致要求。

（2）要努力熟悉有关国家安全的法律、法规，时时有国家安全意识。有人统计，涉及国家安全和保密工作的法律、法规等有一百多种，我们应该有所了解，弄清什么是合法的，什么是违法的，可以做什么，不能做什么。其中，特别应当熟悉宪法、国家安全法、保密法、刑法、刑事诉讼法、科学技术保密规定、出国留学人员守则等，对遇到的法律界限不清的情况，要肯学、勤问、慎行。

（3）要善于识别各种伪装。从理论上讲，有关国家安全的常识、规定都比较完善了，依规行事不会出什么大问题，但是，实际生活比我们想象的要复杂得多。比如，有的情报工作人员采用五花八门的手段，套取国家秘密、科技政治情报和内部情况。如果丧失警惕，就可能上当受骗，甚至违法犯罪。因此，在对外交往中，既要热情友好，又要内外有别、不卑不亢；既要珍惜个人友谊，又要牢记国家利益；既可争取各种帮助、资助，又不失国格、人格。识别伪装既难又易，关键就在于淡泊名利。对发现的别有用心者，要依法及时举报，进行斗争，不准其恣意妄行。

（4）要克服妄自菲薄等不正确思想。任何国家都有自己的安全与利益，也有别国没有的政治、经济、文化、军事、科技、资源和秘密，还有独具特色的传统工艺等。要看到我们也有许多"世界第一"，而且有一系列国家秘密和单位秘密。对这些，如果没有正确的认识，就可能在许多问题上犯错误。

（5）要积极配合国家安全机关的工作。国家安全机关是国家安全工作的主管机关。当国家安全机关需要大家配合工作的时候，在工作人员表明身份和来意之后，每个同学都应当按照《中华人民共和国国家安全法》赋予的义务的要求，认真履行职责。尽力提供便利条件或其他协助，如实提供情况和证据，做到不推、不拒，切实保守已经知晓的国家安全工作的秘密。

2.2　政治安全

 案　例

2016 年 1 月，国家安全机关破获一起危害国家安全案件，成功取缔一个以"中国维权紧急援助组"为名、长期接受境外资金支持、在境内培训和资助多名"代理人"、从事危害国家安全犯罪活动的非法组织。彼得·耶斯佩尔·达林等犯罪嫌疑人被依法采取刑事强制措施。该组织长期接受某国非政府组织等 7 家境外机构的巨额资助，在中国建立 10 余个所谓"法律援助站"，资助和培训无照"律师"、少数访民，利用他们搜集我国各类负面情况，并加以歪曲、扩大甚至凭空捏造，向境外提供所谓"中国人权报告"。同时，该组织通过被培训的人员插手社会热点问题和敏感案（事）件，蓄意激化一些原本并不严重的矛盾纠纷，煽动群众对抗政府。

分析：西方反华势力在中国安排的眼线，搜集中国的负面信息，抹黑中国国家形象；以帮助中国发展为名，在中国民间不断培植势力，挑起访民群体、敏感案（事）件当事人等对党和政府的不满情绪，蒙蔽、利诱更多不知情人员，扰乱国家和社会秩序，妄图以此影响、改变中国的社会制度。一旦遇到这种情况，我们应积极主动报告给国家安全机关，及时挫败西方反华势力的阴谋。

政治安全是指国家政治体系及与之相适应的意识形态的安全，包括国家政治体系在政治发展进程中协调运转，政治结构和政治秩序相对稳定，能适应国内外政治环境的变化，并确保政治运行的稳定性和连续性。政治安全关系到国家、政府系统和意识形态的稳定性、合法性。政治体系不存在颠覆性威胁是政治安全的基础性前提。维护国家政治安全，最重要的就是维护意识形态安全，维护我国宪法确立的国家政治制度。

国家政治安全是一个系统。构成国家政治安全系统的主要因素包括：国家主权独立与政权稳定，执政党始终保持自身的先进性与成熟的治国理政的执政能力，政治制度合适与政治秩序良好，政治文化与意识形态包容，政治发展有序，以及能营造相适合的外部政治环境。国家政治安全一般是政治制度合理有效性、意识形态正当性、国家主权独立性、领土完整性等多种形式的综合表现。

任何一个国家,没有政治安全就没有社会稳定,国家安全就难以维系。政治安全不仅关系到国家的长治久安,更与民族复兴和人民福祉休戚相关,政治安全受到威胁,国家综合安全就丧失基础。

1. 国际背景层面

和平与发展仍然是时代的主旋律,合作与共赢成为国际社会普遍共识,全球化、多极化的发展呈现新的态势。然而霸权主义和强权政治依然存在,并且近些年来还有愈演愈烈的趋势。

党的十八大以来,中国特色社会主义进入新时代,中国特色社会主义事业取得了巨大成就,中国正在全面发展和提升自己的整体实力,在发展中不断增强综合国力,不断扩大国际影响力,而一些西方国家不断打压和遏制中华民族的伟大复兴,粗暴插手干涉我国内政,企图实现不用武力即可改变我国政治制度,企图把中国拖入西方所谓"民主"世界,把中国变成资本主义国家的附庸,颠覆我国社会主义政权。

2. 国内背景层面

腐败问题是重大政治隐患,败坏党的形象,破坏党内政治生态,严重破坏人民群众对党的信任,严重影响党的公信力和权威。大量事实让我们深刻认识到,党风廉政建设仍然需要加大力度狠抓落实,反腐败斗争依然需要持续深入,要将党的政治建设摆在首位,因为党的政治建设是党的根本性建设,决定党的建设方向和效果。

当前我国的意识形态工作取得了很大成效,马克思主义在意识形态领域的指导地位更加稳固,主旋律更加响亮,正能量更加强劲,全党全社会思想上的团结统一更加巩固。但是必须深刻认识到,意识形态领域斗争形势错综复杂,面临的风险和挑战依然严峻、复杂。

(1)中国经过四十多年的改革开放,不断深化社会变革,人们思想意识的独立性、差异性在不断增强,加上西方各种社会思潮大量涌入我国,社会上存在着多种多样的社会思潮。但是在这多种多样的社会思潮当中,一些错误的社会思潮或者流派挑战马克思主义的指导地位。西方发达资本主义国家长期拥有经济实力的优势,在意识形态领域往往掌握话语权,导致人们对其盲目崇拜而浑然不觉,而这种意识形态渗透具有隐蔽性、蔓延性、多变性。西方国家往往会美化和宣扬西方资本主义制度,诋毁马克思主义和社会主义,认为其不符合时代潮流;歪曲中国共产党和我国以及我国军队的历史,攻击中国共产党的领导和中国特色社会主义制度。

(2)中国倡导社会主义核心价值观,主旋律更加响亮,人们的精神追求更加丰富多彩,人们对社会主义核心价值观的认同感和归属感不断增强。但是也要看到,西方国家尤其是美国,利用一切手段输出西方资产阶级的世界观、人生观、价值观,推行"西方中心主义",宣扬所谓的"自由""平等""民主",把我国社会主义核心价值观当中自由、民主、平等说成"狭隘的民族主义"和"集权主义"等,歪曲和诋毁社会主义核心价值观。发展社会主义市场经济的目的是社会生产力的解放和发展,是为了充分发挥人们的创造性和积极性,但是,要看到市场自身存在的消极因素,这些消极因素会渗透蔓延到人民群众的精神生活和党内政治生活当中。社会上还有宣扬拜金主义、享乐主义和极端个人主义的现象;唯利是图、自私自利、不劳而获等不良观念挑战社会法律和道德底线,社会主流意识形态受到直接冲击。

（3）网络意识形态斗争愈发激烈,互联网成为意识形态斗争的主战场,同时互联网也是西方一些国家干涉他国内政的工具,对国家政治安全的威胁更加突出。西方敌对势力利用其网络技术优势,通过互联网对我国进行意识形态的渗透,宣扬鼓吹"网络自由",将现实的问题放大,使本来比较小的、局部的问题扩大化,使简单问题复杂化、国内问题国际化,欲激化我国社会矛盾,危害甚大。一些西方国家利用网络实施的各种破坏行为,实质上是霸权主义在网络领域的延续。互联网已经成为意识形态斗争的主阵地,一个国家想要独善其身,远离网络意识形态斗争、避免来自网络领域的意识形态和文化渗透,几乎不可能。网络上渗透与反渗透、破坏与反破坏、颠覆与反颠覆的斗争更加复杂、多变、激烈,我国维护网络意识形态安全的任务也更加紧迫和艰巨。

2.3　经济安全

案　例

2009年7月5日,某市国家安全局成功破获一起间谍案,涉案人员是某国驻华公司代表胡某等人,该案件涉及众多国内知名钢铁企业。从该驻华公司的电脑中起获了我国钢铁行业大量情报数据。据专业人士分析,该案对我国家经济安全和利益造成了巨大损害,涉案的经济间谍6年来通过拉拢收买、刺探情报、各个击破、巧取豪夺等方式,迫使中国钢企在近乎讹诈的进口铁矿石价格上付出了多支出7000多亿元人民币的沉重代价。

分析:该案既与国际市场大环境下境外商业集团窃密手段的多样化、隐蔽化等客观因素有关,也离不开个人主观故意,内部意志不坚,见利忘义,置相关法律法规、国家利益于不顾,从而造成了惨重的经济损失,危害巨大。从深层次来看,此案更折射出我国当前经济发展过程中面临的严峻形势与挑战。

1. 经济安全概述

《中华人民共和国国家安全法》规定,国家维护基本经济制度和社会主义市场经济秩序,健全预防和化解经济安全风险的制度机制,保障关系国民经济命脉的重要行业和关键领域、重点产业、重大基础设施和重大建设项目以及其他重大经济利益安全。国家建立国家安全审查和监管的制度和机制,对影响或者可能影响国家安全的外商投资、关键技术等进行国家安全审查,有效预防和化解国家安全风险。

随着冷战的结束和世界经济的快速发展,经济安全逐渐受到各国的重视,成为国家安全的基础。国家经济安全在国家安全体系中处于基础的地位,经济利益、经济安全对任何一个国家的战略都起着引导性的作用。无论是发达国家还是发展中国家,其国家安全战略的前提都是拓展与维护国家经济利益,因而国家安全战略要以经济安全为基础。

国家经济安全是一个国家的整体经济的竞争能力;一个国家的整体经济抵御外部各种侵袭、干扰、危机,稳定发展的能力;一个国家经济得以存在,并且不断发展的国内、国际环境。要保证其最为根本的经济利益不受伤害,即一国经济在整体上主权独立、基础稳固、健康运行、稳健增长、持续发展。国家经济安全主要包括金融安全、产业与贸易安全以及粮食安全等方面。

金融安全是经济安全的核心。国家健全金融宏观审慎管理和金融风险防范、处置机制,加强金融基础设施和基础能力建设,防范和化解系统性、区域性金融风险,防范和抵御外部金融风险的冲击。产业与贸易安全是国家经济安全的重要组成部分。随着改革开放战略的实施,我国在吸引外资和对外贸易方面取得了可喜的成绩。与此同时,我国的产业与贸易安全也面临着外部冲击不断加大的风险。从各国经验来说,制定符合国情的外资规制政策,加强对安全产业的监管,都是非常必要的。粮食安全是国家经济安全的另一个重要内容。国家健全粮食安全保障体系,保护和提高粮食综合生产能力,完善粮食储备制度、流通体系和市场调控机制,健全粮食安全预警制度,保障粮食安全和质量安全。

2. 经济安全影响因素举例

改革开放数十年来,中国大地上发生了翻天覆地的变化,各个领域取得了巨大的成就和显著的进步。但是我国仍然存在较为突出的区域发展不平衡、城乡发展不平衡等问题,这些问题将严重影响着我国的经济安全,应当引起高度重视。

（1）我国区域发展仍不平衡,部分省（区、市）内部发展也不均衡。我国东部沿海地区尤其是分别以北京、上海、广州为中心的京津地区、长三角地区以及珠三角地区经济保持持续增长的良好态势,而东北地区及西北部分省区经济增长乏力。

（2）我国城乡之间发展不平衡。例如,2020 年我国城镇居民人均可支配收入 43 834元,农村居民人均可支配收入 17 131 元,城乡居民收入比为 2.56∶1。城镇和农村居民收入水平的差距仍然较大。

2.4　科技安全

案　例

近年来,某国接连出台政策打压我国华为、中兴等公司,企图通过掐断我国核心技术产业供应链的方式遏制相关产业发展。2018 年 4 月该国商务部发布公告称,该国政府在未来 7 年内禁止中兴公司向该国企业购买敏感产品。2019 年 5 月 15 日,该国将华为以及相关的多家公司列入了出口管制的"实体清单",该国企业向华为出口任何的技术和产品都必须向其政府申请许可证。2020 年 5 月 15 日,该国商务部下属的工业和安全局宣布了一项"旨在保护其国家安全的计划",限制华为使用该国技术和软件在海外设计和制造半导体,以阻止其绕过该国进行出口。

分析:芯片技术是我国社会实现信息化、智能化的基石,从智能手机、通用计算机等民用设备,到电力、石油、金融、通信等公共信息基础设施,再到雷达、导弹、卫星等国防装备都离不开芯片。种种原因导致国产芯片一直未能取得重大突破,无法摆脱国外垄断。产业界虽然意识到我国对国外芯片依存度过高,存在供应链风险,但由于种种原因,国产芯片研发缓慢,"华为中兴事件"给人们敲响了警钟。

1. 科技安全概述

科技安全是指科技体系完整有效,国家重点领域核心技术安全可控,国家核心利益和安全不受外部科技优势危害,以及保障持续安全状态的能力。科技安全是国家安全体系的重要组成部分,是支撑国家安全的重要力量。维护科技安全既要确保科技自身安全,更要发挥科技支撑引领作用,确保相关领域安全。

科技安全是国家安全体系的重要组成部分,是支撑国家安全的重要力量和物质技术基础。科技发达事关民族振兴,科技强大事关国家富强。在一定程度上,科技实力的变化决定着世界政治经济力量对比的变化,也决定着各国各民族的前途命运。科技是维护国家安全的重要力量和手段,科技安全是确保国家安全的物质技术基础。

科技安全是实现其他相关领域安全的关键要素。科技是实现政治、国土、军事、经济等相关领域安全的关键实力要素,是解决各种传统安全和非传统安全问题的核心力量。保障上述重点领域的安全,必须维护各领域的科技安全,改变核心技术受制于人的局面。科技安全是实施创新驱动发展战略的基本保障。当前,我国比以往任何时候都更加需要强大的科技创新力量。科技创新是提高社会生产力和综合国力的战略支撑,必须摆在国家发展全局的核心位置。只有不断完善科技创新体系,切实增强自主创新能力,维护科技持续发展的安全状态,才能实现以科技创新为核心的商业模式、管理、体制机制和环境等全面创新,推动创新驱动发展战略顺利实施。

当前科技安全态势体现了我国国家能力的四个方面:

(1)国家利益免受国外科技优势威胁和敌对势力、破坏势力以技术手段相威胁的能力;

(2)国家利益免受科技发展自身的负面影响的能力;

(3)国家以科技手段维护国家安全的能力;

(4)国家在所面临的国际国内环境中保障科学技术健康发展以及依靠科学技术提高综合国力的能力。

目前中国维护科技安全的主要措施是:前瞻部署,确保战略领域发展主动权等;重点突破,实现关键核心技术安全可控;加强科技安全基础设施和能力建设;深化改革,建立完善科技安全体制机制。

2. 科技安全外部挑战

虽然中国的科技水平与过去相比已经有了较大的进步,但与西方发达国家相比,总体综合水平仍然处于落后态势。我国科技环境安全的不利态势主要表现在如下几方面:

(1)发达国家对我国进行技术遏制。尽管我国已经于 2001 年加入世界贸易组织,但是出于国家之间竞争的需要乃至于意识形态的分歧,某些发达国家仍然把我国作为"假想敌",对我国实行技术遏制,限制我国以技术手段提高国家综合国力和国际竞争能力。在政府层面西方发达国家一直对我国实行技术遏制,当前比较突出的是发达国家以技术专利垄断市场和技术标准优势加强技术壁垒。

(2)西方发达国家对我国实行技术封锁与遏制,是我国科技安全面临的现实威胁。西方发达国家的跨国公司为了尽可能地延长已开发技术的生命周期,防止技术及技术应用扩散,从中最大限度地开发出利润额,在向我国实行技术转移时总是采取相应的技术保护措施,跨国公司在强占我国市场的同时,对我国的经济安全、科技安全形成威胁。

(3)西方发达国家利用其科技优势推行霸权,是我国科技安全长期面临的威胁。经过几十年的努力,特别是改革开放以来的加速发展,我国科学技术已有了较大的发展,科技竞争力有了很大的提高。但我国的科技竞争力水平在很多方面还不高,中国一些产业的核心技术仍然受制于人,许多关键设备依赖进口,科研开发水平与发达国家相比还有差距,这从根本上影响了我国科技安全。

2.5   国土安全

案 例

2020 年 6 月 15 日晚,在中印边境加勒万河谷地区,印军打破双方军长级会晤达成的共识,违背承诺,在加勒万河谷地区局势已经趋缓的情况下,再次跨越实控线非法活动,蓄意发动挑衅攻击,甚至暴力攻击中方前往交涉的官兵,进而引发激烈肢体冲突,造成人员伤亡。

分析:在那场回击有关外军严重违反两国协定协议、蓄意挑起事端的斗争中,我边防官兵在忍无可忍的情况下,对暴力行径予以坚决回击,取得重大胜利,有效捍卫了国家主权和领土完整。

国土安全涵盖领土、自然资源、基础设施等要素,是指领土完整、国家统一、海洋权益及边疆边境等不受侵犯或免受威胁的状态。国土是国家主权赖以存在的物质空间,国土安全是立国之基,是传统安全备受关注的首要方面。国土安全是国家生存和发展的基本条件。生存和发展是国家的两大基本利益。从国家生存方面看,领土是主权国家国民赖以生存和发展的物质基础,提供人们生存和发展的场所,国家政权行使主权的空间,以及不可或缺的生产生活资料。领土主权和权益一旦遭到破坏,轻则国民的生存权遭受威胁,重则整个国家败落甚至灭亡。从国家发展方面看,国土的安全状态与国家能否繁荣息息相关。只有国土不受外来侵略和威胁,资源不因战争或预防战争过分消耗,国家才能稳定发展,人民才能安居乐业。

在当代国际关系中,国土安全问题最主要的表现就是国家间的领土争端和国家内部的统一、分离之争。这些问题是当今世界局部战争和冲突不断的一个重要原因,也是一些国家不能和平发展的主要原因。国家应加强边防、海防和空防建设,采取一切必要的防卫和管控措施,保卫领陆、内水、领海和领空安全,维护国家领土主权和海洋权益。中国现在与大部分邻国的边界都是非常清晰的,国土安全不容置疑。虽然与部分国家的边界线并未正式划定,存在一些争议,但是党和政府一直坚持维护自身领土主权和相关权利,我们有信心解决这些国土安全争端。

2.6　军事安全

案　例

黄某某通过 QQ 与一位境外人员结识,后多次按照对方要求到军港附近进行观测,采取望远镜观看、手机拍摄等方式,搜集军港内军舰信息,整理后传送给对方,以获取报酬。至案发,黄某某向境外人员报送信息累计 90 余次,收取报酬若干。经鉴定,黄某某向境外人员提供的信息属机密级军事秘密。

分析:黄某某无视国家法律,接受境外人员指使,积极为境外人员刺探、非法提供军事秘密,其行为已构成为境外刺探、非法提供国家秘密罪。依照《中华人民共和国刑法》相关规定,对黄某某以为境外刺探、非法提供国家秘密罪判处有期徒刑五年,剥夺政治权利一年,并处没收个人相关获利。

军事安全是指国家不受外部军事入侵和战争威胁的状态,以及保障这一持续安全状态的能力。军事安全既是国家安全体系的重要领域,也是国家其他安全的重要保障。新形势下维护我国军事安全,要有效应对国家面临的各类安全威胁,筹划和推进国防和军队建设,平时营造态势、预防危机,战时遏制战争、打赢战争。坚决维护中国共产党的领导和中国特色社会主义制度,坚决捍卫国家主权、安全、发展利益,坚决维护国家发展的重要战略机遇期,坚决维护地区与世界和平。

维护国家军事安全包括国家加强武装力量革命化、现代化、正规化建设,建设与保卫国家安全和发展利益需要相适应的武装力量；实施积极防御军事战略方针，防备和抵御侵略，制止武装颠覆和分裂；开展国际军事安全合作，实施联合国维和、国际救援、海上护航和维护国家海外利益的军事行动，维护国家主权、安全、领土完整、发展利益和世界和平。

军事安全概括为三个方面：一是国家安全不受武力威胁和破坏，二是国家军事力量具有持续保卫国家安全的能力，三是军事力量自身处于安全状态。在国家安全体系中，军事安全既是保卫国家安全特别重要的方式和手段，又是国家安全各领域中需要重点维护的对象。在具体工作中，军事安全主要关注两大方面：一方面是要明确建设和运用军事力量保卫国家安全的职权和职责；另一方面是要明确各类组织和公民维护军事安全的法律义务。这两个方面都对做好军事安全工作具有十分重要的意义。

目前我国维护军事安全的主要举措有：更加注重运用军事力量和手段营造有利战略态势，不断创新军事战略指导和作战思想，高度关注应对新型安全领域挑战，积极参与地区和国际安全合作，坚持走军民融合式发展道路。

2.7   国家保密安全

案 例

2014年4月，广东某高校学生王某因生活困难，在QQ群里发了一个"寻助学费2 000元"求助帖。不久，一网名为"MISS Q"的网友回帖，询问了王某的手机号和就读的学校后，表示愿意提供帮助。王某喜出望外，把银行卡号告诉对方，不久就收到对方2 000元汇款，王某按照对方的要求写了收条，用手机拍了照，然后通过QQ传给对方，并按对方要求，为对方搜集了解放军部队装备采购方面的资料，作为资助学费的回报。

分析：近年来，少数大学生因家庭困难，且涉世不深，通过QQ寻求帮助，被一些境外间谍分子利用，帮其搜集我国政治、经济、军事等方面的情报。大学生要增强国家安全意识，不能因贪图小利而丧失警惕。

猜谜底

1. 分到新房入保险（成语）   2. 暑期无事故（物理名词）

2-2 谜底

1. 国家秘密的定义

《中华人民共和国保守国家秘密法》第九条指出，下列涉及国家安全和利益的事项，泄露后可能损害国家在政治、经济、国防、外交等领域的安全和利益的，应当确定为国家秘密：

（1）国家事务重大决策中的秘密事项。

（2）国防建设和武装力量活动中的秘密事项。

（3）外交和外事活动中的秘密事项以及对外承担保密义务的秘密事项。

（4）国民经济和社会发展中的秘密事项。

（5）科学技术中的秘密事项。

（6）维护国家安全活动和追查刑事犯罪中的秘密事项。

（7）经国家保密行政管理部门确定的其他秘密事项。

政党的秘密事项中符合前款规定的，属于国家秘密。

《中华人民共和国保守国家秘密法》第十条规定，国家秘密的密级分为绝密、机密、秘密三级。绝密级国家秘密是最重要的国家秘密，泄露会使国家安全和利益遭受特别严重的损害；机密级国家秘密是重要的国家秘密，泄露会使国家安全和利益遭受严重的损害；秘密级国家秘密是一般的国家秘密，泄露会使国家安全和利益遭受损害。

2. 公民保守国家秘密的法律责任

《中华人民共和国保守国家秘密法》第四十八条指出，有下列行为之一的，依法给予处分；构成犯罪的，依法追究刑事责任。

（1）非法获取、持有国家秘密载体的。

（2）买卖、转送或者私自销毁国家秘密载体的。

（3）通过普通邮政、快递等无保密措施的渠道传递国家秘密载体的。

（4）邮寄、托运国家秘密载体出境，或者未经有关主管部门批准，携带、传递国家秘密载体出境的。

（5）非法复制、记录、存储国家秘密的。

（6）在私人交往和通信中涉及国家秘密的。

（7）在互联网及其他公共信息网络或者未采取保密措施的有线和无线通信中传递国家秘密的。

（8）将涉密计算机、涉密存储设备接入互联网及其他公共信息网络的。

（9）在未采取防护措施的情况下，在涉密信息系统与互联网及其他公共信息网络之间进行信息交换的。

（10）使用非涉密计算机、非涉密存储设备存储、处理国家秘密信息的。

（11）擅自卸载、修改涉密信息系统的安全技术程序、管理程序的。

（12）将未经安全技术处理的退出使用的涉密计算机、涉密存储设备赠送、出售、丢弃或者改作其他用途的。

有前款行为尚不构成犯罪，且不适用处分的人员，由保密行政管理部门督促其所在机关、单位予以处理。

《中华人民共和国保守国家秘密法》第三条规定：一切国家机关、武装力量、政党、社会团体、企业事业单位和公民都有保守国家秘密的义务。任何危害国家秘密安全的行为,都必须受到法律追究。第四十条规定:国家工作人员或者其他公民发现国家秘密已经泄露或者可能泄露时,应当立即采取补救措施并及时报告有关机关、单位。机关、单位接到报告后,应当立即作出处理,并及时向保密行政管理部门报告。

《中华人民共和国宪法》第五十三条规定:中华人民共和国公民必须遵守宪法和法律,保守国家秘密,爱护公共财产,遵守劳动纪律,遵守公共秩序,尊重社会公德。

《中华人民共和国国家安全法》第七十七条规定公民和组织应当履行下列维护国家安全的义务:① 遵守宪法、法律法规关于国家安全的有关规定;② 及时报告危害国家安全活动的线索;③ 如实提供所知悉的涉及危害国家安全活动的证据;④ 为国家安全工作提供便利条件或者其他协助;⑤ 向国家安全机关、公安机关和有关军事机关提供必要的支持和协助;⑥ 保守所知悉的国家秘密;⑦ 法律、行政法规规定的其他义务。任何个人和组织不得有危害国家安全的行为,不得向危害国家安全的个人或者组织提供任何资助或者协助。

3. 保密工作的常见内容

其常见内容主要包括 10 个方面。

(1) 科学技术保密。科学技术保密对保证国家的安全和利益、促进社会主义建设和开展国际技术交流与合作都具有重要作用。科学技术保密的重点是保护:国家批准的发明;可能成为发明的阶段性成果;国外没有或国外虽有但属先进的科学技术,或国外虽有但仍需保密的其他科技研究成果。

(2) 经济保密。保守经济工作中的秘密,对于保护国家经济利益和政治利益关系重大,经济方面的保密内容包括对外经贸、经济计划、统计数字、物价工资、测绘资料等。

(3) 涉外保密。涉外保密无论什么时候都是一项重要的保密内容。因为涉外保密一直是窃密和反窃密斗争的重要领域。涉外保密包括外事、涉外洽谈、对外技术交流、对外提供资料、引进工作、旅游接待、出国进修等方面的保密工作。

(4) 宣传报道保密。宣传报道保密涉及内容广、信息量大、传播迅速、反应敏感,稍有不慎就会造成泄密。许多国家都将宣传报道作为获取情报的重要途径。因此,做好宣传报道方面的保密工作十分重要,包括报刊、电台广播、电视电影、网络等。

(5) 公文保密。公文保密指文件、资料、档案等的保密。它包括公文制发、接收、登记、传阅、保管、携带、交接、清卷、归档等。

(6) 会议保密。会议是党政军各部门开展工作的重要手段之一,是保密工作的一个重要方面。从会前准备、会议的审查、会场的选择、预防会议泄密的技术措施到会议的文件管理、会议的传达、新闻拍照与报道都涉及保密问题。

(7) 政法保密。政法是对敌斗争的一条重要战线,包括公安机关、检察机关、审判机关、司法行政机关、国家安全机关工作中的保密工作。

(8) 军事军工保密。凡是关系到国防、军队和军事工业安全和利益,在一定时间内只限一定范围人员接触知悉的事项,都属于军事军工保密的范围,军事军工是我国保密工作的一个重要领域。

（9）通信中的保密。通信包括邮政和电信等方面，主要还是指电信保密。

（10）计算机保密。计算机信息的保密技术性强，应严格划分计算机储存信息的密级并采用屏蔽措施。

4．如何防止泄密

做到以下5点，可有效防止泄密。

（1）增强保密观念，强化责任意识。中华人民共和国公民有维护国家安全、荣誉和利益的义务。不得有危害国家的安全、荣誉和利益的行为。我们只有充分应用我国的保密法规，百倍提高警惕，增强保密观念，严格遵守保密制度，才能挫败敌对势力颠覆我国的阴谋，维护国家安全。在对外开放、扩大对外交流中，要确保国家机密不被泄露，克服那种无密可保的糊涂认识。

（2）树立国际意识，在对外交往中坚持内外有别。在接触交往过程中，凡涉及国家机密的内容，要巧妙回避。不要随便涉及内部的人事组织、社会治安状况、科技成果、技术诀窍和经济建设中各种未公开的数据资料。

（3）加强自我防卫意识。在与境外人员接触时不带秘密文件、资料和记有秘密事项的记录本。对方向我方直接索取科技成果、资料、样品或公开询问我方内部秘密，要区别情况，灵活拒绝。不经主管部门批准，不带境外人员参观或进入非开放区。不准境外人员利用学术交流、讲课的机会进行系统的社会调查。不经有关部门批准，不得填写境外人员的各种调查表或替他们写社会调查方面的文章。不得为境外人员提供或代购内部读物和资料。

（4）学习保密常识，自觉遵守保密条例。做到不该说的机密，绝对不说；不该问的机密，绝对不问；不该看的机密，绝对不看；不该记录的机密，绝对不记录；不在私人通信中涉及国家机密。个人通信一律用个人名义，通信地址一般采用个人居住地址或可以对外公开的单位地址。互寄印刷品和包裹，应按邮电部门和有关保密规定办理，发现邮件中夹有反动或淫秽物品，应立即交所在单位，绝不扩散。

（5）当发现国家秘密可能泄露或者已经泄露时，通常可以采取以下措施：① 拾得他人遗失的国家秘密文件、资料等，及时送交本单位保密组织、当地保密行政管理部门或者当地公安机关。② 发现他人出售或者收购国家秘密文件、资料等，应报告当地保密行政管理部门。发现他人盗窃国家秘密文件、资料等，应向当地公安机关举报。

小提示

间　谍

间谍既指被间谍情报机构秘密派遣到对象国（地区）从事以窃密为主的各种非法谍报活动的特工人员，又指被对方间谍情报机构暗地招募而为其服务的本国公民，或是被派遣或收买来从事刺探机密、情报或进行破坏活动的人员。从广义来说，间谍是指从事秘密侦探工作的人，通过从敌对方或竞争对手那里刺探机密情报或是进行破坏活动，使其所效力的一方得利，又称特务、密探。

2.8   文化安全

案　例

　　刘某原是东北某省一所小学的班主任，弟弟不幸患上了白血病，刘某毅然提出由她给弟弟捐献骨髓。然而，1998年刘某练上了"法轮功"，此后，她像换了一个人，对家失去了感情，沉迷于"法轮功"的刘某不再提为弟弟捐献骨髓一事。原本不堪重负的父母既要操心给儿子治病，又要不停地做她的思想工作。刘某的母亲悲痛地说："我们的精神都垮了，连继续生活下去的勇气都没有了，再这样下去，这个家眼睁睁地就要毁了。"81岁的奶奶看到刘某迷恋"法轮功"的样子，也气得病倒在床。

　　分析："法轮功"是邪教组织，受其诱导和蛊惑，练习者的认知和行为严重扭曲，有些人因受毒害较深，演绎出许多人间惨剧。如果当事人具有一些辨别宗教与邪教的相关知识，被骗、被蛊惑的可能性就会大大降低。

　　　猜谜底

　　　　1. 征稿（一字）　　　　2. 有心记不住，有眼看不见（一字）

2-3　谜底

2.8.1   维护文化安全

1. 文化安全的概念

　　文化是民族的血脉，是人类的精神家园，在经济社会发展中具有重要地位和作用。文化安全主要是指一种文化不被其他文化取代或同化，保持自身的独特性、独立性、完整性并不断传承和发展的状态。国家文化安全主要是指一个主权国家的主流文化体系没有遭受其他文化的侵蚀和破坏，能够完整地保持自己的文化传统和民族特性，维护世界文化的多样性，扩大本国文化影响力。具体而言，国家文化安全主要包括国家的文化特性得到保持，民族文化的价值得到尊重，文化资源与遗产得到保护，文化传统得到传承等诸多内容。国家文化安全也可分为价值观念安全、语言文字安全、文化资源安全、风俗习惯安全、生活方式安全、文化人才安全等。国家文化安全是一种非传统安全要素，与国家政治安全、经济安全、国民安全、国土安全等传统安全要素共同构成国家安全体系。

2. 我国面临的文化安全形势

　　当前，随着经济全球化、信息化的发展，文化传播的形式、速度和力度都出现了前所未有的变化，文化交流日益频繁深入。一些国家尤其是西方发达国家凭借其经济实力、科技优势、营销手段以及政治推动,对其他国家进行文化渗透,严重影响这些国家的文化安全。从实际情况看,中国是一些国家进行文化渗透的重要目标,我国文化的发展正受到各种各样的威胁和挑战,维护国家文化安全的任务非常艰巨。比如在文化交流领域,西方的文化产品(特别是影视产品和动漫游戏)、语言文字、学术理论、节庆习俗等对我国的传统文化、主流价值观、社会科学和生活方式等形成冲击,文化霸权凸显。在这样的背景下,强调"切实维护国家文化安全",具有重要的现实意义和深远的历史意义。

3. 维护国家文化安全的途径

要切实维护我国国家文化安全,关键是要靠文化建设。新形势下,我们应坚持中国特色社会主义文化发展道路,大力推进社会主义核心价值体系建设,全面提升我国文化软实力,努力建设社会主义文化强国,以此维护国家文化安全。在实践中需要着力把握以下几个方面:

(1)加强文化创新能力建设。文化的先进性是国家文化安全的根本保障,而强大的文化创新能力则是保持文化先进性的基础。一个国家的文化创新能力越强,文化越先进,其文化受外来文化的冲击就越小,反之就越大。应全面贯彻"二为"方向(文艺为人民服务、为社会主义服务)和"双百"方针(百花齐放、百家争鸣),大力推动文化创新。

(2)加快我国文化产业发展。与世界发达国家相比,我国文化产业起步较晚、实力较弱,这是我国文化话语权不强、文化贸易逆差大、文化安全形势不容乐观的重要原因。应加大对文化产业的投入,鼓励不同社会主体的资本向文化产业流动,迅速壮大文化产业,让我国的文化产品在国际市场上经风雨、上档次,逐步提高国际竞争力,实现我国由文化资源大国向文化产业强国的转变。

(3)创新文化走出去模式。"创新文化走出去模式"是党的十七届六中全会提出的重要任务,对于维护国家文化安全具有重大意义。应着眼于增强中华文化的吸引力、亲和力和感召力,减少国际社会对中华文化的误读、误解和误判,创新对外文化交流的方式,推动中华文化走向世界,不断增强中华文化国际影响力,展现我国文明、民主、开放、进步的形象。

2.8.2　防范邪教侵入

1. 邪教的概念与特征

邪教是指冒用宗教或者其他名义建立的,对国家、社会、家庭和个人正常的生产生活秩序和生命财产安全都有着极为严重危害的组织。邪教一般具有如下特征:

(1)教主自我神化。邪教教主无不自封为超凡脱俗的"神",声称自己和神相通,具有无限的"神力",能救苦救难。他的话就是"神"的旨意,要求信徒绝对服从,不能有丝毫怀疑和反抗。

(2)编造异端邪说。有关"世界末日即将来临""人类大劫难""地球大爆炸"的传闻很多,扰乱了人心。邪教教主正是利用了邪说并推波助澜,造成恐慌心理,制造恐怖气氛,胁迫教徒盲目跟从,进而从思想、精神上牢牢控制教徒。

(3)组织封闭,行踪诡秘。邪教往往是封闭的、以教主为核心的严密组织,进行诡秘活动。西方邪教都组织了共同的社团,少则几十人,多则成百上千人聚居在一起。其成员都必须断绝与家人或亲朋好友的往来,加入新的"家庭"中。教主是信徒的"父母",教徒要对教主奉献自己的一切,包括思想、财产、肉体及生命。社团内没有电视、广播、报纸,只有记录教义的小册子及其电子读物,教徒过着苦行僧式的生活。

（4）教主聚敛钱财。邪教教主大都是非法敛财者,其主要手段是剥夺教徒的财产为己所有。

2. 邪教对社会的危害

邪教不仅毒害人的肌体,而且侵蚀人的灵魂,对于社会的危害也是多领域、多方面的,具有反人类、反科学、反社会的本质。具体讲主要有以下几种危害。

（1）危害国家政治稳定。其表现在:破坏国内安定团结的政治局面;向公职部门渗透,侵蚀国家机构;挑战现行政治体制,反对国家政权。一些邪教在乡村设立组织、任命骨干,企图取代农村基层政权。他们有目的地拉拢党、团员和基层干部,侵蚀基层党政组织。

（2）危害国家经济秩序稳定。其表现在:非法敛财,危害人民群众财产安全;进行经济犯罪,破坏社会生产及财政金融秩序。多数邪教散布"世界末日""地球大爆炸"等歪理邪说,哄骗群众交出财产,供邪教头子们大肆挥霍。邪教的歪理邪说,欺骗和误导了很多群众,致使一些邪教成员变卖家产用于吃喝,坐等"世界末日",严重破坏了生产生活秩序,阻碍了经济的发展。

（3）危害社会秩序稳定。其表现在:破坏社会治安;蔑视法律,危害公共秩序;诬告滥诉,干扰司法正常进行;毒化社会风气;干涉婚姻,违背人伦,破坏家庭。邪教组织煽动成员抛弃家庭,外出传播邪教。许多成员因此离家出走,给家人造成了巨大痛苦。

（4）危害社会思想稳定。其表现在:编造歪理邪说,制造思想混乱;制造恐慌心理和恐怖气氛;反科学、反文明,亵渎人文精神。

（5）践踏人权。其表现在:残害生命,践踏人的生命权;扼杀自由,侵犯人的政治权利;诋毁宗教,伤害信教群众的名誉权。邪教欺骗群众加入组织的一个重要手段是声称"信教能治病",一些群众因此耽误了治疗而死亡,或者被邪教用巫术治死、致残。

3. 如何抵制邪教

（1）树立远大的理想和正确的世界观、人生观和价值观。成大业者必先立大志,每一位有志的青年,无论身在何处,无论在什么岗位,都应当心系祖国和人民,把个人的抱负同全民族的共同理想统一起来,这样才能获得强大的前进动力,才能在建设祖国和服务人民中实现自己最大的人生价值。

（2）坚定社会主义事业信念。改革开放以来,中华大地发生的巨大变化证明,建设有中国特色的社会主义是祖国走向繁荣富强的正确道路。在振兴中华的征途上,广大青年只有坚定走中国特色社会主义道路的信念,才能保持正确的人生航向。

（3）学习掌握先进的知识和科学的思想。先进的知识和科学的思想对于人的素质影响,对于一个国家生存和发展的影响越来越成为一种决定性因素。迷信与科学是对立的,青年要不断学习新知识,掌握科学方法,树立科学观念,养成科学的思维方式,逐步使自己成为对社会有用的人。

（4）破除迷信，相信科学。首先要相信科学，坚持以科学的态度对待一切。生了病要及时到医院就诊，千万不要盲目信奉迷信的做法，以免耽误了治疗时机。其次要保持良好的健康心态，正确对待人生的坎坷，遇到不顺心的事，要找家长、老师或朋友倾诉，寻求帮助，千万不能为寻找精神寄托而误入迷信的圈套和邪教的泥潭。

（5）珍爱生命、关爱家庭。生命对每一个人都非常重要，珍爱生命、保护生命是文明社会的共识。而邪教却通过欺骗、引诱、胁迫等手法，把人们的生命掌握在他们的"精神控制"之中，一些相信邪教的人在"世界末日""升天"等歪理邪说的蛊惑下，放弃生命，走向极端。我们要认清邪教泯灭人性、残害生命的邪恶本质，认清邪教对人们自身、对家庭、对社会的严重危害。

（6）崇尚文明，反对邪教。青年一代要树立科学健康的生活方式，不断增强免疫能力，我们要认清邪教反人类、反社会、反科学的本质，认清其对社会和青年的危害，大力倡导科学精神，弘扬精神文明，积极参与科学文明、健康向上的校园文化科技活动，用科学理论和知识武装头脑，做遵纪守法、崇尚科学、反对邪教的新一代。

（7）不听、不信、不传。不听邪教的宣传，不信邪教的谬论，更不要去传播邪教。如果自己的家属、亲戚、朋友或邻里信了邪教，要关心帮助他们，提醒他们不要上当。对不怀好意的邪教人员的拉拢，要提高警惕，防止上当受骗。收到邪教宣传信件，及时上交到社区、学校或单位，当电子邮箱中收到这类信件时，要及时删除，不要将一些不健康的内容相互传看。

（8）检举揭发邪教的违法活动。发现邪教在骗人、非法聚会、进行破坏活动时，要及时向学校或公安机关报告。如果自己的亲人参与邪教聚会、串联等违法活动，要及时劝阻。

（9）积极宣传，主动参与帮教活动。积极参与反邪教警示教育活动，不仅自己主动接受教育，还要动员和帮助亲友受教育，要用学到的反邪教知识，帮助亲属戳穿邪教骗人的"鬼把戏"。对迷上邪教的亲朋好友，要尽力劝说，并积极给予帮助，帮助他们早日脱离邪教。

（10）要加强反邪教知识学习，切实提高辨别和抵制邪教的能力。邪教活动都是违法的，在纷繁复杂的社会中，要识别真伪，认清对错，自觉抵制邪教。

宗教信仰小常识

宗教信仰是一种社会意识形态和文化现象。宗教信仰作为一种独特的信仰形式，表现出以下鲜明特征：① 个体性，主要表现在明确表现信仰者个人的意志、决心和生活态度，反映信仰者个人的某种内在需要和情感。② 选择性。宗教信仰意味着信仰者对于世界和人生的理解的选择、价值标准的选择和生活态度、生活方式的选择。③ 神圣性。宗教信仰隐含着人对超越性、完满性和终极性的向往和追求，宗教信仰满足了人对神圣性的渴望。

2.9 防恐安全知识

案 例

2014年2月14日,新疆地区某县城发生一起袭警案件。袭击者用汽车和摩托车载着液化天然气瓶,对位于该县一个公园门口的几辆警车发动袭击,当时这些警察正准备巡逻。犯罪嫌疑人驾驶车辆,携带爆燃装置,手持砍刀,袭击公安巡逻车辆,导致2名群众和2名民警受伤,5辆执勤车损毁。公安民警在处置过程中,击毙8人,抓获1人。在实施犯罪时发生自爆,导致3名犯罪嫌疑人死亡。经查明,该案是一起有组织、有预谋的暴力恐怖袭警案件。2014年1月以来,该恐怖分子团伙购买作案车辆,制造爆燃装置、砍刀,多次试爆,预谋伺机袭击公安巡逻车辆。

分析:宗教极端思想是这起暴力恐怖案件的元凶。被宗教极端思想蛊惑的人们,无论是少年、青壮年、老年,无论男女,都会变得良知泯灭、狂热无比,并进而投身于痴心妄想的幻觉,为了实现一个个邪恶目标铤而走险。我们要擦亮眼睛,认清宗教极端思想的险恶用心,理直气壮地驳斥他们散布的极端思想,剥掉其宗教外衣,揭露其反动本质和严重危害,形成对民族分裂分子、暴力恐怖分子和宗教极端分子人人唾弃、人人喊打的氛围。

猜谜底

2-4 谜底

1. 更生不借外力(二字救护用语)　　2. 女人加冠,男人称王(四字词语)

3. 玄德在时无祸灾(成语)

1. 恐怖事件的一般类型

恐怖活动的方式主要包括袭击、劫持、破坏等。① 袭击,如爆炸、暗杀、自杀性袭击,生物、化学、信息袭击,投毒和纵火等;② 劫持,如劫持人质、劫持飞机、劫持车辆等;③ 破坏,如破坏交通枢纽等重要设施或系统等。

2. 如何判断爆炸、生物、化学恐怖

平时应关注政府的有关宣传,阅读有关科普读物,提高对爆炸恐怖活动、生物恐怖活动、化学恐怖活动的认识,了解恐怖行为的表现形式、特点、社会危害,提高警惕性,增强反恐怖意识,做好心理和应对技能方面的准备。在恐怖活动发生时,根据平时掌握的爆炸恐怖活动、生物恐怖活动、化学恐怖活动等活动的特点,及时发现恐怖活动的征兆,识别可疑爆炸物和生物、化学物等危险因素,发现可疑情况应及时预防、举报,尽可能将恐怖活动消灭在萌芽状态,减少对公众的伤害。

3. 出现爆炸恐怖活动、生物恐怖活动、化学恐怖活动时个人的紧急防护

（1）呼吸道防护。在紧急情况下,用口罩、毛巾及其他纺织品等捂住口鼻有一定的防护效果。

（2）皮肤防护。穿戴制式防毒衣或布料防护服。不具备上述服装时可扎紧"三口"（领口、袖口、裤口）。将上衣塞入裤腰或外扎腰带,颈部以毛巾围严,戴上手套,也有一定的防护作用,如外穿雨衣效果更好。此外,还可通过戴防毒眼镜或周边密封的风镜对眼结膜进行保护。

（3）可能时在现场专业救援人员的指导和协助下口服解毒药物,注射解毒针,而后就近到医院治疗。

（4）尽快撤离现场。如情况特殊,无法及时撤离,则要进入专业救援人员指定的集体防护设施,或在个人防护的基础上进入较密闭的普通房舍。

4. 如何应对爆炸恐怖活动

爆炸恐怖活动是恐怖组织或恐怖分子利用各种类型的爆炸装置,以隐蔽或伪装的形式对人员或各类设施进行突然攻击,造成破坏并引起社会恐慌的恐怖活动。爆炸是当代国际恐怖分子最常用、最主要的活动方式。

（1）普通群众一般应了解的反爆炸恐怖的常识。包括:恐怖分子实施爆炸恐怖活动常用的手段和方法,常见的爆炸物种类,可疑爆炸物识别和处置的基本方法,当地防恐反恐部门的联络方式,爆炸现场的维护方式,遭受爆炸恐怖袭击后的自救互救方法等。

（2）通过外观来识别"疑似爆炸物"。

① 看:由表及里、由近而远、由上到下无一遗漏地观察。

② 听:在寂静的环境中用耳倾听,听被检物或被检场所内是否有可疑的异常声响。

③ 摸:通过手感判断可疑重点部位是否暗藏爆炸物,必要时可借助棍棒来间接感觉。

④ 掂:装有爆炸物的物品,其重量一般与同类物品有一定的差别。在掌握了标准物品重量的情况下,可以通过掂量被检物品的重量是否有偏差来判断是否装有爆炸物。判断时还可借助一定器材如弹簧秤、天平等实施。

上述方法一般人比较难以掌握且有危险性,最好还是报警请警察来判断。

（3）一旦发生爆炸恐怖事件,普通群众应正确实施自救互救。

① 掩蔽。发生爆炸时,应就近隐蔽或卧倒,保护重要部位。

② 灭火。就近寻找灭火器灭火,火势较大无法灭火时,用随身携带的口罩、手帕或衣角捂住口鼻逃离;若在密闭空间内烟味太呛,可用矿泉水、饮料等润湿布块,防止因烟雾和毒气引起的窒息。

③ 撤离。如果发生大量人员慌乱撤离的情况,老人、妇女、儿童尽量往边上走,防止被挤倒后踩伤;人员拥挤时,要用一只手紧握另一只手手腕,双肘撑开,平放于胸前,微微向前弯腰,形成一定的空间,保证呼吸顺畅,以免窒息晕倒;若被挤倒,应设法让身体靠近墙根或其他支撑物,把身子蜷缩成球状,双手紧扣置于颈后,保护身体的重要部位和

器官。

④ 抢救。有能力的人员应协助警方和医务人员抢救伤员,就地取材,进行止血、包扎、固定,搬运伤员时应注意使脊柱损伤病人保持水平位置,以防止移位而发生截瘫。

⑤ 协助。在警方对现场进行搜查以发现是否还有未爆炸的爆炸物时,应注意协助警方保护好现场,并及时向警方提供可疑人员、物品等线索。

5. 如何应对生物恐怖

(1) 认识生物恐怖活动。生物恐怖活动就是利用有害生物或有害的生物产物对特定目标实施袭击的恐怖活动。生物恐怖袭击的对象主要是人,但也可能针对其他对象,如农作物、家畜等。如 1990～1993 年,日本奥姆真理教信徒在日本四度释放炭疽芽孢,由于他们使用的是日本当时用于动物免疫接种的疫苗株,而没有造成伤亡。1995 年 3 月该恐怖组织在东京地铁释放化学毒剂沙林,同时在东京等至少八个地方散布炭疽杆菌气溶胶和肉毒毒素。生物恐怖活动在许多方面类似于生物战争,但又与生物战争有本质区别。自从 2001 年美国发生炭疽邮件恐怖袭击事件以来,国际社会普遍认为生物恐怖已成为人类社会安全和健康的最大威胁。

(2) 若发生生物恐怖活动时人在室内,应做好室内防护。

① 避免外出,尽快关闭门窗、空调等,用胶带、胶水等封闭墙壁、门窗缝隙,减少空气流通。

② 保持通信畅通,尽快与外界联系,了解外界信息,说明情况,等候救援。

③ 在不清楚生物恐怖活动具体情况时,尽量把自来水煮沸后再饮用或使用瓶装水。

④ 打开电视机、收音机等,及时了解政府通告和救援情况。

(3) 若发生生物恐怖活动时人在室外,应做好室外防护。

① 迅速判断生物恐怖活动发生的情况,远离污染源和可能的污染区,避免乘坐人员密集的交通工具。

② 戴好口罩,或用手绢、毛巾等遮掩口鼻,避免或减少身体裸露。

③ 不食用不安全的食物和水。

④ 尽快到政府专门的救援地点进行消毒并做进一步处理。

⑤ 如果感觉身体异常,要立即报告救援部门或告诉他人,争取及时得到救治。

(4) 学校平时应提高警惕,做好预防工作。

① 根据学校特点制定应急预案,确保每个工作人员都知道预案内容,落实各部门和人员职责。

② 保持应急储备物品的良好保存和及时更新。

③ 开设反恐怖应急知识教育,组织演练,增强现场意识。

6. 如何应对化学恐怖活动

(1) 认识化学恐怖活动。化学恐怖活动是指恐怖组织为了达到某种政治目的,利用有毒、有害化学物质进行高危害性、规模化恐怖活动的行为。

化学恐怖活动作为现代恐怖主义的一种高技术化、高智能化的特殊形式,其杀伤力、毁伤程度、危害性与社会影响巨大,是一种突发性的重大化学灾害源,对国家安全、人民生命安全、社会稳定、经济和环境都构成了严重威胁。

（2）发生化学恐怖活动时要进行正确的自救互救。

① 误食中毒。用催吐、导泻、洗胃方式，加快毒剂排泄，防止继续中毒。

② 身体染毒。用清水或皂水冲洗染毒部位，或用酒精棉球擦拭染毒部位。

③ 及时使用特效抗毒剂，针对不同毒剂使用相对应的抗毒药物。

④ 急送医院对症处理。

（3）个人防护。用防护器材对人的呼吸道、眼睛、皮肤进行防护，免受毒剂伤害。个人防护器材主要有制式防护器材和简便器材。制式防护器材有防毒面具、防毒衣等，简便防护器材有口罩、毛巾、围巾、风镜、雨衣、雨靴、大衣、毛毯等呼吸道、皮肤防护物品。

（4）群体人员防护。群体人员主要利用人防设施进行防护。染毒人员进入人防工事前应在防毒通道内脱去受污染的衣服、装具，放入封闭的容器内，经过洗消后人员才能进入人防工事。

（5）化学恐怖活动发生时要进行正确清洗。化学恐怖活动发生后，采用一般清洗措施难以对高毒性化学毒剂造成的皮肤染毒实施急救时，必须对中毒人员立即使用皮肤消毒剂或简易消毒液，通过自救互救，对染毒的皮肤、眼睛、黏膜及服装等进行消毒。然后再根据需要，在专门设立的洗消站内进行全身彻底洗消，也可在浴室或河流里洗涤，以洗净体表的毒剂或毒物。重伤者应先急救，待身体状况许可后再进行全身洗消。

小 提 示

遇到恐怖袭击时的安全措施

如果是在公共场所，如公交车或地铁上遇到恐怖分子，在不确定对方有无同党或有无武器的情况下，切勿轻举妄动。最好是迅速低头藏身于前排座位后或蹲下，伺机打电话报警，报警信息包括所处位置、恐怖分子是否开枪射击、是否有人员伤亡等。

若遭遇枪击事件，要沿着相反方向逃离；到达安全区域后，要检查是否受伤，若发现受伤就应及时自救或等待救援。

2.10　网络和通信安全

案　例

2016 年 8 月 18 日，山东准大学生徐某接到教育部门的电话，对方要求徐某办理助学金相关手续。2016 年 8 月 19 日，徐某的母亲接到了一个陌生电话，对方声称有一笔 2 600 元的教育助学金要发放给徐某。由于 18 日的教育部门电话为真，徐某一家人信以

为真,徐某按照对方要求将准备的9 900元学费打入了骗子提供的账号。发现被骗后,徐某情绪激动并于当晚报警。在归家途中,徐某突然晕厥,最终抢救无效死亡。2016年8月26日,公安部发出A级通缉令,先后抓获5名犯罪嫌疑人,2016年8月28日,随着最后一名嫌疑人郑某投案自首,涉案嫌疑人悉数到案。

分析:① 该案件为典型的诈骗案。我国刑法规定:诈骗公私财物,数额较大的,处三年以下有期徒刑、拘役或者管制,并处或者单处罚金;数额巨大或者有其他严重情节的,处三年以上十年以下有期徒刑,并处罚金;数额特别巨大或者有其他特别严重情节的,处十年以上有期徒刑或者无期徒刑,并处罚金或者没收财产。② 该案件中的嫌疑人还构成侵犯公民个人信息罪。我国刑法规定:违反国家有关规定,向他人出售或者提供公民个人信息,情节严重的,处三年以下有期徒刑或者拘役,并处或者单处罚金;情节特别严重的,处三年以上七年以下有期徒刑,并处罚金。③ 个人防范电信诈骗要做到"三不一要",即不轻信陌生电话和短信,不透露个人及家人信息,不对陌生人转账,要及时报警。

猜谜底

1. 巧妇当家,人民做主(二字词语)　　　2. 涉险之后皆慨叹(三字词语)

2-5　谜底

2.10.1　移动支付安全

统计显示,我国的移动支付用户已超过8亿,移动支付市场规模连续三年居全球第一。中国银联于2021年2月1日公布的一项调查报告,向我们揭示了移动支付到底有多普及。调查显示,2020年,平均每人每天使用移动支付的频率是3次,每天使用5次的人群占比达到了总调查人数的四分之一。年轻人(包括大学生群体),占比最大的是95后的男性,他们平均每天使用4次移动支付。此外,二维码支付已经成为人们最常用的移动支付方式,用户占比超过85%。在线上,信用卡还款、网购、购买虚拟物品、点外卖等相关的场景使用的频次比较高。在线下,主要是小微商户使用。

1. 不良使用习惯影响移动支付安全

中国银联的调查显示,98%的受访者认为移动支付是安全的。不过,进一步的调查也显示,人们在使用移动支付时,还存在很多不安全的使用习惯。

调查显示,使用移动支付时,约有7成的用户都有过影响支付安全的不良习惯,平均每个用户有2.4个不良习惯。其中,有三个习惯是最常见的。第一,使用同样的支付密码。第二,在公共WiFi的环境下进行支付。第三,更换手机的时候没有及时解除APP

当中的银行卡绑定。

上述三个不良习惯都是金融机构和媒体反复提示过的,但不少人依旧不够重视。此外,看到优惠促销的二维码就去尝试扫码、在网站或者 APP 中选择记住登录密码等也是比较常见的不良习惯。而这些不良习惯也正是导致移动支付发生风险的重要因素。调查还显示,2020 年有 8% 的受访者遭遇过网络诈骗并发生了实际经济损失,其中,00 后年龄段的人群遭受损失的比例最高,达 19%。

2. 参与网络博彩等遭受损失最大

中国银联的调查报告还显示,2020 年人们遭遇网络诈骗后的整体损失比 2019 年下降了 4 个百分点。但网络赌博、跑分等新型诈骗形式更需警惕。受访者中,接近六成参与过网络博彩的人都遭遇了经济损失。

调查显示,不法分子对不同人群实施精准诈骗的行为需要公众重点防范。例如,2020 年 7 月,江苏吴江的高女士等人下载了一款名为"动物世界"的手机 APP,玩家通过购买软件里的虚拟动物,在 1～15 天不等的时间里,就会有 5%～30% 的收益。很轻松就赚到了钱,于是高女士等人就开始加大筹码,抢购的动物从单价一两千元一只、收益率为 5% 的白天鹅变成了需要几万元才能买到一只、收益率为 30% 的中国龙。去年年底,平台系统突然就瘫痪了,动物卖不掉了。这个时候,高女士等人才意识到上当受骗了。

警方曾破获了一个以网络博彩为名实施诈骗的案件。犯罪分子在网上开设了一个名为"欢乐谷"的平台,引诱他人前往赌博,开始时玩家都能赚钱,但过一段时间后就会发现钱提现不了了。警方挖出这个犯罪团伙后发现,他们的赌博平台仅一个月的流水就高达 1 200 万元。中国银联在调查报告中指出,很多网络博彩实质上是电信诈骗,所谓的"稳赚不赔""有内幕"等说法,都是事先编好的话术。

3. 养成安全习惯,守好个人移动支付安全

移动支付的便利性让它越来越受欢迎。那么,我们在使用过程中,需要防范哪些风险呢?这里,给大学生提出如下防范建议。

(1) 管理好个人账户及二维码,及时注销"睡眠"银行卡及账户,不出借、出租个人银行卡和收款码。如果出借账户被用于转移非法资金,提供者将被立案追诉且 5 年内不能使用移动支付。

(2) 守护好个人敏感信息,不随便在网站填写卡号、有效期、密码等支付信息;防范不法分子以"高利理财""虚拟货币"等噱头进行"利益"诱惑实施欺诈。

(3) 坚决抵制网络赌博、"跑分"等非法平台活动,不要相信"刷单""兼职"等所谓快速赚钱途径。一旦发现此类非法平台,要提醒身边亲友注意并积极通过"支付结算违法违规行为举报中心"(http://jubao.pcac.org.cn/)、公安部"打击治理跨境赌博综合举报平台"(http://dbjb.mps.gov.cn/)等官方网站举报。

(4) 支付时需注意不连接公共 WiFi 进行支付,特别是更换手机时,一定要注意将APP 与银行卡解绑、卸载 APP、将手机恢复到出厂设置等。

(5) 一旦手机丢失,要第一时间向运营商挂失手机卡,向银行挂失银行卡,冻结账户交易等;如果手机里有微信、支付宝等支付软件,也要第一时间挂失或冻结账号,以避免可能发生的损失。

2.10.2　微信使用安全

微信是当代大学生使用最为普遍的网络聊天工具。这里介绍六种微信骗术及防骗招数。

（1）骗术一：水货以假乱真。对于这种情况,用户只要认准微信认证信息就行了。目前微信支付接口只对认证服务号开放,因此,如果是在公众账号内交易,首先要在服务号的详细资料中认准"微信认证";其次,交易时也要认准各个环节的"微信安全支付"字样。另外,如果发现销售假冒伪劣产品等违法行为,还可立即通过微信的举报功能进行检举,微信会对此类账号进行严格处理,情节严重的,其账号甚至会被永久封号。

（2）骗术二：披上好友"画皮"。在网络聊天过程中,如何判断其真伪呢? ① 可以先核实之前的好友账号。然后,与好友本人通过电话进一步求证。② 最好对通信录中的好友进行备注。③ 如果不想被陌生人加好友,可以设置为不可通过手机号搜索到你,这样就可以避免不必要的骚扰了。

（3）骗术三：假借公益之名。诈骗者利用好友关系链,进行"杀熟"式诈骗。例如,诈骗者在微信朋友圈发起领养流浪狗的活动,取得爱心人士信任后,利用同情心要求对方付费。虽然参与公益慈善多献一份爱心,就能让流浪狗多一个温暖的家,但遇到此种情况,还是要谨慎处理,不要让骗子钻了空子。

（4）骗术四：以网络兼职为幌子。此类骗局会以网店开张,需要刷信誉为名,招聘网络兼职。在涉及个人账号信息和财产信息的时候,大家一定要反复确认,切勿轻易向他人透露自己的账号、密码等重要信息。如果大家发现有公众账号存在诱导分享行为,可通过微信的举报功能进行检举,核实后微信方面将视其违规程度进行处理。

（5）骗术五："天降馅饼"的诱惑。遇到"天上掉馅饼"的情况就要小心了,或许对方已经落入了传销组织的陷阱。一定要擦亮双眼,小心求证。在遇到可疑的诈骗行为时,要第一时间通过举报通道进行举报,或向警方报案,让犯罪分子无处可逃。

（6）骗术六：利用大众同情心。平日里,在微信朋友圈里,大家时常见到"求助帖"。如果上网搜索一下,就会发现很多是虚假的。遇到这类"求助"消息,可以咨询当地公安的官方微信、微博,或直接致电核实、汇报情况。也可先上网用"辟谣"加消息中的关键字进行搜索,不要盲目转发,以免给自己和他人造成损失。

2.10.3　防范校园贷

校园贷是互联网金融的一颗毒瘤,它利用大学生社会经验的欠缺和错误的价值观,以物质引诱、蒙蔽宣传为手段,坑害大学生陷入高利贷陷阱。催收高利贷所使用的暴力、侮辱、恐吓等手段,不仅影响大学生身心健康,甚至还会酿成家庭悲剧。自 2010 年起,我国校园贷问题愈演愈烈,陷入的大学生人数逐年增多,情况也越来越复杂。

1. 校园贷的种类和危害

校园贷主要有四类,分别是专门针对大学生的分期购物平台提供的信贷服务,P2P

贷款平台提供的信贷服务,电商平台提供的信贷服务,民间放贷机构和职业放贷人提供的信贷服务。这些金融平台良莠不齐。大学生的社会经验不足,无法分辨其是否合法、是否有陷阱。调查显示,在弥补资金短缺时,8.77%的大学生会使用网络贷款,有网贷行为的大学生所占比例高达18%。当大学生网贷金额较大,又不能及时告知监护人解决时,就出现了陷入校园贷情况。

校园贷的危害体现在利率高、危害性大、扩散性强三个方面。一些非法放贷机构均以远远高于法律允许的利息放贷,大学生提交身份信息,支付一定的手续费,无须担保就能轻松快速得到贷款。但是,陷入校园贷的大学生并未正确认识自己的还贷能力,也缺乏还贷规划能力,使得其到期却不能全额还款。为了缓解还款压力,这些大学生拆东墙补西墙,再选择其他的网贷平台借贷,从而陷入连环贷的漩涡中,深受其害。

2. 回租贷和培训贷问题

回租贷和培训贷的实质都是校园贷。回租贷,即申请人以"抵押"手机的形式借款,但手机仍归申请人使用。平台评估手机后,给出申请人可以借款的额度,学生实际获得的相应借款是已扣除一部分所谓的"服务费"或"评估费"的钱款。平台与学生约定租用期限(即借款期限),在此期间平台要求学生提供手机账户信息,以便于远程掌握手机储存信息。

教育部等部门于2017年联合下发《关于进一步加强校园贷规范管理工作的通知》,明确要求未经银行业监管部门批准设立的机构不得进入校园为大学生提供信贷服务。在此背景下,许多网贷公司纷纷绕开现金贷,巧立名目进行伪装,企图钻政策漏洞,继续"套路"大学生。

回租贷是换汤不换药的现金贷。即使手机质押,所有权还是属于大学生,本质上仍是借贷关系不是租赁关系,手机仅仅充当了道具。超短期、高利率、通过获取学生的隐私信息并以此要挟,这些都是校园贷的常用做法,要坚决予以取缔。

此外,培训贷也是近来受骗学生较多的一种新型贷款骗局。这些机构通常打着学习班的招牌,承诺不收费或者交极少学费就可以参加培训,第一期的费用可能只要50元,而后几十倍递增。培训贷的"销售人员"往往是学生或者和学生年龄相近的人,他们模仿传销模式,高额返点引诱同学发展下线。

3. 校园贷的特征

为何这些贷款平台青睐学生,具体原因如下。

(1)大学生已离开父母,开始独立生活,给了校园贷可乘之机。大学生的普遍特点是,心智上没有成熟,生活经验十分匮乏,很容易作出错误的决定。

(2)大学生常通过网络了解"外面"的世界,受到的诱惑大。不少大学生表现出对于金钱的狂热:同龄人创业成功的事迹,身边含着金钥匙出生的同学,象牙塔外的种种诱惑和压力,无不让一颗逐利之心骚动雀跃。在市场经济浪潮下,社会主流价值观受到冲击。大学生的消费欲望通过网络的窗口难以抑制地发散出来。但是他们缺少一份能够稳定提供生活费的收入,也不能很好地约束自己的欲望,同时不敢找家长要购买奢侈品的额外的钱。

（3）大学生对校园贷不了解，不懂高利贷，不清楚风险。调查发现，校园贷在大学生中的接受度比较高，绝大部分大学生并不清楚校园贷面临的金融风险和法律风险。而他们对金融知识知之甚少，并不知道高利贷的判定标准。高利贷一是利用大学生膨胀的虚荣心激发的购买欲，诱骗涉世未深的大学生掉入陷阱；二是利用大学生没有经济能力还款甚至拖延还款来收取高额违约金；三是利用暴力手段威逼学生及家长还款，极大地威胁借款者的人身自由和安全。

4. 如何防范校园贷

（1）不轻易相信借贷广告。一些网络借贷平台的假劣广告打着帮助学生解决学习和生活上的困难的幌子，利诱大学生注册、贷款，并通过高利贷、诱导贷款、提高授信额度，引诱大学生陷入"连环贷"陷阱。

（2）树立正确的消费观。大学生要充分认识网络不良借贷存在的隐患和风险，增强金融风险防范意识；要树立理性科学的消费观，养成艰苦朴素、勤俭节约的优秀品质，尽量不要在网络借款平台和分期购物平台贷款和购物，因为利息和违约金都很高；要积极学习金融和网络安全知识，远离不良网贷行为。

（3）增强自我保护意识。保护好自己的个人身份信息，切勿将自己的个人身份信息借给他人借款或购物。当自己的信息被不法之徒利用时，大学生要及时地向学校反映，如果遇到暴力催款的威胁，就要及时报警，学会用正当手段或者运用法律武器保护自己。

小提示

防范电信诈骗

陌生来电三原则：不听、不信、不转账。

六不：不轻信、不汇款、不透露、不扫码、不点击链接、不接听转接电话。

四问：遇到情况主动问本地警察、主动问银行、主动问当事人、主动问家人。

遇到电信诈骗后做到以下三步：第一，准确记录骗子的账号和账户姓名；第二，尽快拨打 110 并转接反诈中心或到最近的公安机关报案；第三，及时准确地将骗子的账户信息提供给民警，以便公安机关紧急止付。

◎ 小　　结 ◎

本章从总体国家安全观的视角出发，阐述了政治安全、经济安全、科技安全、国土安全、军事安全等方面的基本知识，分析了国家保密安全和文化安全等方面的基本内容，叙述了网络和信息时代下高职学生应注意的事项。

◎ 思考与练习 ◎

---

1. 什么是总体国家安全观？

2. 应如何坚持系统思维构建大安全格局？

3. 当前我国面临哪些经济安全问题？

4. 当前我国科技安全面临哪些挑战？

5. 什么行为危害国家安全？

6. 出现爆炸恐怖活动时个人应如何防护？

7. 什么行为属于化学恐怖活动？

8. 公民在保守国家秘密方面有哪些责任？

9. 在移动支付使用过程中，需要防范哪些主要安全风险？

10. 网络聊天工具使用中的常见骗术有哪些？应如何防范？

11. 校园贷的种类有哪些？应如何防范？

综 合 讨 论 一

在 2012 年 6 月 29 日新疆和田劫机事件中，当时客舱中只有 6 名年轻专职安全员和 4 名女乘务人员，他们在面对 6 名身强力壮的劫机男子和爆炸威胁物时，机智灵活地动员乘机旅客参与反劫机搏斗，改变了斗争的力量态势，制服了劫机犯罪分子。

讨论：面对劫机恐怖事件，应如何正确地采取自我保护措施？请结合新疆和田劫机事件谈谈。

综 合 讨 论 二

某大学琵琶专业的女大学生陈某受邪教法轮功蛊惑，在天安门广场自焚，导致烧伤面积达 80%，深三度烧伤近 50%，头部、面部四度烧伤，形成黑色焦痂。自焚事件是陈某一生中挥之不去的阴影和伤痛。

讨论：当代大学生应如何抵制和反对邪教？

-------------------------------- ◎ 阅读材料 ◎ --------------------------------

大 安 全

职业安全领域的安全通常为生产安全（safety，简称"小 S"）。传统的公共安全领域的安全通常为 security（这里也简称为"小 S"）。由于安全一般都是复杂问题，一个安全问题关联一大堆人和事物，而且随着社会的发展，上述两个"小 S"经常交错在一起，互相关联和影响，即成为"双 S"，安全界把"双 S"俗称为"大安全"。

在地球上复杂多变的、社会系统的运动进程中，某一时间某一局部系统总会出现各种各样的不和谐现象或摩擦现象，即出现不安全的现象。为了预防、缓解、调节这种不安全现象，社会出现了各类安全事务，如现在的政治安全、国土安全、军事安全、经济安全、文化安全、社会安全、科技安全、信息安全、生态安全、资源安全、核安全、生物安全等事务，并形成了当今的社会安全体系。

（资料来源：吴超教授博客）

第 3 章

生活中的安全

 学习目标

1. 了解生活中的消费安全问题；
2. 了解生活中的运动锻炼安全问题，并掌握防范方法；
3. 了解生活中的出门旅行安全问题，并掌握防范方法；
4. 掌握校园防盗防骗办法。

3.1 日常生活安全

 案 例

2004 年 10 月 2 日，来自某省 7 所高校及省外高校的 132 名学生被"全市最低价旅游骗局"困在峨眉山金顶，另有 30 名学生被甩在清音阁。"领队"杳无音讯，"导游""人间蒸发"。夜幕降临，气温骤然下降到零下 3℃左右，百余名近乎弹尽粮绝的大学生受困于金顶饥寒交迫。峨眉山管委会和当地公安机关获悉众学生受困的情况后，立即组织救援。因为正值旅游黄金周，峨眉山上的住宿情况十分紧张。大部分同学只得在金顶管理处和金顶派出所的办公室坐着烤火过夜。直到 10 月 4 日，受困于峨眉山的 162 名高校学生才全部安全返校。

 案 例

某市公安局 2012 年 12 月 25 日对外发布，一个自称可以安排大学生到银行工作的诈骗团伙落网。在过去 4 年多时间里，犯罪嫌疑人贾某伙同艾某、张某等 6 人，冒充合法职业介绍机构，打着可以安排银行工作的幌子，收取费用，并冒充银行工作人员为大学生办理手续。500 余名学生因此受骗,涉案金额上千万元。

猜谜底

1. 人若犯我,我必犯人(四字词语)　　　2. 干涸(一字)

3-1　谜底

编者曾对高职学生开展过这样的调查:小时候你的父母亲对你做过怎样的安全教育? 其中你印象最深刻的是哪些? 通过调查可知,家长们对自己孩子的安全教育仅仅限于生活安全的某几点,下面就是很多同学对上述问题的常见答案。

3-2 案例
电热毯引发
的事故

(1) 过马路时要左右看,确认绿灯亮起没有车辆才能通行,必须从斑马线上通过。

(2) 乘车时不要将头、手伸出窗外。

(3) 在外面时尽量避开人流量大的地方,避免发生踩踏事件。

(4) 一个人不要走夜路或冷僻的小巷。

(5) 打雷时不要躲在大树下。

(6) 不要吃陌生人的零食,也不要跟陌生人走。

(7) 不要去池塘等地方玩水,更不要单独去游泳。

(8) 如果不小心走失,一定要在人多处等待。

(9) 一个人在家时,不要给陌生人开门。

(10) 不要在家玩火,如果发生火灾,就要及时拨打 119。

(11) 不要在窗户附近打闹玩耍,以免失足坠落。

(12) 我妈怕我到家门口附近的池塘玩水出事,她经常对我说池塘里有水怪,千万不能去玩。

(13) 不要触碰插座、各种电器,更不要用带水的手去开灯、接触电器等,以免触电。

(14) 不要玩刀具和易引发火灾的东西,以免受伤。

……

诚然,上述内容并不是不需要。但从系统安全教育的视角来审视,就显得过于简单、狭窄和片面了。很长时间以来,我国多数家庭缺乏对孩子的安全教育。虽然同学们在成长和学习的过程中增加了不少安全知识,但是不同人生阶段所需要学习的安全知识的内容和层次有所不同,比如,在高职阶段需要学习的生活安全知识就有一定的选择性。

在高职院校里,高职学生作为一个特殊的社会群体,其生活方式也是特有的。特定的年龄结构、生活环境和文化背景,决定了同学们所面临的安全问题必然涉及日常学习和生活的方方面面。

(1) 日常生活中的安全问题。高职学生的生活经历比较简单,生活经验还不够丰富。在安全问题上,表现为在防火、防盗、防骗、防滋扰、防旅行意外伤害等方面缺乏基本常识,致使日常生活中的安全问题比较突出。对于一些骗局及意外情况,生活阅历丰富的人往往一眼就能识破并应付自如,而一些高职学生却常常难以应对,或是误入陷阱,或是缺乏临险救助的常识,从而造成不应有的或本可以防止的损失。

(2) 社会生活中的安全问题。社会活动是同学们社会化过程中的一个重要组成部分。这不仅是同学们人生发展的需要,也是同学们实现人生价值的需要。主动地或被动地参加各种社会活动对于同学们毕业后走上社会、适应社会都具有不可替代的作用。当前高职学生社会活动的内容主要包括社会交往、勤工俭学、社团活动、求职择业等。同学们在社会活动中可能存在的主要问题有:一是缺乏个人防范意识,二是缺乏社会公德意识,三是缺乏应急策略意识。

(3) 遵纪守法问题。国家法律法规、校规校纪的约束和优秀校园文化的熏陶是高职学生健康成才的两个重要的方面。由于目前少数学生法治观念淡薄等原因,校园内违法乱纪现象屡有发生。而随着近年来办学规模的扩大,校园开放程度的增大,违纪事件的数量呈现上升趋势。例如,校园中一直较为突出的盗窃、打架斗殴、吸烟、酗酒与聚众赌博以及涉黄涉毒、制造计算机病毒等违纪或违法事件,不仅严重影响了学校教学和生活环境,而且也危及社会秩序和国家的长治久安。

(4) 权益保护问题。当前,权益保护问题越来越受到人们的重视。近年来,学生消费权益、知识产权与保险等权益被侵犯的案例屡见不鲜,成为校园中师生关注的热门话题。

(5) 保持心理平衡正常交往。一些同学在进入高职学校后,由于性格内向等原因,在和别人交往的过程中不知所措或无法和别人较好地沟通。许多从没离开过父母的学生由于不适应集体生活,有的走向自闭,有的由于不能处理好同宿舍同学和同班同学的关系,而找不到生活的乐趣,甚至在与人交往时表现出敌意。也有一些同学不善于主动与他人交往,内心常感到孤立寂寞,心理压力较大,生活态度不乐观;遇事从坏处着想,对自己的能力没有信心或过于自负;对同学和老师的话过于敏感,容易出现心理疾病,由此常会引发一些安全问题。

预防人际交往中心理失衡引起安全问题的对策如下。

(1) 积极主动地与人交往,将自己融入集体,要主动接近他人,多参加一些集体活动,比如加入团委或学生会倡导的志愿者协会等一些社团组织,增加人际交往的信心。

(2) 不要作茧自缚,固守偏执。要培养自己乐观开朗的性格,学会倾诉和倾听,学会包容,敞开心扉与朋友、同学和老师交流心得,进行沟通,建立起相互信任、欢乐共享、痛苦分担的良好人际关系,走出心理误区。

(3) 在遇到心理困惑时,可到学校的心理咨询网站学习或请心理咨询老师帮忙,适当进行一些心理咨询或简单的人际交往训练,也能收到较好的效果。

小提示

大学日常生活温馨提示

(1) 大学生活是美好的,平安快乐过好大学生活才是最美好的。

(2) 入学以后,将自己辅导员、班主任以及要好同学的联系方式告知家人,自己遇突发事件时,家人可以及时联系,避免耽误事情处理,增加安全保障。

（3）生活中增强防范意识是关键,凡事要有规划,三思而后行,遇事不冲动,把生命财产安全放在第一位。

（4）加强法律知识学习,提升法治素养,关注社会新闻,把有关的安全案例与同学、朋友分享,让家人提高警惕,共同防范不法分子的阴谋。

（5）学习生活中遇到困难要学会求助,诚恳地向别人求助,就有可能得到帮助,学会求助其实也是现代人应有的素质,学会求助与乐于助人同样重要。

3.2　消费安全

案　例

2017年6月,某高校大一学生王某与同学聚会时,因餐厅规定3分钟内喝下6杯总共1800毫升的鸡尾酒,500元以内的消费就可以免单,平时不沾酒的他于是不顾个人身体状况,迅速地将4杯酒一饮而尽,在喝下第5杯酒后,他干呕了几下。到第6杯酒时,他的身体开始不听使唤,然后头一歪,重重地倒了下去,在一片“加油”声中走向死亡,再也没有醒来。倒地一天两夜后,市人民医院宣布这个“发育正常”“营养中等”的年轻人临床死亡。市公安局某分局出具的鉴定意见通知书称,这个19岁的年轻人死于“急性酒精中毒”。（资料来源:搜狐网）

分析:大学生应该理性消费,认识到喝酒的危害,懂得:① 饮酒对身体的危害很大,轻则伤害肠胃等消化系统,影响血压,增加心肺工作负担,重则致人酒精中毒,乃至死亡。② 浪费时间,耽误学业,影响心情,喝酒后因控制不住情绪,甚至会打架闹事,酒后驾驶肇事,违法犯罪,从而造成严重后果。③ 经常高消费浪费金钱,如果因囊中羞涩而小偷小摸,则会影响个人成长。④ 大学生应积极锻炼,参加课余活动,提高个人情操及修养,对酗酒说“不”。

猜谜底

1. “牧童遥指杏花村”（一字）

2. 勿饮过量之酒（诗经一句）

3. 滴酒不沾是好样（一字）

3-3　谜底

1．拒绝购买赃物

同学们的日常生活离不开购物，在购物过程中如缺乏必要的警惕，就可能会落入某些利欲熏心者设置的陷阱，最后得不偿失，甚至违法违纪。目前高职同学因购物不当而引起的案件、纠纷等不在少数，较为典型的当属个别同学购买赃物。

《中华人民共和国治安管理处罚法》(2012年10月26日修正)第六十条第(三)款规定"明知是赃物而窝藏、转移或者代为销售的"，"处五日以上十日以下拘留，并处二百元以上五百元以下罚款"。虽然该条款未对无意识的购买赃物行为作出规定，但鉴于这种行为在客观上助长了盗窃之风，也属于违纪，那种不知者不怪的想法是不正确的。

如何判断商品是否赃物并防止购买赃物呢？下面介绍三招。

(1) 从价格上判断：盗窃分子均有急于将赃物脱手的心理，故对价格要求不高，如果价格与物品的质量相差悬殊，购买者则应慎重行事。

3-4案例
消费安全事故

(2) 从手续上判断：看卖方是否持有商品的发票(包括原始发票、二手货市场出具的发票)或有效证件等，如果对方不能提供，则该商品的来路就值得怀疑。这也是公安、保卫部门认定商品所有人的主要依据。

(3) 购买二手货要到正规的二手货市场：不要轻易相信所谓低价转让的广告，更不能从街头巷尾和不明底细的人那里购物。

2．杜绝酗酒

逢年过节、毕业庆贺和同学聚会常免不了喝酒，同学们偶尔少量饮酒并不为过，但个别同学偏偏养成了酗酒的不良嗜好，这就会对身心健康构成很大的危害。酗酒是指无节制的饮酒，纵酒不但直接损害身心健康，而且也是造成社会不安定的因素。

(1) 酗酒的危害。其主要危害如下。

① 危害身心健康。过量饮酒能致人酒精中毒，产生脑的功能性和器质性变化以及慢性胃炎、肝脏损害等病症。长期饮酒造成的慢性酒精中毒，可使内脏器官及神经系统发生许多代谢障碍性的改变。

② 醉酒后行为失控。因酒精麻醉而引起的言语无度、行为失控与极度兴奋等现象，与学生身份是极不适应的，在公共场合醉酒则更加有损学生形象。醉酒后因行为冲动、意念模糊而引发的意外事故更发人深省，正所谓醉酒极则乱，乐极生悲。

③ 酗酒危害心理健康。长期过量饮酒可使人反应迟钝、注意力涣散、记忆力下降及思维混乱，甚至出现妄想、幻觉，诱发反常行为和人格改变。

(2) 学生饮酒的心理原因。

① 好胜心理。年轻人血气方刚，不肯服输，一端酒杯，就容易出现逞能求胜的心理，结果喝得烂醉如泥，丑态百出。

② 交往心理。受社会上吃吃喝喝的不良风气影响，利用喝酒来联络感情。

③ 借酒浇愁心理。有的因恋爱受挫，有的因学业不良或考试失败，有的因同学间出现摩擦，种种烦恼不快之事无法摆脱，而借杯中之物麻痹自己。

(3) 为预防酗酒的危害，请同学们注意以下几点。

① 不断提高自己的修养水平和自控能力,认清过度饮酒的危害性,防止饮酒过量或饮酒成癖。

② 不要刻意培养或放任自己饮酒的习惯。应认识到不饮酒不是缺点,擅长饮酒也未必是长处,从而摆脱传统陈腐观念的束缚,做自己的主人。

③ 饮酒须掌握适度,量力而行,适可而止,时时注意检查自己的形象,避免酒后失态,授人笑柄。同时,劝酒时也要举止得体,掌握分寸,切不可纠缠不休,强加于人。

3. 远离赌博

因赌博(包括电子游戏赌博和网络赌博等)引发的偷盗抢劫、行凶斗殴时有发生,赌博已成为不容忽视的社会问题。

(1)赌博对学生的危害。虽然校内同学的赌博远不及社会上表现的那样严重,但其危害性却是显而易见的。

① 影响学业。同学们的主要任务是学习,可一旦参与并沉湎于赌博,就要占用大量的时间和精力,专业学习自然会受到影响。据调查,参与赌博的同学都会有不同程度的学习成绩下降现象,而且陷入赌博活动的程度越深,学习成绩下降得就越严重。

② 危害身心健康。由于赌博活动的结果与财物的得失密切相关,所以迫使参与者全力以赴,精神高度紧张,精力消耗大。经常参与赌博活动会诱发严重的失眠、神经衰弱和记忆力下降等症状。这些都是阻碍同学们顺利完成学业的大敌。

③ 人际关系紧张。赌博引发自私、嫉妒等不良心理。赌博的人对周围的人和事物麻木不仁,与人钩心斗角,随时都在算计对方,或将人们之间的关系看成赤裸裸的金钱关系,逐渐成为自私自利、注重金钱、见利忘义的人。同时,个别人在宿舍内聚赌,实际上是对他人时间和空间的无理侵占,干扰了他人正常的学习和生活,因而势必导致他人的反感、厌恶,引起人际关系紧张。

④ 诱发违法犯罪。赌场失意往往会使一些急于还债、翻本的人不惜铤而走险,走向违法犯罪的深渊。

(2)同学们抵制赌博须注意做到以下几点。

① 树立责任感和使命感,将主要精力用于对专业知识等方面的学习,致力于参加各种文化体育和社会实践活动,净化灵魂,摒弃享乐主义和不劳而获思想,克服心理空虚感。

② 认清赌博的危害性和法律后果,谨言慎行,不参与任何形式的赌博,更不能涉足社会上不法人员开设的赌场。

③ 在赌博问题上要意志坚决,态度鲜明,防止被他人以诱惑、拉拢等手段拖下水,同时有义务制止和举报他人的赌博行为,以遏制赌博风气在大学校园内蔓延。

4. 远离毒品

毒品是指出于非医疗目的而反复连续使用能够产生依赖性(即成瘾性)的药品。《中华人民共和国禁毒法》第二条指出:毒品"是指鸦片、海洛因、甲基苯丙胺(冰毒)、吗啡、大麻、可卡因,以及国家规定管制的其他能够使人形成瘾癖的麻醉药品和精神药品。"毒品的危害巨大、触目惊心,人们将毒品比喻成为幽灵、魔鬼、瘟疫是毫不夸张的。

(1)毒品是摧残生命、折磨意志的杀手。近年来开始吸毒的,年龄还有逐渐低龄化的趋势。在有些国家,甚至中学生吸毒也已经成为非常普遍的现象。有资料表明,吸毒会引起的各种并发症、自杀等,常常让吸毒人员死于非命。吸毒者的平均寿命较一般人群短 10～15 年;吸毒者自杀发生率较一般人群高 10～15 倍;25％的吸毒成瘾者会在开始吸毒后 10～20 年后死亡。

(2) 毒品是诱发犯罪、扰乱社会治安的祸根。吸毒这一恶习的花费非常大,常常使吸毒者倾家荡产。他们为获得买毒品的钱,常冒险参加各种违法犯罪活动,其中以盗窃、抢劫、赌博、贪污、伤害、诈骗、卖淫和凶杀最为突出。世界毒品犯罪往往也与恐怖组织、黑社会组织有着千丝万缕的联系,因而对社会治安的危害性极大。

(3) 吸毒不仅导致各种各样的违法犯罪,引起一系列的家庭问题,而且使社会蒙受了各种巨大的损失。国家每年要投入大量的人力、物力、财力用于戒毒、禁毒,增加了财政负担;吸毒人员的死亡也造成了人力资源的损失;吸毒人员丧失劳动能力,形成了全社会的负担。正因如此,打击毒品犯罪已成为全世界的共识。

当前,我国学生中的吸毒和毒品犯罪虽不如社会上那样严重,但同学们有必要深刻认识毒品的巨大危害,珍爱生命,远离毒品。要培养高尚的追求、高雅的情趣和乐观向上的心态;要做到防微杜渐,无论在何种情况下,都绝对不能去尝试毒品。否则,必然陷入一失足成千古恨的境地。

另外,吸烟虽然不是吸毒,但吸烟也非常有害,同学们也不要染上吸烟的坏习惯。

小提示

消费安全注意事项

(1) 通过正常渠道合理消费,留好消费票据,不要贪图小利,拒绝购买赃物,杜绝非法买卖。

(2) 喝酒浪费时间和金钱,酗酒有百害无一利。一旦发现醉酒者出现昏迷等症状,要及时送到最近的医院救治,不可耽误。

(3) 赌博有百害,劝君莫做赌博人。

(4) 吸毒是当今人类社会的公害。生命贵如金,吸毒就是吸自己的生命,一定要增强拒毒防毒意识,勿贪一时满足,毁一生前途,灭一家幸福。

(5) 大学生要树立正确的人生观、世界观和价值观,养成科学合理的消费习惯。

3.3   运动安全

案 例

2017 年 4 月 2 日下午,某女大学生小王参加极限逃生项目时受伤。小王和同学一起报名参加"跳楼"项目,在无安全带、安全帽等安全保护设备的情况下从高台跳落到地面的气垫上,小王从6米高台跳下至气垫上时身体受伤。司法鉴定结果显示,小王腰部受外伤,二椎体压缩性骨折,已构成九级伤残。事发后,小王状告主办方,诉求主办方负全责。法院认为,原告作为一名大学生,应当知晓该项目的危险性,原告自主决定在无安全保护设备的情况下从6米高台跳下,对该行为的安全性过于自信,故可以认定原告未充分履行自我保护义务,应当自负一定责任。(资料来源:中青在线)

分析:大学生青春活泼,热爱运动,勇于挑战,敢于冒险,但没有安全保障下的运动可能会带来痛苦和伤害。① 在无安全保护措施的情况下从离地较高的高台跳下,具有较高的人身危险性,很容易造成人员伤亡。② 面对有一定危险性的项目,经营者应当负有较大的安全保障义务,在安全风险的提示警示、安全保护设施的规范配备、工作人员的谨慎操作等方面,全面、严格履行高于一般经营项目的安全保障义务。③ 由于对运动危险性认知不足与对自我能力认知过于自信的双重影响,运动者没有做好自我保护,造成身心伤害。④ 注意安全体现了一种责任心,更体现了一种珍爱生命的人生态度,大学生应该对自身的安全负责。

猜谜底

1. 八仙过海,各显其能(二字词语)　　2. 四书六艺都精通(体育项目)

3. 飞行遇险(二字词语)　　4. 金刚不坏之身(四字成语)

5. 下令用力(一字)

3-5　谜底

作为职业运动员出现伤病也许是极难避免的,但如果只是锻炼身体的话,完全可以避免运动的伤病。

1. 体育运动中常见的损伤

专业体育运动中难免出现各种各样的身体损伤,如骨折、肌肉拉伤、皮肤擦裂与软组织损伤等,但对非体育专业的同学来说,却是可以避免的。同学们要对不同运动项目可能带来的伤害有一些常识性的了解。例如,排球、篮球与足球因具有较强的对抗性,软组织的挫伤发生概率最大。挫伤中,踝关节的损伤最多;其次是膝关节的损伤;此外,皮肤擦伤、撕裂伤发生率也占有较大的比例。形成运动中损伤的常见原因有技术动作不规范、准备活动不充分和场地不合适等。不同的运动项目可能造成的运动损伤也不尽相同,下面是8种主要体育运动项目中可能出现的常见伤,请同学们多加注意。

(1)跑步常导致大腿后部肌肉拉伤,跟腱拉伤及踝关节扭伤;跳远与跳高常导致踝关节、腰关节扭伤和前臂脱臼或骨折。

(2)跳马与单杠常导致双上肢的臂部或腋部损伤,下肢的膝部或踝部发生脱臼或骨折。

(3)投掷常造成肩、肘、骨干等部位脱臼或骨折。

(4)球类运动常导致踝关节部位损伤,软组织损伤,韧带拉伤、扭伤,腹股损伤等。

3-6案例
足球、篮球运动事故

篮球常伴有肩关节、手腕部、手指部损伤;足球运动给参与者带来的损伤较多,除了一般擦伤和挫伤,还可导致头部和胸部损伤。

(5) 体操常导致膝关节韧带损伤、跟腱断裂、扭伤。

(6) 举重主要导致腕部、肩、腰和膝部损伤,且急性损伤比慢性损伤较多见。

(7) 滑冰常导致头后部受伤,前臂与手腕捻挫、骨折和臀部伤。

(8) 游泳既强身健体又舒适惬意。然而,每个泳季里都有不幸者溺水而亡。溺水的原因有很多:有的是患有不适宜游泳的疾病,如心脏病、高血压、癫痫等;也有的是因为准备活动不充分,贸然下水,尤其是在水温较低的情况下极可能因抽筋而溺水;还有的是因为自身游泳技术欠佳或对水况不了解而溺水;另外,因空腹导致身体热量不足、过度疲劳及睡眠不足等也是造成溺水的原因。

2. 体育运动中常见损伤预防处理招数

从事任何形式的体育锻炼都要注意安全,如果体育锻炼安排得不合理,违背科学规律,就可能出现伤害事故。所以,学会预防损伤以及如何紧急处理损伤是非常重要且必要的。

(1) 学会预防。为了保证体育锻炼的安全性,请同学们锻炼时做到以下几点。

① 体育锻炼前做好充分的准备活动,待各器官系统的机能进入活动状态后,再进行较剧烈的运动。准备活动可以使身体机能进入最佳状态,通过准备活动既可以提高锻炼效果,又可以减少运动损伤。

② 运动强度逐渐增加。在正式进行体育锻炼时,活动量也要遵循循序渐进的原则。如果一开始就突然增加运动强度,会造成内脏器官与运动器官的不协调,使身体出现一系列不适反应。

③ 体育锻炼要全身心投入,在锻炼过程中不要开玩笑,有时稍不注意,就可能出现运动损伤。

④ 在进行跑步、健美操等体育锻炼时,最好不要在沥青马路和水泥地面上进行,以防出现各种劳损症状。

⑤ 不要在没有把握的情况下参与那些危险性大、专业性强、技术要求高的体育运动,如蹦极、攀岩等。在这些运动中,稍有不慎就会酿成事故,造成人身伤亡。

(2) 处理方法。几种运动损伤的处理方法如下。

① 软组织损伤的处理方法。软组织损伤后,一般会出现瘀血、肿胀、疼痛等症状。最常用的处理方法是在 24 小时内用冷毛巾包裹受伤的部位,促使受伤部位毛细血管收缩,减少出血。损伤后的 24～48 小时,可服用活血化瘀药、消炎药,同时进行局部理疗热敷,以加快血液循环,促进血肿及渗出液的吸收。发生软组织损伤后的 3～6 周内不宜做过多的运动,以利软组织的修复。

② 皮肤擦伤、撕裂伤的处理方法。由于外力摩擦所致的体表皮肤浅表性的损伤,肉眼可见有出血或渗血或组织液渗出,对小面积的擦伤,可用生理盐水(条件不足时也可用自来水)冲洗伤口,然后涂 20% 红药水,或 1% 的紫药水或 2% 的碘酊进行消毒处理。如果擦伤面积较大或者嵌入较多的泥、沙等异物,最好到医院进行彻底的清洗、消毒和包扎。

③ 肌肉拉伤的处理方法。对轻微的肌肉拉伤,在 24 小时内可用一块布包着冰块或

者冰袋对受伤处施行冷敷,以防进一步肿胀,并减轻疼痛。用绷带或布条将受伤区包扎起来,给它支撑力量,但是要注意松紧适度,扎得太紧会导致肌肉进一步肿胀。在疼痛消失之前,避免使用受伤的肌肉。如果肌肉拉伤严重或发生断裂,则必须到医院进行治疗。

④ 骨折的处理方法。发生骨折后,骨折部位有疼痛及压痛感,并伴有肿胀、瘀斑、畸形等症状。首先要进行现场急救,这是保证治疗效果的关键。发生骨折后要保持镇静,不可任意移动骨折部位,在对伤口进行检查后,可以利用干净衣物或其他物品先行包扎伤口,再利用木板、木棍等硬物使骨折处固定,避免骨折部位易位,然后尽快就医。

小提示

运动安全温馨提示

(1)要根据自己的身体条件,选择最适合自己的运动项目,不要盲目跟风、冒险,适合的才是最好的。

(2)运动受伤是很难避免的,要掌握不同运动项目可能带来的伤害的相关知识,加强预防,掌握常见伤痛的处理方法。

(3)合理安排体育锻炼时间,处理与日常学习、生活的关系,保证体育锻炼的安全性。一旦受伤,要及时到正规医院接受治疗。

(4)如果没有专业教练指导,就不参加危险性大、专业性强、技术要求高的体育项目,如蹦极、攀岩、跳伞等,避免酿成事故,造成人身伤亡。

3.4 旅行安全

案 例

王某是一名网红,他将冰川照、冰川视频上传到网络,引起很多人关注。通过他的镜头和社交账号,粉丝们看到了常人无法到达的 70 多个冰川的风貌,这些也为专业人士进行科学探索和研究提供了借鉴。2020 年 12 月 20 日,王某与同伴前往依嘎冰川拍摄视频,失足滑入水中后失踪。2021 年 3 月 18 日凌晨,西藏嘉黎县警方通报,发现疑似失踪人员王某的遗体。4 月 30 日晚,西藏嘉黎县警方发布相关通报,称综合检验鉴定结论和调查情况,确认王某系意外落水后溺水高坠(坠落瀑布高度约 29 米)死亡,排除他杀。(资料来源:搜狐网)

分析:读万卷书不如行万里路。精心准备的旅行可以让人放松身心,开阔眼界,净化心灵。但随心所欲、说走就走的旅行不仅是盲目的甚至会有生命危险。①面对未知的世界和未知的领域,再科学的谋划、再精心的准备也无法让人预测未知和潜在的危险。

② 总有人在探索和前行的道路上遇到危险、受到伤害甚至献出宝贵的生命,在探索的过程中我们还无法避开全部危险。③ 在自然面前,人的力量总显得渺小、微弱,旅行教会你谦卑,以一种全新的方式的感受世界。④ 自行旅游时,可以找同学、家人或熟悉的伙伴结伴前往,并做好各项充分准备,让意外风险降至最低。

3-7　谜底

猜谜底

1. 未晚先投宿,鸡鸣早看天(四字常用语)　　　2. 孔子登山(一字)

3. 游泳比赛(四字成语)　　　　　　　　　　　4. 烽火台上起狼烟(安全词语)

3-8案例
旅行安全事故

作为现代人,谁都有出行的时候。出行也都需要处处注意安全。显然,同学们出行的机会有很多,学习一些出行安全知识,积累一些安全经验,非常必要。

1.4.1　乘坐交通工具的安全防范建议

1. 乘火车时的安全防范建议

在我国,火车是旅行的主要交通工具。它的特点是载客量大,车次准确,除高铁外的普通列车中途可换乘、停留(在车票有效期内),具有一定的灵活性。此外,还有夜间行车的优越性,既可节省时间又可节省住宿费。另外,还可以利用中转换乘的时机,在铁路沿线多游览一些风景名胜。火车运行时间是固定的,不受天气影响,便于旅客掌握时间,合理安排日程。乘火车时应注意下列问题。

(1) 旅客进站上车时,应该走规定的检票口,不可穿行铁路、钻车或跳车。还要特别注意严禁携带易燃易爆物等危险品上车。

(2) 当列车进站时,旅客应退到站台安全线以外。在列车还没停稳时,不要往前拥挤,更不要跳窗而入,应该先下后上,按顺序上车。

(3) 当列车运行时,不要把手、脚和头部伸到车窗外边。行李架上的物品要放牢。在列车上不宜饮酒,因为喝酒过量,头脑失控,容易碰伤摔伤,甚至造成伤亡事故。

(4) 列车停靠站时,要特别注意防范违法犯罪者浑水摸鱼,要看好自己的行李物品。不论白天还是晚上,都要注意防范违法犯罪者盗走财物等。夏季乘坐有空调的火车时,还应注意防感冒,因为火车在夜间行驶时车厢的温度有时不到20℃,应备好衣服。

(5) 如今,高铁和动车已经成为大家出远门时的首选交通工具,为确保公共安全,乘坐高铁和动车有很多安全注意事项。① 严禁携带各种危险品和危害列车运行安全或公共卫生的物品;② 上车后不要随意扳动车门、紧急制动阀、消防器材、破窗锤等安全设施;③ 不要在车门口处站立、停留及放置物品;④ 绝对不要吸烟;⑤ 经停站不要轻易下车;等等。

2. 乘汽车时的安全防范建议

乘坐汽车时要注意以下安全防范措施。

(1) 乘坐公共汽车、电车和长途汽车,须在站台或指定地点依次候车,待车停稳后,先下后上。要特别注意的是,有的同学下车后,往往急于赶路,突然从车前、车后贸然走出或猛跑穿越马路,这样极易被来往车辆撞上,轻则吓一跳,重则造成伤亡。为了安全,乘车人下车后,应先走上人行横道,再从人行横道过马路。

(2)乘车人乘坐出租车,在停车后,应观察后面有无来车(包括自行车)再开右侧车门。因为右侧靠非机动车道或人行道,下车后较为安全;左边靠机动车道,穿梭来往的机动车车速快,下车后不安全。如果确需开左侧门,应在确无来车情况下开门下车,并迅速、安全地向人行道方向走,切不可直接穿越马路。

(3)拒绝携带易燃易爆物等危险物品乘坐公共汽车、电车、出租汽车和长途客车。易燃物品一般指煤油、汽油、香蕉水等。易爆物品一般指炸药、雷管、导火线、非电导爆系统、起爆药、爆破剂、烟火剂、信号弹和烟花爆竹等。

(4)乘车人不要同司机攀谈,不应催司机开快车,或用其他方式妨碍司机正常驾驶。车辆行进中,不要将身体的任何部分伸出车外,也不能跳车。

(5)乘汽车旅行需时时刻刻注意自己人身及随身携带财物的安全,尽量不要在车内打瞌睡。汽车内空间相对狭小,会方便违法犯罪分子作案,因此,一定要看管好自己随身携带的钱财和贵重物品,防止被盗。

(6)及早预防晕车。如以往有晕车情况发生,可在上车前半小时服用晕车药。

(7)空调大客车一般都配有破窗用的应急逃生锤,在危险情况下要能够正确使用。

3. 乘飞机时的安全防范建议

坐飞机时要注意以下安全防范措施。

(1)登机前,乘客及其随身携带的一切行李物品,必须接受机场安检部门的安全检查。乘客要按所购机票的机舱类别、座号就座,除上厕所等某些必要的活动外,一般不要随便走动。不要串舱,更不要接近驾驶舱。

(2)熟记空中乘务员做的飞行安全示范。各种飞机机型都有紧急出口,乘客上飞机后应细心聆听乘务员讲解的飞行安全须知,熟悉紧急出口的位置及其他安全避险措施,以免遇到紧急情况时手足无措。

(3)大件行李切勿随身携带上飞机。因为发生紧急事故时,座位上方物柜会因承受不了重量而裂开,导致大件行李掉落,从而危及乘客的安全。

(4)在飞机起飞、降落和飞行颠簸时要系好安全带。身体不适时,应及时与乘务员联系,可请乘务员帮助调整座椅上方的通风器和座椅靠背,闭目休息。机上备有常用的急救药品,乘务员会在必要时向乘客提供。

(5)机舱内配有救生设施,乘务员会将这些设施的使用方法向乘客介绍和示范,在发生紧急情况时,由机组人员组织乘客使用。未经机组人员许可,任何人都不可随意动用。当面临紧急情况时,乘客应保持镇定,并绝对听从机组人员的指挥。

(6)乘飞机时要尽量穿棉质的衣服,最好不要穿容易燃烧的化纤衣服。少喝酒及含酒精的饮料,酒精可使人的紧急应变能力下降,因此,坐飞机时自我约束饮酒量非常重要。

3.4.2 外出旅游的安全防范建议

1. 登山时的安全防范建议

旅游登山是同学们喜欢的有益身心健康的运动,登山不仅可以增强体魄,锻炼意志,而且可以饱览河山之美。但登山也存在安全隐患,需多加防范。在此提醒几点注意事项。

(1)登山要结伴而行。特别是攀登高峻险要、人们不常去的大山时,要结伴而行,不要单独攀行。攀行前要清楚上山的路线,备好食品和登山用具,比如要穿登山专用鞋或适合登山的旅游鞋或球鞋,带上水壶等。如去深山高岭,应预测到那里的道路是否方便。山势险峻,也可能有野兽出来活动,最好带条绳子和手杖、棍棒之类的辅助用品。上山要有向导带路,不能盲目行动,否则,容易迷路或发生意外事故。此外,还应随身配备专用通信工具,并注意有些区域没有无线通信信号的问题。

(2)登山时要精神集中。作为旅游点的名山,大都有山路可循,只要具备一定的体力,上、下山并不是非常困难。在一些陡险地段,要谨慎缓行,精神集中,走路不观景,观景脚步停。有些名山,一般还有某些食宿条件可以利用。俗话说上山容易下山难,走山路,特别是走下山的陡险地段,精神更要集中;每一步都得看准、走稳,严防踩踏活动石块导致身体失去平衡而滑滚、摔伤。

(3)登山时要随身带一些外伤急救药品,如红药水、消毒纱布、急救包、创可贴、防蚊油、清凉油、虫咬药水以及蛇药等。山上气温变化大,高处山风大,气温低,应带足衣服。山中常常云雾缭绕,时晴时雨,因此,雨具也是不可缺少的。旅游登山,还要注意山林防火。同学们一定要自觉遵守护林防火的规章制度,做爱树护林的模范。

(4)登山时不宜饮酒、禁止吸烟。因为烟酒能加速心跳或增高血压,增加心脏耗氧量,降低心脏功能,减弱体力,对登山很不利。要控制火种,严防失控。宜携带足够的饮用水、食物等。

(5)登山时防中暑。中暑时体温升高至 38℃ 以上,面色潮红,伴有胸闷、皮肤干热、恶心及呕吐等症状,严重者有时会昏迷、痉挛,长达一天仍不能恢复,条件不允许及时送往医院时,应到阴凉通风的地方休息,并服用清凉饮料,也可服用人丹、十滴水、解暑片等,还可用冷敷或冷水擦身等方法帮助散热。

2. 游泳时的安全防范建议

游泳时应注意的事项有以下几条。

(1)不要独自一人外出游泳。至少要组织几位同学一起去,且必须有熟悉水性的人参加,以便互相照顾。如果组织集体外出游泳,下水前后都要清点人数,并指定救生员做专职安全保护工作。

(2)要清楚自己的身体健康状况。平时四肢较容易抽筋者不要参加游泳或不要到深水区游泳,以防发生危险。

(3)选择适宜的游泳场所。对游泳场所的环境适宜条件,如该水塘、水库或浴场是否卫生,水下是否平坦,有无暗礁、暗流和杂草,水域的深浅情况等,要做到清楚了解,以防发生溺水等意外事故。

（4）做好下水前的准备。先活动身体，如水温太低，可先在浅水处用水淋洗身体，待适应水温后再下水游泳。

（5）对自己的水性要有自知之明。下水后不要逞能，不要贸然跳水和潜泳，更不能无节制地互相打闹，以免呛水甚至因此而溺水。不要在急流和漩涡处游泳，更不能酒后游泳。

（6）要适时休息。在游泳时，如果突然觉得体力不支或身体不舒服，如觉得眩晕、恶心、心慌或气短等，就要立即上岸休息或者呼救。

（7）在游泳时，若小腿或脚部抽筋，千万不要惊慌，可用力蹬腿或做跳跃动作，或用力按摩、拉扯抽筋的部位，同时呼叫同伴救助。

（8）在遇到溺水事故时，现场急救刻不容缓，心肺复苏最为重要。将溺水者救上岸后，要立即清除溺水者口腔、鼻咽腔的呕吐物和泥沙等杂物，保持其呼吸道通畅；应将其舌头拉出，以免后翻堵塞呼吸道；将溺水者的腹部垫高，使胸及头部下垂，或抱其双腿将其腹部放在急救者肩部，做走动或跳动"倒水"动作。能否恢复溺水者呼吸是急救成败的关键，应立即进行人工呼吸，可采取口对口、口对鼻的人工呼吸方式，在急救的同时应迅速送往医院救治。

3. 春游时的安全防范建议

阳春三月，春光明媚，鸟语花香，万物呈现一片生机，此时正是春游的大好时节。春游是一种很好的体育活动，使人心情愉悦，心胸开阔，调节人们的心理活动，促进血液循环，强健肺功能。但在春游时要注意以下事项。

（1）外出春游时定要备足衣服，携带雨具，以防雨淋，伤风感冒。登山下坡，切勿迎风而立，避免受凉。

（2）春游时，如在野外就餐，要注意饮水和饮食卫生，且不要坐在阴冷潮湿的地方，以免受潮致病。野餐要尽量选择朝阳背风处，不要随便丢弃火种，以免引起山火。

（3）有过敏史的，要尽量回避有花之处，也可事先服用扑尔敏等抗过敏药物，预防花粉过敏。

（4）适当预备一些常用药，如黄连素等治疗腹泻及消炎的药物。

（5）要避免过劳，春游时要量力而行，不要走得过快、登山过高。

（6）春游踏青时，不要采摘野蘑菇，以免误食有毒野蘑菇而中毒。

如春游时遇雨受凉，到家后用生姜、葱头加红糖适量，用水煎服，以祛风散寒防感冒。睡前，用热水洗脚，睡时脚部适当垫高，以促进脚部血液循环，尽快消除疲劳。

4. 秋游时的安全防范建议

天高云淡的秋天，气候最宜人，同学们大多喜欢在金秋季节外出旅游，或饱览名山古刹，或了解风土人情，在大自然的美景之中尽情尽兴。但是，秋游时一定别忘了自我保健，以益身心健康。

（1）秋游中要预防细菌性痢疾。秋季仍是肠道传染病的高发季节，外出旅游，最易染细菌性痢疾。所以，旅途中要注意饮食卫生，最好自带食具、茶杯，不随便吃别人的食物、喝别人的茶水，尽可能做到饭前便后洗手，有条件者可自带消毒湿纸巾用于清洁手、脸、餐具等。

（2）秋游中要防过敏性皮炎。此时正是叶落草枯季节，空气中过敏物质增加，若由于身体疲劳、环境不适应等原因，人们容易局部或全身出现红色丘疹或其他皮疹，伴有瘙痒。出发前，不妨带一点肤轻松等药品备用。如已知过敏源的，要注意避免接触。

（3）秋游中要防止意外事故。在自然风景区旅游，尽量不要独自去人迹罕至或未开发地区，以防迷路，酿成事故；需爬山越岭时，不要穿皮鞋、高跟鞋，以免扭伤或跌伤；不要随便进入深草丛，不要随意睡卧地上，以防被野鼠、毒蛇或其他动物咬伤。

5. 住宿安全防范建议

外出时，如需住宿，须熟知外出住宿安全常识。

（1）外出旅行时，别忘了带上自己的身份证和学生证。贵重物品应随身携带，要保管好自己的财物。住宿期间如有贵重物品又携带不便，可交到宾馆或饭店服务台办理保管手续。

（2）注意防止发生火灾。不要在旅店房间内使用电炉、电饭煲或电熨斗等；也不要躺在床上吸烟，以防止发生火灾；不要携带易燃易爆物等危险品进住旅社或酒店。

（3）注意睡觉前关好门，外出时锁好门。如果有不相识的人同住一间房，既要注意文明礼貌、热情大方，又要提高警惕，不要轻信人言。万一发生失窃，应尽快通知服务台。

（4）在旅馆内居住，要注意开窗通风，更换新鲜空气，注意卧具的清洁卫生。住带有空调设备的旅馆房间，应根据个人的生活习惯和要求，调到适宜的温度。外出归来身上有汗或洗热水澡后，应避免冷风直吹身体，以防止出现关节疼痛、因腹部受凉发生腹泻。另外，还要保证旅行期间的休息和睡眠。

（5）注意保管好自己房间的钥匙，不要随便借给他人。若钥匙丢失了，应及时告知旅馆服务台，防止财、物因此而丢失。

6. 市区出行的安全防范建议

同学们在市区出行时，需要特别注意交通安全和人身安全。应养成良好的交通行为习惯，懂得并牢记步行、骑车或乘车等常识，严格遵守交通规则。

（1）步行。其实，走路也需要注意安全，特别是在越来越多的人购买私家车的今天，新手被比喻成马路杀手，千万不要以为所有的机动车都会让人。这就要求走路更要遵守道路交通规则；横过行车道时须走人行横道，不要追逐、猛跑或抄近道跨越隔离护栏；晚间行路要选择有路灯的地方，注意路边是否有缺盖的窨井；雨天、雾天或雪天行路时尽量穿鲜艳的衣服或雨衣，以便于机动车司机察觉。

（2）骑自行车。① 自行车应在非机动车道行驶，自行车的车闸、车铃必须保持有效。② 骑自行车转弯前，应注意减速慢行并向后瞭望，伸手示意，不能突然猛拐。③ 与同学或朋友们做伴骑车上路，不要搭肩扶身并行，更不可互相追逐或曲折行驶。④ 冬季雪天骑自行车，应与前后左右的行人或骑车者保持间距，防止路面滑时倾斜滑倒影响他人，尽量注意慢行。⑤ 在交叉路口，要严格遵守交警或指示灯指令，在无交警或指示灯指示的路口，要停下来看清、看准来车情况，等条件许可时再通行。在复杂路段，最好下车推行。⑥ 晚上骑自行车，一般应备有照明发光装置。

（3）乘车和防盗。① 市区人多拥挤,乘车应排队上车,按顺序就座,无座位时要离开车门握紧扶手站好。② 注意文明礼貌、尊老爱幼、自觉购票和维护公共秩序。③ 谨防扒手,轻装简行,不要带大量钱物外出,如随身带有钱物应注意贴身放妥。④ 骑自行车上街购物时,不要将手提包遗忘在车筐里或货架上。在商店购物或试穿衣服时要把手提包随身带到试衣间,不要随手放到一边,以防有人顺手牵羊。⑤ 避免使用大量现金,大额支付尽量采用电子支付方式或银行卡支付。

小提示

旅行安全温馨提示

（1）征服自然的行动应该是一种理性的实践,有节、有度,符合实情。

（2）乘火车、汽车、飞机等交通工具旅行时,个人财产特别是贵重物品要做好安全防范;个人驾车出行前要做好出行路线规划,提前熟悉路况,在路途中合理安排行程,劳逸结合,避免疲劳驾驶。

（3）登山旅行要结伴而行,避免孤身冒险,配备专用通信设备和防护包,遇到中暑、失温、迷路或发生意外事故时要第一时间求救和自救。

（4）在水库、池塘、河流等野外水域,人们无法通过浑浊的水面判断水下复杂的情况,游泳者的肢体很可能会受到水草、淤泥、碎石、暗流等多种因素的干扰,使得游泳技术无法施展,进而发生意外。

（5）自由行或跟团活动时若见有刺激性活动项目,身体状况不佳者请勿参加。患有心脏病、肺病、哮喘病、高血压者切忌从事水上、高空活动。

3.5 防盗防骗

案 例

29岁的男子周某终日沉迷"网游",月开销上万元,与家人断绝关系后,仍然不务正业,常驻网吧。2018年4月到2019年11月,周某先后16次潜入某大学（周某2012年毕业于该大学）男生宿舍,每次他都是在上半夜随学生们混入公寓楼,并蛰伏于楼顶,待凌晨三四时,学生们深深地沉入睡梦中,他遂下来逐户试推,一旦有宿舍门未锁,便会将屋里的笔记本电脑、手机洗劫一空。所盗窃物品总价值20余万元,被变卖后所得赃款被他挥霍一空。（资料来源:腾讯网）

分析:宿舍是大学生活动的重要场所,宿舍不仅仅是容身之所,更是一个温馨家园。如果对财产疏于管理,一旦被盗,势必造成财产损失。大学宿舍被盗事件时有发生,其原因是：① 学生宿舍人员流动大，校外人员易混入，又缺乏有效监管措施，给犯罪分子留下可乘之机。② 钱包、手机、笔记本电脑等因其体积小、价值大，便于携带、藏匿，是犯罪分子首选的作案目标。③ 学生们麻痹大意，没有将自己的贵重财物存放于安全之处，睡前不拴门内锁，对盗窃分子疏于防范。④ 安保措施缺失、保卫人员不足或者值班执勤人员巡逻不到位，也是造成失窃的重要原因。

3-9 谜底

猜谜底

> 1．十载操戈财半空(一字)　　　2．两个小偷密谋(四字成语)
> 3．人无远虑，必有近忧(四字成语)

据统计，平静的校园失窃率并不低。同学们务必提高警惕。

3.5.1 学生宿舍预防盗窃

学生宿舍盗窃有其常见的类型和特点，掌握了这些，就可以做到有效的预防。

1. 学生宿舍盗窃案的类型和特点

下面列出学生宿舍盗窃案的常见类型及特点，以给同学们一些提醒。

(1) 从作案时间上分析。一是刚开学或快放假时段易发案。刚开学时大家都有钱，是窃贼重点行动时期，快放假时大多数同学的钱虽然所剩无几，但大家又一个个归心似箭，所以这时宿舍比较乱，注意力分散，个别人会趁机行窃。二是集中上课时段易发案。这时宿舍楼内空空如也，很容易给窃贼留下作案时间和空间。三是夏季时段易发案。夏季，有不少男生一味图凉快，晚上连宿舍门也不关，离开宿舍时不关窗子等，都易引发盗窃案。还有像学校举行大型活动、期末考试、周末等时段，也是盗窃案的易发时间。

3-10 案例
校园被盗事故

(2) 从被盗同学宿舍类型来看，一般有以下几种宿舍易发生盗窃。① 居住成员混杂，不同属一个班级甚至不同属一届的同学宿舍。这种宿舍来往人员较多且成分复杂，许多人互不熟识，难以互相照应，容易被盗窃分子钻空子。② 互不关心，同学关系紧张的宿舍。这种宿舍同学之间关系时好时坏，长时间紧张，即使发现了一些异常现象，也"事不关己，高高挂起"，这是窃贼求之不得的。③ 随意留宿他人或钥匙管理不严的宿舍。④ 门窗不严、宿舍管理制度不健全及值班学员责任心不强的宿舍。

2. 学生宿舍盗窃的预防

如果针对盗窃案的一些特点和规律做好预防，就可以减少不必要的损失。

3-11 慕课视频
失窃预防

(1) 遵守规章制度，做到警钟长鸣。大家要严格遵守学生宿舍管理中心制定的有关规章制度，自觉维护宿舍的安全。班级治保(安全)委员要利用班会等机会经常向同学们讲一些安全常识和具体案例，剖析宿舍被盗的一些特点和规律，以增强同学们的安全警惕性，让大家始终做到警钟长鸣。

(2) 提高道德修养，做到自珍自重。做一个有理想、有道德、有文化、有纪律的"四有"新人和一个德才兼备、知行合一的人,才是人生最大的资本和追求。毋庸讳言,高校学生宿舍中的自盗现象也有之。如果同学们都能够做到不断地省思自我,提升自我,完善自我,我们期待着的路不拾遗、夜不闭户的那一天就会早一点到来。

（3）强化防范意识,构筑防盗之墙。无论哪一种宿舍盗窃案类型,盗窃分子的最终目的都是窃取他人财物。那么,如何才能保管好自己的钱物不会因被盗而受损失呢? 还请切实做好以下几点。

① 认真保管好自己的钱物。目前各高校的学生宿舍都实行了公寓化管理,住宿条件有了很大改善,宿舍里配备了橱子、柜子等存放物品的设施。同学们应该将平时不用的贵重物品及时收藏起来,以防被顺手牵羊或乘虚而入者盗走。最好的现金保管方法是及时将现金存入银行,千万不要怕麻烦,要做到随用随取。另外,存折或各种卡的密码一定要分开保管。许多同学的密码是用生日或电话号码设置的,这是不安全的。贵重物品(如笔记本电脑、手机等)应尽量随身携带,不能携带时最好到学校的贵重物品寄存处寄存。

② 养成关门窗的习惯。离开宿舍一定要关好门窗,哪怕是离开几分钟也不要嫌费事。因短时间离开宿舍不锁门而造成失盗的例子不胜枚举。

③ 严格管理钥匙。钥匙失控是造成宿舍被盗的一个重要原因。有时宿舍被盗后门锁也没被破坏,可同宿舍的人都没有作案的可能,问题就出在钥匙乱扔乱放而被他人盗走或被复制上面。因此,平时一定要注意不轻易把钥匙借给他人;如果宿舍人员发生变化或钥匙丢失了,要切记及时换锁。

④ 维护好同学关系,形成一个团结的集体。一个宿舍的同学,大家亲如兄弟(姐妹),平时要团结好,学习上要互相帮助,生活上要互相关爱,做到有困难大家帮,不给盗窃嫌疑人留下任何作案时间和空间。

⑤ 小心接待陌生人。对那些来宿舍找同学、找老乡的人既要以礼相待,又要提高警惕,尤其是对上门推销各种商品的陌生人,更要加强警惕,一旦发现疑点,要及时通知保卫人员。

3.5.2 教室预防盗窃

1. 教室盗窃案的类型及特点

教室是同学们学习的主要场所。大学的学习环境属自主开放式,教室不同于中学阶段,大学教室流动性较大,既有理论课又有实践课,既有分班课也有合班课,既有固定教室又有共用的自习室。年级之间、专业之间交叉使用同一教室的现象较为普遍,同学之间互不熟悉,个别同学不注意自我财产的保护,故而教室盗窃案也时有发生。

自习是大学学习的一种主要方式,自习教室是同学们学习的重要场所。在这个场所,同学之间未必相互熟悉。而同学们的钱物往往随书包而带入自习教室,当同学们临时离开自习教室——可能是去厕所或去兜风或去吃东西——在离开的短暂时间内,书包或钱物往往就有可能被盗。

2. 教室盗窃的预防

教室盗窃案相对宿舍盗窃案来讲,其发案形式比较单一,窃贼的作案手段也比较简单,只要同学们增强防范意识,认真保管好自己的财物,被盗现象是很容易避免的。

(1) 上自习结伴而行。这样,既可以在学习上互相帮助,也可以相互照看所带的东西。

(2) 长时间离开教室,书包及其他物品一定要随身带走,尤其是现金和贵重物品,千万不要存有侥幸心理。否则,出事就在瞬间。

(3) 固定教室里,离开时最好不要放贵重物品,最后走的同学一定要检查一下门窗是否已关好,门是否锁好。教室的钥匙也要严加管理,严防外借和流失。

(4) 单独上教室,无论是自习还是做实验抑或上网,最好不要携带现金和贵重物品,以免丢失。

3.5.3　校园公共场所预防盗窃

大学校园有优良的学习环境,同时也有体育馆、健身房,有容纳几千人的餐厅,也有漂亮的浴室,美丽的花园,幽静的湖畔,热闹的操场……处处都留下了同学们青春的身影。可是,当同学们在公共场所沉浸在欢乐和幸福之中时,防盗的这根弦可千万不要松弛。

1. 校园公共场所盗窃案的类型及特点

校园及公共场所盗窃案的类型和特点有以下几点。

(1) 自行车或电动车被盗案。自行车或电动车是大部分同学的代步工具。由于一些高校关于自行车、电动车的管理还缺乏规范和有效的措施,加之缺乏必要的存放场所,校园自行车或电动车被盗案始终居高不下。自行车或电动车被盗,很大程度上是同学不锁车或车锁的质量不好造成的。

(2) 运动场盗窃案。一般体育课或有准备的运动场很少发生盗窃案,因为同学在上课前或活动前都有思想准备,现金及物品已提前放好。往往是那些没有思想准备、临时决定在操场运动的同学容易被盗。同学们在课间或课后看到熟识的同学正在打篮球或踢足球,就手脚发痒,于是将衣服和书包往运动场边一放,便狂热地玩起来。等到玩得汗流浃背、一身轻松时才想起自己放置的衣物,这时财物可能早已被盗了。运动场盗窃案一般为顺手牵羊者所为,由于来运动场活动的人员较多也较杂,物品放在运动场边在没有专人看管的情况下,很容易发生失窃。

(3) 外出时被盗案。同学们除了在校园内活动,有时也要上街购物或出门旅行、看电影等,在乘车或购物时一定要格外小心。出门在外的同学,很容易成为小偷的作案对象。有些扒手,专门以学生为目标,利用学生普遍存在的社会经验不足、防身反击能力差等弱点伺机作案,其作案手段毫不隐蔽且连连得手,尤其需要引起同学们的注意。外出时发生的被盗案特征很明显,几乎可以肯定是流窜于社会上的惯偷所为。一般车站、商场、公共汽车上甚至火车上都有扒手,这些人往往多次作案,手法巧妙,作案速度快,很难被发现。

此外,校园及公共场所盗窃案还发生在浴室、餐厅、游泳池、运动场馆等地点,校内有大型集体活动时也容易发生盗窃案件。

2. 校园公共场所盗窃的预防

针对校园公共场所盗窃案的特点,我们应该积极预防,提高警惕,减少损失。

(1)自行车或电动车的防盗。同学们应尽量不买好车、名牌车,因为其往往会成为盗窃分子的盗窃目标。比较旧一点的车,大家也不要太麻痹,有的同学花几块钱买一把自行车或电动车锁,质量很差,用别的钥匙就能轻易打开,这也容易造成自行车或电动车被盗。所以,建议同学们用车将就一点,用锁千万不要将就。另外,骑车上课或者办事一定要注意随手锁车,千万不要存有侥幸心理。因为自行车或电动车只要脱离了自己的视线,就有被盗的可能。如果自己长时间不骑或在晚上骑,有条件的,最好存入车棚。

(2)运动场的防盗。运动场的防盗比较简单,同学们只要增强自防意识,被盗是可以避免的。去运动场前最好先做好准备,先将钱物存放好。临时赶上玩一会儿,也要先将自己的物品交熟人看管或放在自己视线能看到的地方。

(3)外出时的防盗。首先带钱不要过量,根据当天出行的开支计划略多带一点即可。如果必须多带钱,则一定要分开装,裤子后兜和上衣外面的口袋都是不安全的地方,最好不要放钱和手机。如果钱放在包里,还应该注意保管好自己的包,挑选商品或乘车时,包放在一边是最容易被盗的。在人多眼杂的地方应尽量避免数钱,以免被小偷盯上;也不要总是下意识地去摸装钱的口袋,这样也容易引起狡猾的扒手注意。在乘车购物人多的环境下应格外小心,如发现有人故意靠近自己,这人很可能就是不怀好意,要对他多加防范,让对方感觉出已经被注意,从而不敢轻易下手。

此外,像去浴室洗澡、到餐厅吃饭和参加运动会时也要注意保管好自己的钱物。

3. 校园盗窃案的处置

前面分别介绍了校园盗窃案的类型及预防对策,但校园内盗窃案总是会或多或少地发生,那么一旦发案,同学们应该怎样处置呢?简要介绍如下。

(1)遇到盗贼的处置。无论是在宿舍、教室还是在其他地方,窃贼行窃时都有可能被同学们发现或遇到,这时一定要沉着冷静,见机行事,不要慌张,要分时间、地点、场合采取不同的策略,力争抓获现行。比如在宿舍发现有生人正在行窃,首先应将其稳住,然后利用一切可能的方法,让同学们能得到消息一起将其制服。因为一般的犯罪嫌疑分子突然遇到来人不会马上就跑,而是常常以谎称找老乡、同学等名义搪塞,那么,我们正好要利用犯罪分子的这一心理来与他周旋,争取时间,等待援兵,对其形成合围之势,再将其抓获。要相信邪不压正、做贼心虚的道理,有时一声大喝,既能把对方吓住又能把援兵招来。如果是在外面遇到窃贼,这时要冷静,要分情况区别对待。要确信自己能在大家的帮助下将窃贼制服。但无论遇到什么情况,都应注意以下几点:一是抓获小偷后,强制措施要适度,不可过激,不能殴打辱骂,更不能将其打残致伤,否则,要负法律责任;二是如果不能将小偷当场抓获,一定要记住其主要特征,像年龄、身高、发型、相貌、口音、衣着及其他特点,及时提供给公安或保卫人员,以利于有关部门破案;三是要随机应变、注意安全,在援兵到来之前,要和窃贼周旋,谨防其狗急跳墙、行凶伤人,避免受到不必要的伤害。

(2)存折或储蓄卡丢失后的处置。要在第一时间打电话挂失,尽量争取避免损失，然后到公安机关或保卫部门报案。盗窃分子在掌握了存折或储蓄卡的密码后，往往会迅速支取，被盗的同学由于晚挂失而被提前盗取的例子很多。另外，即使已发现钱被盗取，也要及时向公安机关或保卫部门报案，因为现在的储蓄所及提款机已经安装了摄像装置，这样能给案件的侦破提供直接线索，挽回损失是有可能的。

（3）自行车或电动车丢失后的处置。首先要及时向学校保卫部门报案，讲清楚自行车或电动车的品牌、特征，如果是发现刚刚丢失，首先要发动同学在存放地周围找一找，因为一般的小偷都不在第一现场撬锁，而是先转移到人少或者僻静的地方撬锁。同时，自己在校园也要留心查找，发现自己的自行车或电动车后，先不要惊动骑车人，应立即通知学校保卫部门，请保卫部门派人蹲守，力争抓获现行。

（4）宿舍被盗后的处置。首先，要保护好现场并马上报案，不要急于查看自己的损失，周围的同学们也不要出于好奇心而进入现场，要等公安机关或保卫部门勘查完现场，取得有价值的线索后，再清点各自的丢失情况。其次，要如实回答现场勘查人员的提问，不可推测、想象，要力求全面、准确，同时还要向公安、保卫人员积极提供各种线索，反映情况，协助破案。反映情况时，不要自己觉得哪一点不重要就不说，也不要因为涉及某同学而不好意思说，因为任何一个小小的案件侦破环节，都可能是一个重要的突破口。

3.5.4　校园常见诈骗案的类型及预防

高校常见诈骗案类型较多；有的是直接诈骗获取钱财；有的是利用同乡、同学关系诈骗；有的是伪装身份投其所好进行诈骗；等等。要有效预防上当受骗，首先必须增强法治观念，做好群防群治工作，严格管理、控制外来人员；其次是绝不贪不义之财，不为小利而诱惑，不盲目交友；再次是公安、保卫部门应迅速侦破发生在高校中的诈骗案件，严厉打击各种诈骗犯罪行为，以震慑形形色色的犯罪者。

学生宿舍是人员较密集的地方，是同学个人财物的主要存放地，也是骗子经常光顾的主要场所，要斩断骗子的黑手，每一位同学都应掌握一些预防对策。

（1）首先把好进门这一关。每一位同学都应主动配合宿舍楼管理值班人员，认真履行学生宿舍楼来客来访出入登记制度，主动阻止闲杂人等进入宿舍，落实盘查制度，防止陌生人员进入学生宿舍。

（2）积极配合有关部门对学生进行法制宣传教育，提高识别真伪的能力。不带不熟悉、不了解的人，尤其是不带陌生人进入学生宿舍。对于熟人也要听其言，观其行，不要轻信，增强防范意识。坚决杜绝学生宿舍入住外人的现象，一经发现应立即清除。

（3）支持学校完善学生宿舍的治安管理机制。每个学生宿舍楼都应建立学生宿舍治安管理委员会，由本楼的学生和工作人员共同参与负责本楼的治安管理工作；充分发挥同学的积极性，在学生宿舍楼内建立学生治保会，及时反映情况，培养同学自我管理、自我保护的自觉性，建立健全学生宿舍内的各项规章制度并严格执行。

（4）积极预防，严厉打击。在积极预防的基础上，对于那些诈骗分子也要严厉打击；同学中一旦有人受骗，其他知情同学应及时向学校保卫部门报案。要如实反映情况，提供真实线索，争取尽快破案。

小提示

防盗防骗温馨提示

（1）随手锁门举手之劳，防偷防盗事关重大。养成良好的锁门习惯，防盗防贼，不做小偷的领路人。

（2）遇到盗贼要头脑冷静，急而不乱。在援兵到达之前，要和盗贼保持一定距离，谨防其行凶伤人。一旦抓获窃贼，最好的办法是一面采取强制措施将其控制住，一面打电话报告保卫处或校园110。

（3）被盗或上当受骗后，要及时报案，如实反映情况，积极提供线索，配合学校保卫部门和公安机关开展工作。

◎　小　　　结　◎

本章介绍了大学生的日常生活安全、消费安全、运动安全、旅行安全、防盗防骗安全等方面的知识，并针对不同安全问题给予了应对策略，对可能出现的情况给予相应的安全防范措施和安全防范建议。要充分认识到生活中的安全知识的重要性，增强安全危机意识，以认真严肃的态度做好各种日常安全防范工作，确保大学生活平安快乐。

◎　思考与练习　◎

1．人际交往中常见安全问题有哪些？

2．乘坐交通工具的安全防范措施有哪些？

3．外出旅游的安全防范措施有哪些？

4．学生宿舍盗窃案的预防对策有哪些？

5．你遇见过校园诈骗吗？你是如何应对的？

6．下面的漫画描述一个小孩在单杠上倒挂着，如果失手了或器械坏了使他头先着地摔晕了，那旁边的应急电话还有何用？谁帮他拨120求救呢？请结合现实问题开展讨论。

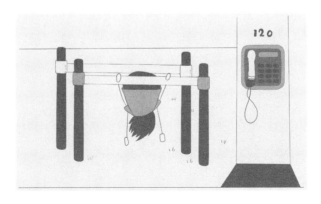

综 合 讨 论 一

假设班级准备开展一次校园安全问卷调查活动,试讨论调查表的设计。

综 合 讨 论 二

假设学校准备在校园开办一次"安全文化日"活动,试讨论活动的具体内容,并设计一个日程计划表。

------------------------------------ ◎ **阅读材料** ◎ ------------------------------------

常见的不安全心理

(1)侥幸心理。许多人在行动前存在侥幸心理,觉得违规不一定出事,出事不一定伤人,伤人不一定伤己。

(2)冒险心理。冒险是引起违章操作的重要心理原因之一。冒险可以分为两种:理智性冒险,当事人明知山有虎,偏向虎山行;非理智性冒险,当事人受激情的驱使,有强烈的虚荣心,怕丢面子,硬充大胆。

(3)从众心理。有些人由于实际存在的或头脑中想象到的社会压力与群体压力,而在知觉、判断、信念以及行为上表现出与群体中大多数人一致,导致甘心情愿与大家一起违章。

(资料来源:吴超教授博客)

第 4 章

心理和生理健康与安全

学习目标

1. 了解一些关于解除常见心理问题、减轻生活压力、去除焦虑和抑郁的简易方法；

2. 掌握饮食安全、生活保健、防疫的一些常识；

3. 女生要学会一些防性侵的做法，男女生都要懂得一些性安全和预防艾滋病的知识。

4. 掌握应对流行病、做防疫的方法。

广义的安全包括人的身心健康，如果一个人的身心不健康，就必将存在诸多隐患。对于高职学生来说，心理和生理健康是一个非常值得关注的重要问题。

4.1 心理健康

案 例

2007 年，某大学 3 名材料工程系大一学生遭遇同住一室的同班同学恶意投毒。原来，这名投毒的同学和中毒的 3 名同学都很要好，后来由于一点小事，他和 3 名同学起了点矛盾，3 名同学就有意疏远他。受冷落后这名同学认为他们歧视自己，自尊心受到伤害，遂怀恨在心，以非法手段从外地获取了 250 克剧毒物质，并向 3 名同学的茶杯中投毒，导致了 3 名同学中毒。其中 2 名学生送到北京朝阳医院就医，经检验，这 2 名学生的尿铊检测显示，一个超标 1 000 倍，一个超标 1 400 倍。他们的头发都严重脱落，1 名学生2/3 的头发都没有了，另一名也脱了 1/5，属于严重中毒症状。

（资料来源：新浪网）

分析：在本案例中，同班同学从好朋友走到恶意投毒的变化令人唏嘘。由于部分大学生不懂得维护自身心理健康,原本很小的事情,却导致险些酿成悲惨的后果。大学生维护心理健康,可以从以下三个方面尝试。第一,转移注意力。转移注意力在心理调适中是必不可少的,当你情绪不佳时,可以参加一些室外活动,换换环境,从而使人忘却不良情绪。有意识地强迫自己转移注意力,对于调适情绪有特殊的意义。第二,合理宣泄情绪。在适当的场合下,合理地宣泄一下自己的情绪,同样可以起到心理调适的作用。宣泄情绪,首先要注意情感宣泄的对象、地点、场合、方式等,不可随意宣泄,无端迁怒于他人或损坏公私财物,造成不良后果。第三,自我安慰。当我们面对无法改变的现实,要学会安慰自己。自我安慰对于帮助同学们在大的挫折面前接受现实,保护自己,避免精神崩溃很有益处。

猜谜底

1. 闭门悬梁苦读书(心理学术语)　　　2. 对影成三人(心理学术语)

3. 青丝落尽恨都绝(心理学术语)

4-1　谜底

4.1.1　高职学生心理健康现状、影响因素及其重要性

1. 心理健康问题是许多同学面临的严峻现实

受诸多因素影响,近年来同学们心理健康问题日益突出,主要表现有以下几点。

(1) 心理负荷过重。据调查,进入高职后不少学生感到学习难度加大、学习困难、学习负担重,不少学生反映自己厌倦考试。学生就业方式变革和激烈的人才市场竞争也对高职学生心理造成巨大压力。此外,目前学生因家庭困难导致经济紧张而陷于困境的占不少比例,这部分人容易产生悲观失落乃至失望的消极心态。

(2) 心理承受能力脆弱。首先是抗挫折能力差,一旦受挫往往情绪一落千丈。其次是耐孤独能力弱。据调查,约有1/3的学生认为自己没有朋友;约有1/4的学生感到孤独、寂寞;约有1/2的学生希望自己成为别人交往的对象,却又不能或不愿主动与人交往。这种心理上的落差导致部分学生闭锁心门而郁郁寡欢。目前在校学生多是独生子女,自我意识较强,但自立意识较差,不适应集体生活和新的环境,有人因此心灵迷惘,有人则沉溺于网络虚拟世界,引发其他心理病症。

4-2案例
心理健康问题引发的事故

(3) 心理失衡明显。主要表现为角色转换中产生的不适应,与在家里比较,个人的中心地位不复存在,优越感丧失,心理失调。此外,还有理想与现实的巨大落差引起的心理失落等。

(4) 心理疾患突出。调查表明,约有1/4的高职学生存在不同程度的强迫症、抑郁症和焦虑症等心理问题,存在不可消除的疲惫感、恐惧症,常常有莫名的焦虑,容易与人对立冲突。一些学生在人格上以自我为中心,具有明显的心理问题。

2. 影响高职学生心理健康的关键因素

(1) 社会环境的影响。学校处在社会大环境中,社会的变化必然会影响校园,使身

处其中的高职学生在心理上受到冲击,社会种种现实、竞争的压力侵扰着每一个人,从而引发了他们自我意识的觉醒,表现在他们在各种活动中要显示自身价值的存在,有强烈的表现欲和参与意识。这对于意志薄弱的同学无疑是一种挑战,在遇到考试的失败、评奖的落选、择业的失败等情况而受到挫折后,可能就会产生消极的心理状态,表现出自我怀疑的倾向。

(2)家庭环境的影响。家庭对一个人的成长有着巨大的影响作用,一个人对客观现实的认识,往往是从家庭环境、家长的言行举止开始的。高职学生在步入社会之前,很大程度上受家庭环境和父母言谈举止的影响。不同的家庭教育与影响产生的结果,也是截然不同的,例如,对子女管教特别严格的父母,对孩子学习督促得很紧,但对于子女的其他兴趣、爱好不给予支持,缺乏沟通,经常用命令、指责的方式强迫孩子做事情,这样的孩子成为高职学生以后,往往性格上很不自立,不能适应社会,特别是在人际交往过程中,表现得懦弱、自卑、唯唯诺诺,失去了个性和棱角;父母如果对子女百依百顺,溺爱,在孩子成长过程中,父母就像保护伞一样呵护子女,使他们事事都有父母的保护,无法经受挫折,这样的同学依赖性极强,缺乏同情心,遇到挫折便不知所措,缺乏自制能力和自信心;如果父母对子女行为放任不管,很少约束,这样的同学常以自我为中心,缺少家庭教养,不懂得尊重他人,比较任性,很难适应集体生活。还有一些家庭因父母感情不和或离异等原因,造成孩子的性格暴躁、心理压抑、有逆反心理、自卑心理强等不良心理反应。

(3)环境、角色变化引起心理不适应。有的学生往往不能很快、很好地适应变化了的环境和条件,使他们本应非常快乐的学生生活变得不堪忍受,因而产生离校出走等种种念头。此外,在高职学校,生活中每一件事情都需要自己处理,吃饭上食堂排队,衣服脏了自己洗,床自己铺,生活用品自己上街买,这种变化使得一些同学感到极不适应,依赖性和独立性的反差和矛盾造成了他们对以往生活方式的迷恋,对新生活感到迷茫。

(4)人际关系氛围的影响。高职学生在校期间人际关系处理得好坏直接影响他们的学习、生活和工作。亲密、融洽的人际关系可以使人身心愉快、舒畅,从而促进学习,提高工作效率,使人感到生活轻松自如。但是,现在有相当数量的同学处在冷漠、疏远的人际关系中,他们心情不愉快,与人交往处于紧张状态,有时还产生敌对态度、憎恶心理,从而导致攻击性行为,有损身心健康。

(5)不健康的校园文化的影响。社会上的种种阴暗面,必然通过多种渠道向校园辐射,使原本清静的校园滋生了不健康现象。校园里出现了追求新潮热,一些学生热心于牌桌、酒楼,流连于花前月下,考试作弊、弄虚作假现象屡见不鲜,而课桌涂鸦、厕所涂鸦则更是不堪入目。这些现象影响了同学的形象,更严重影响广大同学的身心健康,使得一些同学变得颓废、失去朝气和活力。

(6)学生自身因素的影响。有些学生自我控制能力较弱,自我评价易受外界事物的影响,也受情感波动的影响,在对事物的看法和观察上容易片面化。有的学生对自己不负责任,不抱任何希望,当一天和尚撞一天钟,整天无所事事,懒懒散散。

(7)生理的成熟影响。高职生由于生理的成熟,在处理异性情感方面都有自己的想法,他们渴望接触异性,但由于他们心理上不太成熟,经验不足,阅历浅,往往在感情问题上缺少严肃性,而多盲目性。这样,很容易使他们进入感情误区而无法自拔,最终导致情绪不稳、心理冲突直至行为异常。特别是有的因失恋而情绪极度低落,甚至痛不欲生。

(8)专业兴趣问题。在学校里,常会有部分学生不喜欢自己正在学习的专业,缺乏学习兴趣,因而情绪低落。这种现象不外乎是:① 在报考学校志愿时,对各专业情况不了解,因此填报比较盲目。② 被所填报的专业录取,但实际情况与自己当初的想法相去甚远。③ 志愿服从调配,所学专业并非自己喜欢的专业,但又不得不读下去,因而感到很无奈。④ 受各方面的影响,认为自己所学的专业没有发展前途,因而缺乏学习热情。⑤ 对本专业学习的艰苦性估计不足,遇到困难就丧失了信心。

(9)前途问题。进入大学后,学生们由对前途的憧憬转向面对现实。如果说他们在填报志愿时还比较理想化的话,现在他们都从职业准备的角度思考自己的前途。社会的人才需求,实际的工作情况,以及自己的主观愿望等,都会引起他们各方面的思考和权衡。在这个过程中也经常会产生各种心理困扰。

3. 心理健康的重要性

同学们要想成才,不仅要具备渊博的知识、较高的道德修养、健壮的体魄,还必须具备健全的人格和良好的心理素质,这样才能适应现代社会发展的需要。如果说成才已成为当代高职学生为之奋斗的目标,那么,保持心理健康则是实现这一目标的基础条件之一。因此,培养良好的心理素质,增强自身的心理弹性,提高适应现代社会的能力,不仅有助于同学们整体素质的提高和个体的全面发展,而且,还有助于克服或消除心理障碍,预防心理疾病的发生,从而保障同学们心理健康。这对于同学们成长为合格人才具有十分重要的意义。

学生时代是人生的黄金时期,是身体、知识、才干等方面都日趋成熟的时期。同学们在此时期的生理、心理变化既快又显著,表现出许多突出的特点。大多数学生思想活跃、朝气蓬勃、求知欲强、渴望成才、对未来充满信心,充分体现了时代的特征。他们善于独立思考,学习效率高,有较坚强的意志,自我意识有新的发展,认知水平和认知能力逐步提高,情感体验丰富,并拥有良好的人际关系,体现出同学们人格的完整和统一。他们的世界观、人生观逐步形成,对社会、生活、学习都有较客观的认识,自我调节、自我控制能力逐步提高,能较好地适应社会生活。

但是,处在这样一个特定时期,随着学校对外开放度增大,学习、生活节奏加快,社会竞争日趋激烈,来自学习、人际交往、婚恋、择业以及经济负担等方面的压力越来越大,如果不注意及时做好心理准备,势必影响同学们正常的学习、生活和学校正常的教学秩序。

4.1.2 心理健康问题的主要疗法

1. 心理医生咨询

俗话说:"心病还须心药医。"临床观察和研究表明,在内科病患者当中,约有一半的人所患疾病是心理因素造成的,单靠药物治疗无济于事。如果采用"心药"医治——心理治疗,就能促进康复。因此,有心理疾病的同学,请勇敢地找心理医生咨询。当然,也可以自己查阅一些可靠的心理健康网站自我诊断。

心理疗法也不是万能的,只有正确运用心理疗法,对心理疗法充满信心,坚持治疗,疗法恰当,才会取得良好疗效。这一点,无论是心理疾病患者,还是一般有不健康心理行为的人,在接受心理疗法时都不能忽视。

2. 自我调整疗法

自我调整疗法又称放松训练或松弛反应训练疗法。它一般是在安静的环境中,按照一定的要求,完成某种特定的动作程序,通过反复的练习,学会有意识地控制自己的心理、生理活动,以增强对事物的适应能力,调整因紧张而造成的紊乱心理、改善生理功能,达到防治疾病的目的。如我国的气功、日本的禅宗、印度的瑜伽等,都属于自我调整疗法的范畴。

自我调整疗法自古就受到人们的重视,常用于治疗思虑劳神、惊恐与慕恋等因素引起的精神性病变,以及一些久治不愈的躯体病变。

3. 谈心疗法

谈心疗法是心理康复教育的治疗方法之一,谈心疗法可以使患者消除性情怪异等情况,有利于提高社会适应能力、减少病态心理的压力。当你遇到烦恼时,切不可长期忧郁压抑,把心思深埋心底,而应将这些烦恼向你值得依赖、头脑冷静的人倾诉,包括你的父母、挚友与老师、辅导员等。

聊天是一种有益于身心健康的活动,茶余饭后几个人聚在一起,天南地北,海阔天空地论今说古,讲故事,讲笑话,谈经验,可以促进大脑思维,推迟大脑的衰老,有益于身心健康。

聊天可以消愁解闷。一个人不可能时时、处处、事事顺心如意,当你在某些时候有不愉快的事情时,不要独自生闷气,这时可找人聊聊天。通过聊天可消解一时的不愉快,摆脱激动、愤怒、委屈、不满、忧郁和疑虑等情绪,这对身心健康十分有益。

4. 疏导疗法

疏导疗法也叫作排泄法,是对患者"阻塞"的心理病理状态进行疏通引导,使之畅通无阻,从而达到治疗和预防疾病,促进身心健康的一种心理治疗方法。

当人们遭遇到突然的、意外的精神打击后,别人往往劝他痛痛快快地哭一场,不要憋在心里,这就是在日常生活中人们经常采用的排泄情绪的方法。

医学心理学家劝告人们,该哭的时候就哭,该笑的时候就笑,喜怒不形于色在日常生活里不该提倡,因为强行压抑自己情绪的表露,很可能会导致心理疾病的发生。

疏导法可以说是一种传统的、古老的心理治疗方法,也是疗效十分显著的一种心理疗法。即使是严重的心理疾病,通过思想感情上的疏导、排泄,往往也可以收到很好的疗效。

5. 紧张疗法

一般来说,长期过度的紧张对身体有害。但是,过于松弛和散漫的生活也不利于健康。适度的紧张生活和工作,不仅能提高工作效率,增添生活乐趣,而且对身体健康也颇有裨益。医学家们研究发现,当一个人处于适度的紧张状态时,心脏往往要通过加强收缩来排出更多的血液,以供给全身各器官组织,而血管的舒张收缩的功能也随之加强,这对改善心血管系统的功能,减少心血管疾病的发生是十分有益的。

如果把生活安排得充实一些,使生活的节奏紧张一些,生活就会变得丰富多彩,使人心情愉快,寿命也就能相应地延长。那么,怎样才能保持适度的紧张呢? 可从以下几个方面做起:① 保持紧张而有节奏的生活。② 保持一定的体育活动量。③ 坚持勤用脑。

6. 系统脱敏法

系统脱敏法就是当患者心理出现焦虑和恐惧刺激的同时,施加与焦虑和恐惧相对立的刺激,从而使患者逐渐消除焦虑与恐惧,不再对有害的刺激发生敏感而产生病理性反应。

实质上,系统脱敏法就是要通过一系列步骤,按照刺激强度由弱到强,由小到大逐渐训练心理的承受力、忍耐力,增强适应力,最终对某种刺激不产生过敏反应,从而保持身心正常或接近正常的状态。

例如,为了克服考试怯场,可以试验如下方法。将自己每次应试的真实感受按时间顺序逐一记录下来。比如:开始复习时、复习期间、考试前一天、进入考场时、未做试题前、开始做试题时等,记述当时周围的环境和内心体验,按紧张程度不同并按由弱到强的顺序,然后运用想象进行脱敏训练。在自我充分放松后,读自己第一次记录的描述,尽量详细逼真地想象当时的情景;当感到有紧张反应时,可用言语暗示"沉着""停止紧张"或用深呼吸、肌肉放松术等方法压制紧张情绪或减弱紧张程度,直至镇定自若;再接下去进行第二次记录,依次逐渐训练。最后当自己回想起当初最紧张的情景时,也能够完全或接近完全轻松自如。

7. 静思冥想法

静思冥想法又称自我放松法,是解除心理疲劳的有效措施。静思冥想法的具体实施方法很简单,大致可分为"放松—静思—冥想—收式"四个步骤。

(1)放松。这是准备工作。坐在安静、温度适宜、光线柔和的房间里,双脚平落在地面上,双目微闭,深吸气后再慢慢呼出,反复默念几次"放松",让放松感传遍全身各部位,并将这种状态保持 5 分钟。

(2)静思。静思的要求是充分地运用想象,把自己置身于愉快的大自然环境中。比如在幽静的园林里、芬芳的花丛中、风和日丽的海滨浴场,尽量地体验所想象环境的美好感受:海风轻轻拂面、浪花轻轻拍打、温馨的花香、碧绿的树叶……

(3)冥想。冥想的要点是把由心理疲劳所致生理上的不适,想象为某种实体,以自己所能接受的方式把它除掉,从而达到康复的目的。比如身体某部位疼痛,可以想象为一些细菌聚集在一起,然后冥想有大量的白细胞把细菌包围起来,并且逐渐把它消灭以及自己得以康复的情景,这就是冥想法的核心,约需 15 分钟。

(4)收式。冥想结束前先做好思想准备,再慢慢睁开双眼,把注意力转移到房间里,全部过程结束。

刚学习时,由于比较陌生,会产生各环节之间脱节的现象。只要多练就会解决这个问题。静思冥想法简单易行,一天可以做 2～3 次,会取得显著的心理保健效果。

8. 格式塔疗法

格式塔疗法是由美国精神病学专家珀尔斯博士创立的,根据珀尔斯的最简明的解释,格式塔疗法就是自己觉察自己。也就是说,对自己的所作所为的觉察、体会和醒悟。所以说,它是一种自我修身养性的治疗方法。格式塔疗法有九项原则。

(1)"生活在现在"。不要老是惦念明天的事,也不要总是懊悔昨天发生的事,要把精神集中在今天要干什么上。记住,现在是生活在此时此刻,而不是生活在明天和昨天。遗憾、悔恨、内疚和难过并不能改变过去,只会使目前的工作难以进行下去。忧虑未来是一种没有用处的情绪。

(2)"生活在这里"。想着自己现在就是生活在这里。对远方发生的事无能为力,想它也没有用。杞人忧天,徒劳无益;惶惶不安,于事无补。自己现在就是生活在此处此地,而不是遥远的其他地方。

(3)"停止猜想,面向实际"。有的人也许碰到过这样的情况:在学校,当碰到老师或同学的时候,向他们打招呼,可他们没反应,连对你笑一笑都没有。因此而联想下去,心里嘀咕:他们为什么要这样对待我?这个人是不是对我有什么意见?对我存有戒心吗?轻视我吗?甚至会联想到他是不是敌视自己。其实,也许你没有料到,你打招呼的这个人,可能心事重重,只是没有注意你向他打招呼,或许是眼睛不好没有看见。因此,不必因为他对你的招呼没作出反应,就想入非非。胡乱猜想是毫无意义的。很多心理上的疑惑和障碍,往往是由自己没有实际根据的想当然造成的。

(4)"暂停思考,多去感受"。现代化社会要求人们多思考,少感受。人们忙忙碌碌地整天想着的,就是怎样做好工作,怎样考出好的成绩,怎样维护好和老师及同学的关系等,绞尽脑汁,耗尽脑力。因而往往容易忽视或者没有心思去观赏美景、聆听悦耳的音乐等。

(5)"也要接受不愉快的情感"。人们通常都希望有高兴和快乐的情感,而不愿接受忧郁、悲哀和凄凉的情感。但是这不是正确的态度,因为愉快和不愉快,仅是相对而言的,它们之间是相互依存并可以相互转化的。因此,正确的态度是:首先,应该认识到既有愉快也有不愉快的情绪;其次,要有接受愉快情绪和接受不愉快情绪的思想准备。如果一个人长年愉快、兴奋,那反而是失常的现象,也许患有躁狂症。

(6)"不要先判断,先要发表意见"。人们往往容易在别人稍有差错或者失败的时候,就立刻下结论,讥讽别人能力差或者笨拙等。很多时候实际情况并非如此,因为人们的判断经常是错误的。因此,首要任务是充分表现自己的观感或情绪,把意见充分地表达出来。

(7)"不要盲目地崇拜偶像和权威"。在现代社会里,有很多变相的权威和偶像,它们会禁锢人们的头脑,束缚人们的手脚,比如学历、资格等。不要盲目地附和众议,从而丧失独立思考的习惯;也不要无原则地屈从他人,从而被剥夺自主行动的能力。

(8)"我就是我"。不要说:我如果是某人那该多好,我若是某人我就一定会成功,等等。人们应该从自己做起,充分发挥自己的潜能。既不怨天尤人,也不必想入非非,要脚踏实地,从自己做起,从现在做起,做好自己能够做的事情,最后的目标和信念应该是:"我就是我自己。"

(9)"要对自己负责"。人们往往容易逃避责任,比如,考试成绩不好,会把失败的原因归罪为自己的家庭环境不好或学校不好；工作不好，会推诿说领导不力或条件太差；等等。把自己的过错、失败都推到客观原因上。格式塔疗法的一项重要原则就是，要求自己做事自己承担，自己对自己负责任。

9. 欢笑疗法

笑不仅能振奋精神、有益健康，而且也是防治某些疾病的良药，有人把笑称作超级维生素。由此可见，笑对于人的健康何等重要。笑是一种复杂的生物化学过程，笑可使脸发红、眼睛流泪，能使人的心脏、胸部和腹部都得到锻炼，笑不仅能增加肺部的呼吸量，而且能加速血流循环，调节心率。放声大笑可使面部、胳膊及腿部肌肉放松，从而能够消除烦恼和忧郁。笑能使人的机体产生大量的免疫球蛋白，从而提高机体的保护功能。

有些专家把笑的作用归纳为十大好处：① 增强肺的呼吸功能；② 清洁呼吸道；③ 抒发健康的情感；④ 消除神经紧张现象；⑤ 使肌肉放松；⑥ 有助于散发多余的精力；⑦ 驱散愁闷；⑧ 减轻社会束缚感；⑨ 有助于克服羞怯的情绪；⑩ 使人能乐观地对待现实。

正因为笑有益于人的身心健康，当今世界上笑的事业也就应运而生。如美国有"笑电台""笑医院"，英国有"笑俱乐部"，德国有"笑比赛"，日本有"笑学校"。更有意思的是，巴西不仅有一个专门播放笑话的电视台，而且还有一家"笑话出口公司"。这家公司收集了世界各国五百多册优秀笑话集，筛选后译成英文，再由滑稽演员表演，然后录制出口，很快行销世界十多个国家，并靠"卖笑"发了大财。

10. 读书疗法

书如药，多读好书也可以治病。国外有读书治病的"读书疗法"。如德国在一些医院为患者开设了专门的图书馆，引导一些慢性病患者，尤其是一些心理和神经系统疾病的患者，有的放矢地阅读不同感情色彩的书籍，使病体得到了较快的康复。

国内外学者认为，读书疗法不仅可调节人体的免疫功能、解除烦恼，淡化抑郁心理，减轻失眠、神经衰弱、高血压和胃溃疡等疾病症状，还可以延缓衰老，尤其是延缓脑细胞衰老。

要依据患者的心理状态和知识水平选书。比如，一个年轻人患了失恋症，不妨找来《培根随笔》读一读，它会告诉他怎样正确对待爱情。

11. 体育疗法

体育疗法作为纠正心理缺陷的治疗方法，不是指一般的运动训练和娱乐游戏活动，要想达到心理治疗的目的，必须有一定的强度、质量和时间要求。每次锻炼时间宜在30分钟左右，运动量应从小到大，循序渐进。不同的心理缺陷可以选择不同的体育项目。

（1）急躁、易怒的心理缺陷。倘若发现自己遇事急躁、容易冲动，那就应多参加下棋、打太极拳、慢跑、长距离的步行和游泳、射击等缓慢、持久的项目。这些体育活动能帮助调节神经活动，增强自我控制能力，稳定情绪。

（2）遇事紧张的心理缺陷。遇到重要的事情就紧张的人，可以多参加比较激烈的体育竞赛，特别是足球、篮球和排球等项目。因为球场上形势多变，只有冷静沉着地应对，才能取得优势。若能经常在这种激烈的场合中接受考验，久经沙场，遇事就不会过分紧张,更不会惊慌失措,从而给学习、工作带来益处。

（3）孤独、怪僻的缺陷。假如觉得自己不合群、不习惯与同伴交往,那么就应选择足球、篮球、排球以及接力跑、拔河等集体项目,坚持参加这些集体项目的锻炼,会帮助自己慢慢地改变孤僻的习性,逐步适应与同伴的交往。

（4）腼腆、胆怯的心理缺陷。如果自己胆小,做事怕风险,易难为情,应多参加游泳、溜冰、滑雪、举重、摔跤、单双杠、跳马等项目活动。这些活动要求人们不断克服害怕等各种胆怯心理,以勇敢无畏的精神去战胜困难,越过障碍。

（5）自负、逞强的心理缺陷。可选择一些难度较大、动作复杂的活动,如跳水、体操、马拉松和艺术体操等体育项目,也可找一些实力水平超过自己的对手下棋、打乒乓球或羽毛球,不断地提醒自己山外有山,万万不能自负、骄傲。

4.1.3 应对生活中各种压力的方法

1. 减轻精神压力的方法

长期的精神压力可以引起慢性病和抑郁症。下面几点建议有助于同学们正确面对学习和生活中的各种压力。

（1）保持健康的饮食习惯,坚持定期锻炼身体。

（2）有压力时要讲出来。与同学、亲友、老师聊聊,可以消除心中的压力,有时还会找到解决问题的办法。

（3）安排好自己的学习,做事有条理。这样可以更有效地利用有限的时间,也可减少因为时间不够做不完事所造成的压力。列出该做的事,每次做一件。把大事分成几件小事来做。带上笔记本,记下重要的约会时间、该完成某件事的期限、有用的电话号码、传真号码和电子邮箱等。

（4）如果感到太忙可以请人帮忙。现在没有人可以单枪匹马做所有的事。可以让家庭成员、朋友或同事知道你已经超负荷了,请他们帮助你分担一些任务。你不说,别人往往不知道你需要帮助。千万不要以为人家知道你有需要,不管你自己觉得多明显。所以,一定要主动寻求帮助。从另一个角度说,如果别人知道你已经负担过重,也就不会再给你加活了。

（5）学会轻轻松松地工作和过日子,顺其自然。安排一些时间专门给自己,做一些自己喜欢的事情,比如听音乐、看小说、种花、打太极拳等,或者干脆好好睡一觉。

（6）必要时请专业人员帮忙。如果已经过度紧张,精神濒于崩溃,那么就应该去看看心理医生。

2. 控制发怒的次数

（1）发怒的坏处。你有没有过怒发冲冠的时候? 在这个时候,你会脸色变红,感到全身发热,眼睛变小,眯成一条线。血压升高,心率加快,双手出汗变凉,脸部肌肉紧张。如果有人在这个时候给你拍一张照片,可以肯定这是一张不上镜的照片。也许你自己都不想看到那种形象。

人有七情六欲,偶尔发一下火也不是什么大不了的事。只要发怒之后,平静下来,忘记它,调整情绪向前看,就没问题了。当然也有人不是这样。他们不是偶尔发火,而是脾气暴躁,动不动就与人抬杠。他们不是发怒之后调整情绪往前走,而是怒气憋在心里,念念不忘"君子报仇十年不晚"。

经常发火或抑制愤怒,身体就一直处于应激状态。我们知道,弦绷得太紧了就要断。人也是一样,超过极限是要出问题的。长期处于愤怒状态,往往会有不明原因的头痛、胃痛、腰背痛、高血压、心脏病等。

不仅如此,如果人为地压住心头怒火,火无处发,就会造成自我伤害。有时候,这种压抑的愤怒会变成自我谴责,甚至导致抑郁症。有时候,这种压抑的愤怒会使人养成非常不利于健康的坏习惯,比如说大吃大喝、一醉方休、借毒消怒、抽烟解闷等。

一般来说,愤怒是人的一种正常心理反应,只要认真对待,正确处理,并不会造成对身体健康的损害。问题是,不少人不知道识别和预防愤怒,不知道及时"泄愤",任其积累,到了一定程度,"火山"爆发,不可收拾,损人害己。

(2) 抑制愤怒的方法。愤怒情绪是可以预防的,关键是要学会识别触发愤怒情绪的原因,掌握正确处理愤怒情绪的方法。以下是正确对付愤怒情绪的一些技巧。

① 首先必须认识到愤怒是人对外界环境的一种反应。人对外界环境的反应可以有许多种,愤怒仅仅是其中的一种。而且愤怒常常是没有道理的那一种反应。

② 值不值得发火,完全取决于自己。没有人可以强迫他人产生愤怒情绪,是发怒者自己感到愤怒。所以,要对自己的情绪负责任。明白这一点,人就会更理智。

③ 处理好与工作有关的精神和心理压力,也是预防愤怒情绪产生的一个重要因素。

④ 要知道,每个人的能力都是有限的。谁都不可能包办一切。如果需要帮忙,就要坦然地去找别人帮忙。

⑤ 对自己的情绪心中有数可以预防不必要的愤怒。比如说,分析一下自己发怒的原因,然后学习一些修身养性的方法,经常有意识地考虑如何临危不惊、遇事不烦。对自己了解得越多,就越容易识别和处理愤怒情绪。

⑥ 如果经常发怒、有抑郁症、有使用暴力发泄情绪的倾向,就应该考虑寻求专业精神卫生人员的帮助。

⑦ 对不顺心的事,常常是越想越气。因此,有意识地不去想引起愤怒的原因,可以防止愤怒爆发。有些鸡毛蒜皮的事,过去了就算了。即使吃了小亏,谁能知道不会因此而占大便宜呢? 中国有句古话:"塞翁失马,焉知非福?"其实绝大部分当时让人生气的事,回过头来看都不值得生气。

⑧ 学会识别自己愤怒情绪产生的原因,也有助于控制愤怒情绪。比如说,"先入为主,不是朋友就是敌人""大惊小怪,钻牛角尖"。如果知道这些是自己的弱点,在发怒之前,问问自己,有没有先入为主,有没有钻牛角尖,也许愤怒情绪就会自然消融。

⑨ 发怒之前问问自己发怒是好还是坏,也可以打消愤怒情绪。比如说,在坐车途中遇上堵车,有的人可能就想发怒。那么,如果明白坐在车上再怎么生气也是没有用的,发怒没有好处,就可以打消怒气。

⑩ 古人云:"退一步海阔天空。"有时候从另外一个角度来想一想,去做一做,也许可

以平息愤怒。许多时候,往往是有备就无怒。比如说,去看病时带上一本书或杂志,就不会为等得不耐烦而生气了。

⑪ 如果发现自己有可能与人争吵,马上退出现场,争吵自然就不会发生了。当然,离开现场后也不能总是想这件事,尝试做点其他事把争吵这件事暂时忘掉。冷静下来,也许问题会看得更清,也许就觉得这件事已经不值得争论了。

⑫ 照顾好自己也很重要。保证足够的营养和睡眠。身心健康,愤怒情绪自然就远离自己了。

⑬ 最后应该明白,即使有充分的理由生气,生气的结果也是:对自己的伤害比对别人的伤害大。

4.1.4　焦虑和抑郁的解除方法

1. 焦虑的解除方法

以下介绍三种常用的方法。

(1) 自我松弛法。在生理上,焦虑是与肌肉紧张相关联的。如果使自己的肌肉得以放松,那么躯体的放松也会令精神放松,焦虑就无处立足了。

要使肌肉放松,就先要让肌肉处于紧张状态。

① 先是躯干。头部下缩,双眼微合,双肩上耸,如"缩头乌龟"状,感到很紧张后,放松头及双肩,然后将头慢慢逆时针转动八圈,再顺时针转八圈。

② 然后是腿。将右脚绷直抬高,脚尖绷紧直到不能坚持,然后完全放松地让脚落在床上。接着抬起左脚进行与右脚相同的练习。切记:要把全部注意力都集中在绷紧的那条腿上,想象从足尖到髋部都非常紧张,这样才有可能达到肌肉放松的目的。

③ 接着是手臂。右手上举,握紧拳头,绷紧手臂肌肉,同时集中注意力想象手臂非常紧张,当感觉很累的时候,让手完全放松地落在床上。然后左手也做同样的练习。

④ 眼睛的放松。在左臂放下后,双眼仍保持微合,想象头顶的天花板上有个圆圈,直径大约四米。想象着视线按顺时针方向绕圆圈慢慢地转八圈,然后按逆时针方向慢慢地转八圈。完成以后,再想象一个边长约为四米的正方形,同样顺着它的边做一遍。

⑤ 完成以上步骤后,什么也不要想,只是静静地躺着,体会运动过后的那种松弛、宁静的感觉。

这种放松的方法是很有效的,但需在安静场合进行,要应急的话就不管用了。

(2) 一时放松方法。这是一种应急的方法。一旦感到焦虑,可按以下三步去做。

① 深深地吸一口气,然后迅速吐出。这个过程能使肌肉很快地放松。

② 不断暗示自己"放松、放松"。

③ 把注意力集中在有趣的事物上并停留几分钟。

完成这三步之后,可返回引起焦虑的问题,如果仍然感到焦虑,可重复这三个放松步骤,直到焦虑缓解。这个方法十分简单,无论是在假想情景还是实际情景中,都可以多次重复练习。

(3) 认知重构法。认知重构法实际上是一种综合疗法,分以下三个步骤。

① 改变态度。首先应该做到的是改变生活的态度,应将原有的消极态度变为积极态度。例如,"时光飞逝如电,我要珍惜现在的一分一秒";"命运无法知晓,我有权自由地选择我的生活";"世上人心不易沟通,只要心诚定会得到帮助";等等。把这些改变后的积极态度记下来,作为座右铭,经常读一读,进行自我强化。

② 挖掘病因。认识到病因后,必须正视它,然后努力用言语表达出来。这个小小的技巧实际上是使焦虑症的潜意识冲动上升到意识的层次上,然后进行有意识的控制。

③ 矫正行为。采用模仿、强化、幽默、自我建设性暗示等方法对焦虑进行行为矫正。模仿的主要对象是生活中的强者。而和一个幽默、潇洒的人在一起,无形中会受到他言行的感染。还可以模仿强者的为人处世方式,甚至可以向他们取经,了解他们战胜焦虑的诀窍。其实,世上人人都有焦虑的体验,只是有人战胜了焦虑,有人却成了焦虑的奴隶。

2. 消除抑郁的处方

抑郁是一种很常见的情绪障碍,长期抑郁会使人的身心受到损害,使人无法正常地工作、学习和生活。但也不需要过分担心。经过适当的调适后,大多数人都可恢复正常、快乐的生活。可以参考下面介绍的一些方法进行调节。

(1)自己调节情绪,逐步改善心境,使生活重归欢乐。抑郁者要想消除抑郁情绪,首先应该停止对自身及周围世界的埋怨,明确自己的认知错误来源于以感觉作为依据来思考问题,而感觉不等于事实。每当抑郁时,切记以下几个关键步骤。

① 瞄准那些消极的想法,并把它们记下来,别让它们占据自己的大脑。

② 准确地找出自己是怎样曲解事实的,一定要击中要害。

③ 改变思维方式,调整心态。用更为客观的想法取代扭曲的认知,彻底驳斥那些让自己瞧不起自己、自寻烦恼的谬论。一旦开始这些步骤,就会感到精神振奋,自尊心增强。

(2)制定切实可行的日常活动表。每天结束后填写回顾、分析日记,既能使自己摆脱不愿活动和不想做事的处境,又能给自己带来活动后的满足,逐步消除懒怠与内疚。

(3)学会自我表扬,培养自信,坦然对待不良刺激。如果自己充满信心,结果就会朝好的方向走。如果知道要往哪个方向去,世界会为你让出一条路来。当然,矫正不合逻辑的思维方式,改变错误的自责自罪观念,不是轻而易举的事。但一旦你对周围的事物和自己作出客观的分析后,对现实生活就有了正确的领悟。那么,整个人就将置身于一个充满积极向上的情感世界中,心情就会豁然开朗。尽管生活中还存在着这样和那样不尽如人意之事,但不会由于一时的认知偏差,造成感情挫伤,失去对生活中美好事物的追求。

(4)学会宣泄。要善于向知心朋友、家人诉说自己遇到的不愉快的事。当处于极度痛苦时,要学会哭泣。另外,多参加文体活动、写日记、写不寄出的信等,都可以帮助消除心理紧张,避免过度抑郁。

(5)尽可能使生活有规律。规律与安定的生活是抑郁症患者最需要的,早睡早起、按时起床、按时就寝、按时学习、按时锻炼等有规律的活动会简化抑郁症患者的生活,使其有更多精力去做别的事情,保持身心愉快。而多完成一件事,就会使人多一份成就感和价值感。

(6)阳光及运动。多接受阳光与运动对抑郁症病人有利,多活动活动身体,可使心情得到意想不到的放松,阳光中的紫外线也可或多或少地改善一个人的心情。

小提示

心理健康小常识

(1)接受自己全然为人。郁闷、烦躁、伤心是人心理的一部分。坦然接纳这些,把它们当成自然之事,允许自己偶尔伤感和失落。然后问问自己,能做些什么来让自己感觉好受一点。

(2)遵从内心的热情。尝试寻找对你有意义并且能让你感到快乐的事情,不要只是为了轻松而得过且过。

(3)学会感激。在生活中,不要把你的家人、朋友、健康等当成理所当然。它们都是赠给你的礼物。记录他人的点滴恩惠,始终保持感恩之心。

4.2　饮食安全

案　例

18岁的大学生小美正值花季,身高1.65米,大眼睛,双眼皮,皮肤白皙,成绩优异,是校园里一道"靓丽的风景线"。小美的体重原有40千克,可是她很不满意,为了追求骨感美,她把每种食物的卡路里烂熟于心,并且只吃低热量的食物,每天的饭量加在一起才二两左右。不仅节食,小美还用催吐的方法来减轻体重。很快,小美的体重由40千克减到35千克。在同学们眼中,小美已经成功变成了骨感美女,但是小美对自己的身材还是不太满意。后来,她的体重减到不足30千克,已经没有一点皮下脂肪,可即使这样,小美对自己的身材还是不够满意,甚至一点东西都不肯吃。最终因为身体虚弱,小美在母亲的陪同下到中国医科大学附属医院内分泌科接受住院治疗。经医生诊断,由于长期营养不良和过度减肥,小美患上了一种叫神经性厌食症的疾病。

(资料来源:腾讯网)

分析:爱美之心人皆有之,但是减肥要适度,人如果一点脂肪都没有,会造成生长迟缓、生殖障碍、皮肤受损等,如果过度消耗体内脂肪,甚至会引起肾脏、肝脏、神经系统和视觉系统等方面的多种疾病。当体重减到一定程度的时候,由于营养素的严重缺乏,人还会出现情绪问题,对自己没有信心。脂肪不仅可以保护皮肤内脏,而且可以供给热能、保持体温恒定,并且构成人体组织细胞,促进脂溶性维生素的溶解、吸收。同学们在日常饮食中,要注意膳食搭配、营养均衡,尤其是女同学,不能一味地为了追求"美"而刻意减肥节食。

4-3 谜底

猜谜底

1. 本来一大片,变成条条线,是线不做衣,碗里常常见。(食物)

2. 白白身子圆溜溜,样子像个乒乓球,放在锅里煮一煮,全家吃它过十五。(食物)

3. 白胖胖,四方方,一块一块摆桌上,能做菜,能做汤,常常吃它有营养。(食物)

4. 兄弟两个瘦又长,扭在一起下池塘。池塘里面打个滚,捞起变得黄又胖。(食物)

5. 白胖子,软又香,北方人儿最爱吃。(食物)

4-4 案例
饮食健康安
全事故

民以食为天,人人都需要一日三餐。因此,同学们更应重视食品安全。影响食品的质量的因素很多,主要有:① 环境有害物质。如生产、加工和销售食品地区的生物性和化学性污染会明显提高某些疾病的危险性。② 社会和行为因素。如不法商人恶意造假坑人、因贫穷消费不起符合质量的食品等都是引起疾病的重要因素。③ 食源性疾病。大多是由细菌、病毒、蛹虫和真菌引起的。

4-5 慕课视
频
食品安全

1. 世界卫生组织提出的食品安全十定律

(1) 食品一旦煮好应立即吃掉。

(2) 家禽、肉类等,必须煮熟后食用。

(3) 应选择已加工处理过的食品。例如:选择已加工消毒的牛奶而不是生牛奶。

(4) 如需要把食物存放 4～5 小时,应在高温(60℃)或低温(10℃)条件下保存。

(5) 存放过的熟食必须重新加热后食用。

(6) 不要让未煮过的食品和煮熟的食品互相接触。

(7) 保持厨房清洁。烹饪用具、餐具等都应洁净。抹布的使用不应超过一天,下次使用前应把抹布放在沸水中煮一下。

(8) 处理食物前先洗手。

(9) 不要让昆虫、鼠、兔和其他动物接触食品。动物通常带有致病的微生物。

(10) 饮用水及为做食品准备的水应干净。

2. 注意合理营养

营养素是人体生命活动的物质基础,它可提供给机体进行活动所需的能量,可参与机体成分的组成,也参加生理机能的调节,故机体必须摄入足够的营养素以保证生理功能的正常。但机体摄取营养素的数量过多或过少均对机体不利。机体摄取营养素不足,可导致营养缺乏病,如蛋白质能量缺乏、缺铁性贫血、缺锌症、佝偻病、地方性甲状腺肿大等;但如果机体摄取的营养素过多,则可引起营养过剩性疾病,如糖尿病、肥胖、冠心病等。有些营养素摄取过多,可对机体产生副作用,如钙是组成骨骼和牙齿的重要成分,如果机体摄取的钙过多,可引起钙沉积症;锌可促进机体的免疫功能,但如果锌摄取过多,却可对体内免疫功能产生抑制作用。所以说,营养素摄取过多或过少,对机体均无益,要保持机体健康,就应使营养素摄取保持平衡,即要注意合理营养。

3. 组织好一日三餐

安排好一日三餐,是每个人共同关心的问题。组织好一日三餐,可有利于提高食欲、促进消化吸收,也能调节机体的精神状态。

《中国居民膳食指南(2021)》提出如下建议:

(1)强调以植物性食物为主的膳食结构。增加全谷物的消费,减少精白米面的摄入。在保证充足蔬菜的摄入的前提下,强调增加深色蔬菜,增加新鲜水果,增加富含蛋白质的豆类及其制品。

(2)优化动物性食物消费结构。改变较为单一的以猪肉为主的消费结构。增加富含多不饱和脂肪酸的水产品类、低脂奶类及其制品的摄入,适量摄入蛋类及其制品。

(3)保证膳食能量来源和营养素充足。

(4)进一步控制油、盐摄入。

(5)控制糖摄入,减少含糖饮料消费。

(6)杜绝食物浪费,促进可持续发展。

4. 合理安排考试期间的一日三餐

营养是大脑活动所必需的物质基础,许多营养素与保证大脑功能的正常有关,如蛋白质、卵磷脂、碳水化合物、钙、铁、锌、碘,维生素 B_1、B_2 等 B 族维生素,维生素 C 等。营养素在其中所起的作用主要为辅助作用,既为大脑中记忆的形成提供必要的物质基础,也为机体能够适应考试期间的应激反应提供可靠的物质保障。考试日子一般比平时紧张,考生在膳食方面应注意下列几点。

(1)合理安排。食物应多样化、保证营养的平衡。同学们尚处在发育阶段,此时的营养一方面需要符合生长过程中的营养要求,另一方面也要满足考试这一复杂的心理与生理活动的特殊要求。搭配较好的膳食,通过其色、香、味、形唤起考生的食欲,调节考生的心理。每餐不要吃得过饱,避免引起因进食过度导致大脑活动受到抑制,白糖的摄取也不能过多。

(2)注意搭配。

① 粗细搭配。即粗粮与细粮相互搭配。细粮因加工过细,其中的 B 族维生素受到了破坏,长期食用则可产生 B 族维生素的缺乏,故精白米、精白面并不是最佳的选择。米和面在营养方面各有特点,应搭配食用,此外要适当食用玉米等杂粮。

② 荤素搭配。荤食与素食相结合,荤食、素食调节着体内的酸碱平衡。体内偏酸

性,会抑制大脑的正常功能。荤食与素食所含的营养素互补,动物性食物中主要含有蛋白质、脂肪等,偏酸性,而蔬菜中主要含有无机盐和维生素,偏碱性,两者缺一不可。

③ 正零搭配。安排好正餐与零食。正餐是对人体生理活动必需营养物质的补充,可保障生命活动最基本的物质需求。零食只是对某些物质进行的额外补充,起辅助作用。故正餐所安排的食物应能满足机体生命活动的需要,零食安排的内容主要是补充长时间大脑活动后,一些特殊营养物质的需要,如蛋白质、碳水化合物等。不能将膳食的重点放在零食上而忽略了三餐,尤其是早餐的供给。"夜猫子"型的同学要注意:有时夜宵内容太丰富,引起胃肠道的额外负担,影响机体休息,反而得不偿失。

④ 黑白搭配。注意具有健脑功能的黑色食品(如黑芝麻、核桃仁、海带等)的摄取,同时也不忘白色主食的摄取。研究表明,黑色食品有一定的健脑益智功能,其中含有丰富的卵磷脂、钙、铁等。但这也不是说不需要粮食等"白色食品",粮食主要提供碳水化合物,这是大脑活动所需要的能源物质,是不可缺少的。那种只注意菜肴的供给,而不注意摄取足够的粮食的做法是适得其反的。

(3) 先重后淡。要根据距离考试的时间合理安排膳食,以适应自己的营养需要。考试前可适当增加荤食饮食,考试期间以营养丰富、清淡食物为主。具体来说,在准备迎考之时,考生应注意适当的营养素积累,以备今后消耗之用,即多食用动物性食品,如肉、鱼、蛋、乳制品类;在临近考试时,如果时令正是高温季节,此时容易食欲不好,故膳食应既营养丰富,又清淡宜人。

(4) 全偏结合。在供应食物时,一方面应注意营养素摄取全面,食物品种多样化;另一方面适当多食用一些健脑的食品,如豆类、黑芝麻、核桃仁等。

(5) 适时而变。应根据自己的生理与季节情况改变食物的摄入量。在复习迎考期间,应关心生理状况,感觉容易疲劳时,则应多摄入一些粮食和动物性食品;如果视力下降,则要多摄入含维生素 A 丰富的食品,如动物肝脏类;如果睡眠不好,则在睡前可饮用一些安神的牛奶,而不要饮用咖啡或茶等;如果紧张产生便秘,则要多摄入含膳食纤维较多的蔬菜、水果。

(6) 崇尚天然。目前已发现,许多食品添加剂中含有对人体大脑活动不利的物质,如膨松剂中可能就有铅,铅对人有神经毒性;有的添加剂中还含有对神经功能有毒性作用的铝,故大学生不宜多食用某些加工食品,尽量食用一些天然食品。眼下健脑食品琳琅满目,保健食品的作用可能主要也是一种较强的辅助作用,如抗疲劳、增加脑血液供应、增加神经活动等,但这是不能替代学习活动的。

此外,在应考期间要注意预防食物中毒,不吃不清洁的食物。

5. 认识食品的功能

食品具有营养功能、感觉功能和调节功能。自然界中有许许多多的食品,它们或多或少地为人们提供各种营养物质,如稻米可供给人们大量的碳水化合物,猪肉中含有人们需要的蛋白质与脂肪等,这是食品的第一功能,即提供人体生存所需的基本能量与物质。另外,各种食品中所含色素、氨基酸、脂肪酸及其他挥发性物质不同,使食品在烹调前或烹调后呈现出不同的色彩与气味,赋予食物以不同的色香味,从而满足人们对各种颜色与风味的要求,如青菜中含有叶绿素,可使青菜显绿色;大蒜中含有蒜氨酸,经酶的分解,发出一股浓浓的辛辣味——这就是食品的第二功能,即感觉功能。除此以外,有的食品中还含有少量或微量能调节人体机能的成分,可参加机体中某些生理功能的调节作用,如膳食纤维可减少胆固醇的吸收,这就是食品的第三功能,即调节机体功能。

6. 了解保健食品应符合的要求

保健食品必须符合下列要求。

(1) 经必要的动物或人群功能试验,证明其具有明确、稳定的保健作用。

(2) 各种原料及其产品必须符合食品卫生要求,对人体不产生急性、亚急性或慢性危害。

(3) 配方的组成及用量必须具有科学依据,具有明确的功效成分。如在现有技术条件下不能明确功效成分,那么应确定与保健功能有关的主要原料名称。

(4) 标签、说明书及广告不得宣传疗效作用。

7. 少外出吃火锅与饮酒

同学们都比较喜欢吃火锅,在冬日,几个人到外面聚餐,点个火锅,暖和又助兴,有时还来瓶白酒或啤酒助兴。其实,这样做对健康十分有害。火锅的温度一般比常规菜高,白酒的热性又大,白酒配热菜很容易引起中枢神经兴奋,使人更易醉酒。另外,现在小摊上的火锅使用地沟油的情况比较多,而且采用低劣变质食材的也较多,因此还是尽量少到小摊上吃火锅为好。

小提示

科学安全饮食须知

1. 一日三餐定时定量,做到均衡饮食、合理搭配,不暴饮暴食。

2. 提倡科学的饮食习惯,杜绝浪费。

3. 拒绝食用三无产品,购买食品时要注意看有无生产厂家、生产日期,包装是否完好,是否在保质期内。

4.3 保健常识

案例

2012年6月4日清晨6点刚过,大雨瓢泼,某高职院校东门对面的赵记粉店开门了,老板一眼就瞭见路边有个男孩躺在地上,吓得脚一软。15分钟后,120急救车和民警陆续赶到,之前还有微弱气息的男子已经没有了心跳。从身上找到的证件显示,该男子是该职业院校机械工程系大一学生。校保卫处的工作人员告诉记者,昨天晚上该学生回过一次家,拿了700元的生活费后就回到了学校。记者调查后发现,该学生死前,曾在距离死亡地点约20米的某网吧连续上网6个小时。"他是晚上12点来上网的,早上6点离开的,一直坐在二楼上网。"该网吧里,一名工作人员在电脑上调取了当天凌晨网吧的上网记录,显示该学生是该网吧的会员,充值的余额还有10.6元。

分析:"长时间上网,久坐不动,易造成血管内栓塞,肺梗塞。晚上熬夜上网,神经持续兴奋易造成心律紊乱。"医生提醒,若长时间上网出现胸闷、心慌、呼吸不畅等症状,要立即停止上网。可以通过深呼吸改善身体各部分缺氧状况,还可以通过闭目迅速恢复精力。医生提醒广大网友,持续上网不宜超过4小时。

猜谜底

4-6 谜底

1. 摩擦后结果如何?(病症)
2. 沧浪之水浊兮。(保健方式)
3. 头晕眼花肚贪杯。(中药保健饮品)
4. 一物生得小,肉眼看不到;无脚会走路,传病真不少。(生物)

4-7案例
保健不当、不
及时引发的
事故

掌握一些身体保健知识对青年学生是很有益处的。

1. 影响健康的十大因素

(1)紧张。心脏病主要源自情绪紧张。专家们认为:"当一个人终日生活在紧张状态中时,更易患高血压病。"人们遭遇的紧张情绪主要有两种:环境上的和心理上的。

(2)滥用药物。滥用药物是指不当且毫无理由地服用化学药品,它所造成的危害很大,严重时甚至导致自杀与中毒。

(3)暴食。暴食是引起肥胖的主要因素,是许多疾病的诱因,包括高血压、糖尿病及心血管病。

(4)过度劳动或缺少劳动。有些人平常不运动,偶尔开始运动就运动量过大,便会引起某些疾病。如果长期缺乏适当的运动,也易引起许多疾病,还会加速衰老。

(5)不注意身体的警告。应当特别注意大便或膀胱的变化、不寻常的出血或分泌、消化不良或吞咽困难、不停地咳嗽或声音嘶哑等。

(6)任意中断治疗。主观的自我诊断将导致两种不良后果:低估病情与加重病情。忽视各种症状就是对健康的儿戏,随意中止药物治疗常使疾病复发。

(7)过度节食或素食。所有流行的节食减肥方法如果使用过久,就有损害健康的潜在危险,因为过度节食和长期吃素食,都会减少正常饮食应该摄取的营养物质。

(8)吸烟。不吸烟是减少疾病的有效措施。

(9)酗酒。酒会损害中枢神经系统,使肝脏衰弱,暴饮后肝脏的2/3以上是毫无机能的。

（10）吸入致癌物质。

2. 预防感冒

恐怕很少有人没有得过感冒。但是你知道吗,普通感冒和流行性感冒都是没有特效药物治愈的。我们通常所吃的各种感冒药都是治标不治本的。因此,预防普通感冒和流行性感冒比治疗更重要。预防感冒需要注意以下几点。

（1）经常洗手。大部分的普通感冒和流行性感冒的病毒是通过直接接触而感染的。当手接触过被病毒污染的物体,或者接触过感冒的病人,再接触到自己的口、鼻、眼等就增加了得感冒的可能性。当患有感冒的病人拿了电话、笔,甚至接触了电灯的开关、茶杯、计算机键盘或者其他东西的时候,感冒病毒就会留在那里几个小时甚至几个星期。如果其他人再碰到那些东西,其他人的手就会染上感冒病毒。这时,如果没有洗手就擦眼睛、摸鼻子,那么,病毒就会进入眼睛、鼻子,有可能使自己感冒。因此,经常用肥皂洗手是非常重要的。

（2）打喷嚏或者咳嗽的时候,要加以遮挡。如果不加以遮挡,细菌和病毒就容易传播给周围的人。

（3）少用布手帕。用布手帕可以使病毒有一个很好的环境,存活很长的时间。下次用布手帕的时候又会传染给自己。尽量用手纸,用过之后马上扔掉。经常洗手,在擤鼻涕之后更要洗手。

（4）少用手摸脸。大部分流感病毒通常是通过眼睛、鼻子、口进入体内的。因为手往往带有病毒,如果用手摸脸,手上的病毒就离身体的进口很近了。

（5）在家里和工作的时候使用消毒剂。特别是在感冒的季节,要经常清洁手机和桌子、电开关,防止感染。

（6）常清洁刷牙的杯子。刷牙的杯子也会有很多病毒,要经常清洁。

（7）要经常清洗毛巾,特别是在感冒期间,更要勤洗。

（8）如果同房间里有感冒病人,要经常清洁病人待过的房子,比如说经常换被子和被单,保持房子的空气新鲜,经常清除垃圾筒里的手纸。

（9）大量喝水。采用生理盐水喷鼻。用鼻子呼吸,不要用嘴呼吸。使用唇膏,防止口唇破裂。

（10）在感冒季节,尽量少参加社会活动,因为感冒通常会互相传染。

（11）如果有需要,打流行性感冒的预防针。

（12）尽量多呼吸新鲜空气。尽量吃健康的食物。根据年龄吃适合自己的营养平衡的食物。加强营养,增加抵抗力。

（13）多吃蔬菜、酸奶、大蒜、富含维生素 C 的食物。研究证明,吃酸奶可以使感冒的患病率下降 25%。吃大蒜可以抵抗感冒。吃生姜和其他一些增强抵抗力的草药、吃复合维生素、在饮食中加锌、尽量吃得多样化,这样都可以保证足够的维生素来源。

（14）不要抽烟,少喝酒,少喝咖啡。

（15）睡眠充足,可以防止感冒。尽量减少精神压力,放松实际上是帮助保持健康。

（16）保持乐观的情绪。不要老是觉得自己会生病。经常笑一笑，病就去掉一大半。多给自己一些愉快的时间。

（17）多吃富含锌的食物。感冒的时候要调节维生素摄入量，加大维生素 A、维生素 C 和锌的含量。每天尽量多吃增强免疫力的食物，比如，香蕉、胡萝卜、辣椒等。

（18）如果有感冒征兆，尽量注意休息，尽量不要乘飞机或者坐火车。

3. 必须去看医生的情况

常识告诉我们，并不是所有的毛病都要去看医生。有些问题可以自己解决，但是也不要不懂装懂或者故意逞强。如果身体出现了严重的症状，那么马虎不得，必须去看医生。那么，什么是严重的症状呢？一般来说，如果有下面这些症状，是必须去看医生，有的还必须去看急诊。

（1）头痛，同时伴有视物模糊和恶心。

（2）身上很容易出现瘀斑。

（3）牙龈出血，老是觉得口干，喝水不能解决问题。

（4）慢性咳嗽，长期的持续不断的喉咙痛，同时吞咽有困难。

（5）咯血或者吐血。

（6）胸部感到压力，呼吸短促，心慌。

（7）胸痛，同时放射到颈部和肩部、手臂。

（8）乳房肿块，摸到不能解释的包块和红肿。

（9）身上痣的颜色和大小有所改变。

（10）不能解释的全身发痒。

（11）经常不想吃饭、恶心、欲吐，皮肤和眼睛发黄。

（12）反复出现的寒战、出汗和发烧，甚至抽搐。

（13）感到非常疲劳，老是睡不着觉。

（14）不能解释的严重体重下降或者体重增加。

（15）肚子痛，在吃饭以后 2～3 小时之内出现肚子痛。

（16）严重的抑郁症。

（17）手脚不能运动，麻木。

（18）月经不规则，白带多、黄。

（19）肛门出血，或者排出黑色的大便，或者便血。

（20）拉肚子或者便秘，较长时间没有改善。

（21）尿急、尿痛和尿频。

以上症状都应该去看医生。

4. 做防病检查的时机

谁都知道"有病早发现，无病早预防"的好处。有病早发现，疾病一般比较容易治愈，或缩短病程，减轻痛苦。无病早预防可以阻止或推迟不该发生的疾病和死亡。防病于未然的一个关键是定期做身体检查。因为无风不起浪，所以许多疾病在产生症状之前都会有苗头。一般来说每年进行一次系统的全面身体检查最好。

5. 洗澡要讲科学

（1）饭前饭后不要洗澡。饭前饥饿时容易产生低血糖休克；饱食后洗澡，全身皮肤血管受热扩张后，较多的血液流向体表，结果脑部、腹腔会产生血液供应不足，从而影响消化功能，以及会出现头昏、耳鸣等症状。所以，洗澡在饭后 1 小时为好。

（2）洗澡水温要适度。洗澡的水温以与体温相近为好，即 37℃～40℃为宜。此种水温能起到改善血液循环、促进新陈代谢、降低血压和消除疲劳的作用。未经锻炼不宜洗冷水澡，否则会因皮下毛细血管骤然收缩，引发感冒等疾病。

（3）洗澡时间安排要合理。洗澡时间安排应随季节、气温的变化而变化。每次洗澡时间以半小时为宜。洗澡过勤不利于健康，洗澡时间过长会增加疲劳感。

（4）忌用碱性肥皂洗澡。若用洗衣服的碱性肥皂洗澡，会使皮肤表面损伤，破坏日益减少的皮脂腺，对皮肤保健不利。应选用刺激性较小的檀香皂、硼酸皂、卫生皂等。肥皂擦身后，要用清水冲洗干净。

（5）剧烈劳动或运动后，应稍微休息一下再入浴，让身体有一个调整适应过程。同样，出浴后也要休息一会儿后再进行其他活动。

6. 科学把握自己体重

减少热量摄入，多运动，有规律地生活。正确且有利于减肥的进食习惯是，不落下三餐中的每一餐，而且每顿饭都吃八分饱。在两餐之间还可以吃一些水果或点心，在饥饿之前进食也有助于减肥；每顿饭前先喝一小碗汤，这有利于防止吃得过饱，任何时候都不要让自己吃撑。偶尔碰上好吃的也不要暴吃一通。

最后值得一提的是，每天都要坚持喝大量的水。这不仅有利于新陈代谢，而且也能避免吃得过多。实验证实，人如果体内缺水（即使自己感觉不到），也会觉得饥饿，这种误认为需要进食的饥饿感很容易让人吃得过多。

7. 保持皮肤清洁和滋润

每天清洁皮肤可以减少皮肤感染的危险。因为清洁皮肤可以去除皮肤表面积累的油脂和细菌。如果脸上油多，每天应该至少洗两次脸。若皮肤干燥，应少用肥皂清洗。在清洗眼周的皮肤时要格外小心，以免皂液进入眼睛。如果皮肤很敏感，对某种化妆品有反应，应选择使用不含芳香剂的化妆品。芳香剂往往会对皮肤有刺激作用。

当皮肤表层水分蒸发过多时，皮肤就显得干燥。表皮变得脆薄，有皮屑脱落。许多人在冬天皮肤变得干燥，主要是因为室内暖气和室外干冷空气的作用。健康专家建议采用下列方法来防止皮肤干燥：使用温水（不是热水）洗脸、洗手、洗澡；使用中性肥皂；洗澡时间不要过长，洗干净就可以了；每天使用润肤液；洗澡后马上用润肤液；冬天出门戴上手套和围巾，保护皮肤。

8. 擤鼻涕也有学问

擤鼻涕似乎是一件十分简单的事，可是并不是每个人都知道如何正确地擤鼻涕。不正确地擤鼻涕有可能给人造成麻烦，带来疾病。因为不正确的擤鼻涕会导致许多病菌和炎症分泌物进入鼻窦，这也就增加了鼻窦水肿和感染的危险性。如果要擤鼻涕，怎样才是正确的？专家建议：将鼻子压得越高，擤鼻涕时产生的压力就越大。这就意味着更多的细菌有可能进入鼻窦。所以擤鼻涕最好不要用手压鼻子。如果要压，也最好压一侧，两侧轮换。擤鼻涕之后一定要洗手。

9. 从网上找到可靠的健康信息

现在，越来越多的人开始从网络上查找健康信息。当健康无恙时，充分利用网络上的健康信息学会如何进行健康投资；当被医生诊断可能得了某种病时，也知道遇病不慌，坐到电脑面前，敲敲键盘、点点鼠标，查询有关该病的信息。但是，现在医学健康信息太多、太杂，虽然系统的医学文献和通俗的健康读物多不胜数，但鱼目混珠和滥竽充数的也不在少数。

在茫茫网海何处找健康？建议从以下方面辨别网站：一个可靠的医学健康网站，应该主题明确，栏目编排有序，文章遣词造句严谨，医学论述充分合理。原始资料来源具体，有证有据。同时，网站有严格的管理原则，遵循医学伦理道德规则。网站维护好，信息更新快。

冒牌的医学健康网站，往往没有明确的管理原则，不遵循医学伦理道德规则，商业气味很重，带有很强的市场利益性。网站主题不清，分类混乱。资料东抄西凑，文章粗制滥造。内容重复过时，文章语句不通，误译、错别字连篇。另外，差的网站很少有具体的文章来源信息，没有作者署名。出于营利目的，提供的所谓"医药信息"往往片面夸大，误导网民。

小提示

健康保健小窍门

（1）早晚用流水洗脸，不与他人共用毛巾、脸盆等物品。

（2）咳嗽、打喷嚏时，应捂住口鼻，面向一旁，避免发出大声音。

（3）尽可能保持衣服和被褥干净整洁，减少皮肤感染的机会，减少寄生虫的滋生机会。

4.4 防性侵犯

 案　例

2016年10月3日凌晨，某高校一位女生在接听了一通电话后离开宿舍，彻夜未归，电话也无人接听。当晚21点左右，她的同学到学校所在地的派出所报警。4日凌晨0时30分，民警在学校附近的某宾馆3楼325房间发现失联女生已遇害。经调查，死者是受到男网友的性侵窒息死亡的。

（案例来源：搜狐网）

分析：根据弗洛伊德的性心理学说，在性犯罪当中，感官刺激是性犯罪的主要犯罪意念。女性娇美白皙的面容、曲线优美的身材等往往都给犯罪分子带来很大的感官刺激，加速了他们犯罪欲望动机的产生。现今高校与社会的接触越来越密切，社会上的各种诱惑也时时冲击着在校学生。一些思想过于开放的女生频频出入高档歌厅、舞厅等娱乐场所，结识那些所谓的成功人士，最后却成为被侵害的对象。

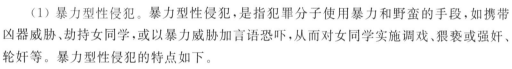

猜谜底

1. 网开一面（计划生育用品）
2. 社会稳定众盼望（计划生育名词）

4-8　谜底

一般认为，只要是一方通过语言或形体的有关性内容的侵犯或暗示，从而给另一方造成心理上的反感、压抑和恐慌的，都可构成性骚扰。性侵害，主要是指在性方面造成的对受害人的伤害。性骚扰和性侵害是危害学生身心健康的重要问题之一。由于两性的社会地位和角色不同，相对而言，性骚扰和性侵害的对象常以女性为多。因此，女学生了解一些性骚扰和性侵害的基本情况、掌握一些基本的对付方法，是很有必要的。

1. **性侵犯的主要形式**

概括起来，有以下 5 种形式：

（1）暴力型性侵犯。暴力型性侵犯，是指犯罪分子使用暴力和野蛮的手段，如携带凶器威胁、劫持女同学，或以暴力威胁加言语恐吓，从而对女同学实施调戏、猥亵或强奸、轮奸等。暴力型性侵犯的特点如下。

4-9 案例
性安全问题
引发的事故

① 手段残暴。当性犯罪者进行性侵犯时，必然受到被害者的本能抵抗，所以很多性犯罪者往往要施行暴力且手段野蛮和凶残，以此来达到自己的犯罪目的。

② 行为无耻。为达到侵害女学生的目的，犯罪者往往会厚颜无耻地不择手段，比野兽还疯狂地任意摧残、凌辱受害者。

③ 群体性。犯罪分子常采用群体性纠缠方式对女学生进行性侵犯。这是因为，人多势众，容易制服被害人的反抗而达到目的，还会使原来单个不敢作案的罪犯变得胆大妄为，这种形式危害极大。

④ 容易诱发其他犯罪。性犯罪的同时又常会诱发其他犯罪，如财色兼劫、杀人灭口、聚众斗殴等恶性事件。

（2）胁迫型性侵犯。胁迫型性侵犯，是指利用自己的权势、地位、职务之便，对有求于自己的受害人加以利诱或威胁，从而强迫受害人与其发生非暴力型的性行为。其特点有：① 利用职务之便或乘人之危而迫使受害人就范。② 设置圈套，引诱受害人上钩。③ 利用过错或隐私要挟受害人。

（3）社交型性侵犯。社交型性侵犯，是指在自己的生活圈子里发生的性侵犯，与受害人约会的大多是熟人、同学、同乡，甚至是男朋友。

（4）诱惑型性侵犯。**诱惑性侵犯**，是指利用受害人追求享乐、贪图钱财的心理，诱惑受害人而使其受到的性侵犯。

（5）滋扰型性侵犯。**滋扰型性侵犯的主要形式为**：① 利用靠近女生的机会，有意识地接触女生的胸部，摸捏其躯体和大腿等处；在公共汽车、商店等公共场所有意识地挤碰女生等。② 暴露生殖器等变态式性滋扰。③ 向女生寻衅滋事，无理纠缠，用污言秽语进行挑逗，或者做出下流举动对女生进行调戏、侮辱，甚至可能发展成为集体轮奸。

2. 容易遭受性骚扰、性侵害的时间和场所

一般来说，夏季和夜晚，公共场所和僻静处所是最易遭受性侵犯的，应尽量避开。

（1）夏天是女大学生容易遭受性侵犯的季节。夏天天气炎热，女生夜生活时间延长，外出机会增多。夏季校园内绿树成荫，罪犯作案后容易藏身或逃脱。同时，由于夏季气温比较高，女生衣着单薄，裸露部分较多，容易诱发性犯罪。

（2）夜晚是女大学生容易遭受性侵犯的时间。这是因为，夜间光线暗，犯罪分子作案时不容易被人发现。所以，在夜间女学生应尽量减少外出。

（3）公共场所和僻静处所，是女生容易遭受性侵犯的地方。这是因为公共场所如教室、礼堂、舞池、溜冰场、游泳池、车站、码头、影院、宿舍、实验室等场所人多拥挤时，不法分子常乘机袭击女生；僻静之处如公园假山，树林深处，夹道小巷，楼顶晒台，没有路灯的街道楼边，尚未交付使用的新建筑物内，下班后的电梯内，无人居住的小屋、陋室、茅棚等，若女生单独逗留，则很容易遭受到流氓袭击。所以，女生最好不要单独行走或逗留在上述地方。

3. 积极防范以避免发生性骚扰、性侵害

积极防范，可以有效避免受侵犯。

（1）筑起思想防线，提高识别能力。女学生特别应当消除贪图小便宜的心理。对一般异性的馈赠和邀请应婉言拒绝，以免因小失大。谨慎待人处世，不要随便对不相识的异性说出自己的真实情况，对自己特别热情的异性，不管是否相识都要倍加注意。一旦发现某异性对自己不怀好意，甚至动手动脚或有越轨行为，一定要严厉拒绝、大胆反抗，并及时向学校有关领导和保卫部门报告，以便及时加以制止。

（2）行为端正，态度明朗。如果自己行为端正，坏人便无机可乘。如果自己态度明朗，对方则会打消念头，不再有任何企图。若自己态度暧昧，模棱两可，对方就会增加幻想，继续纠缠。在拒绝对方的要求时，要讲明道理，耐心说服，一般不宜嘲笑挖苦。中止恋爱关系后，若对方仍然是同学、同事，不应结怨成仇人，在节制不必要往来的同时仍可保持一般正常往来关系。参加社交活动与男性单独交往时，要理智地、有节制地把握好自己，尤其应注意不能过量饮酒。

（3）学会用法律保护自己。对于那些失去理智、纠缠不清的无赖或违法犯罪分子，女学生千万不要惧怕他们的要挟和讹诈，也不要怕他们打击报复。要大胆揭发其阴谋或罪行，及时向老师报告，学会依靠组织和运用法律武器保护自己。千万注意不能"私了"，"私了"的结果常会使犯罪分子得寸进尺，没完没了。

（4）学点防身术，提高自我防范的有效性。一般女性的体力均弱于男性，防身时

要把握时机,出奇制胜,狠准快地攻击其要害部位,即使不能制服对方,也可制造逃离险境的机会。同时,要注意设法在案犯身上留下印记或痕迹,以备追查、辨认案犯时做证据。

小提示

学会保护自我,避免遭受侵害

（1）女同学要慎重交友,特别是在网上使用各种聊天软件交友时。

（2）夜晚不要独自出行,更不要单独前往偏僻无人地段。

（3）在外不要轻易接受陌生人赠予的食物或者饮品。

4.5 预防艾滋病

案　例

　　正在读大二的易欣从小就是乖乖女,家庭条件不错,也很独立,生活于她如同一卷即将展开的画卷。看着身边的好友都有了自己的男朋友,她觉得,如果自己没有,就无法跟她们聊起来。于是她开始在一些交友社区注册。找她聊天的人很多,但要么一上来就立刻"约",要么就是聊不到一块儿去,没有符合标准的人。直到一个叫"野兽无常"的人出现,才让她觉得找到了合意的人。他们很快确立了关系。易欣全心全意地对待男朋友,对他的要求不说半句"不",包括对方提出的希望有"'毫无保留'的性关系"。易欣打算过完年跟家人坦诚这段关系。但从寒假开始却再也没有联系上她的男朋友。在煎熬中过了半年后,易欣收到了男朋友发的一条信息。他告诉她,其实他一直有几个关系亲密的女朋友。年初他体检发现自己艾滋病病毒（HIV）阳性,因为不想连累周围的人,所以已经离开原来的城市去隐居了。几天后,易欣前往疾控中心检测,发现自己艾滋病病毒（HIV）抗体阳性。

　　（资料来源:搜狐网）

　　分析:血液传播、母婴传播和性传播,是艾滋病传播的三种主要途径。近年来,性传播成为我国艾滋病传播的主要途径。据统计,我国确诊的超过95％的艾滋病感染者是通过性传播被传染的。如何预防经性传播感染艾滋病?第一,正确使用安全套。这是预防艾滋病最有效的措施之一,但要注意的是,安全套在发生性行为的全程正确使用才能起到预防的作用。第二,拒绝滥交。非固定性伴侣和有偿的性行为都会增加感染艾滋病的风险,同时,在不了解对方的情况下,不轻易发生性关系是减少艾滋病感染风险最有效的措施。第三,疑似感染艾滋病要及时检测。当发生不安全性行为后疑似感染艾滋病时,要及时检测并在72小时内服用阻断药。第四,感染艾滋病后主动告知。感染艾滋病后主动告知性伴侣,并在性行为时严格做好保护措施,避免对方发生感染。除此以外,对于青年大学生而言,主动学习和掌握性健康知识对于防止艾滋病感染是不可或缺的。

猜谜底

1. 一念之差生恶疾(疾病名称)
2. 却嫌脂粉污颜色(防艾词语)
3. 天下魔鬼尽扫光(AIDS 途径)
4. 每见意中人,各自泪双流(AIDS 途径)

4-10 谜底

1. 艾滋病的主要传播途径

艾滋病病毒是一种极小的微生物,它主要存活于感染者和病人的血液、精液、淋巴液、阴道分泌物及乳汁中。因此,艾滋病的传播方式主要有三种。

(1)性传播。在未采取保护措施的情况下,艾滋病病毒通过性交的方式在男女之间、男男之间传播。性伴侣越多,感染的危险越大。目前全球约90%的艾滋病病毒感染是通过性途径传播。在我国通过性接触感染艾滋病病毒的比例呈逐年上升趋势。

(2)血液传播。共用注射器静脉吸毒,输入被艾滋病病毒污染的血液及血制品,使用被艾滋病病毒污染且未经严格消毒的注射器、针头,移植被艾滋病病毒污染的组织、器官以及与患者或感染者共用剃须刀、牙刷等都可能感染艾滋病病毒。目前在我国,共用注射器静脉吸毒是传播艾滋病的主要方式之一。

(3)母婴传播。感染了艾滋病病毒的妇女,在怀孕、分娩时可通过血液、阴道分泌物感染胎儿,哺乳时也可以通过她的奶汁使婴儿染上疾病。在没有采取母婴药物阻断等医学措施的情况下,已感染的母亲将病毒传染给胎儿的概率为25%~35%。

2. 有关艾滋病的重要信息

(1)艾滋病的医学全称为"获得性免疫缺陷综合征"(英文缩写 AIDS),是由艾滋病病毒(医学全称为人类免疫缺陷病毒,英文缩写 HIV)引起的一种严重传染病。

(2)艾滋病病毒侵入人体后,破坏人的免疫功能,使人体易发生多种感染和肿瘤,最终导致死亡。

(3)艾滋病病毒对外界环境的抵抗力较弱,离开人体后,常温下可存活数小时到数天。在100℃的条件下20分钟之内可将其完全灭活,干燥以及常用消毒药品都可以杀灭这种病毒。

(4)艾滋病病毒感染者及病人的血液、精液、阴道分泌物、乳汁、伤口渗出液中含有大量艾滋病病毒,具有很强的传染性。

(5)感染艾滋病病毒2~12周后才能从人体的血液中检测出艾滋病病毒抗体,但在检测出抗体之前,感染者已具有传染性。

（6）艾滋病病毒感染者经过平均 7～10 年的潜伏期，发展成为艾滋病病人，他们在发病前外表上与常人无异，可以没有任何症状地生活和工作多年，但能将病毒传染给他人。

（7）当艾滋病病毒感染者的免疫系统受到严重破坏、不能维持最低的抗病能力时，感染者便发展成为艾滋病病人，常出现原因不明的长期低热、体重下降、盗汗、慢性腹泻、咳嗽、皮疹等症状。

（8）已有的抗病毒药物和治疗方法，虽不能治愈艾滋病，但实施规范的抗病毒治疗可有效抑制病毒复制，降低传播危险，延缓发病，延长生命，提高生活质量。

（9）在世界范围内，性接触是艾滋病最主要的传播途径。

（10）艾滋病可通过性交（阴道交、口交、肛交）的方式在男女之间和男男之间传播。

（11）输入被艾滋病病毒污染的血液或血液制品，使用未经严格消毒的手术、注射、针灸、拔牙、美容等方面的进入人体的器械，都能传播艾滋病。

（12）在日常生活和工作中，与艾滋病病毒感染者或病人握手、拥抱、礼节性接吻、共同进餐，共用劳动工具、办公用品、钱币等不会感染艾滋病。

（13）艾滋病不会经马桶圈、电话机、餐饮具、卧具、游泳池或浴池等公共设施传播。

（14）咳嗽和打喷嚏不传播艾滋病。

（15）蚊虫叮咬不会感染艾滋病。

3. 预防控制艾滋病知识要点

下面罗列一些防控艾滋病的知识要点，请谨记于心。

（1）预防经性接触感染艾滋病。

① 树立健康的恋爱、婚姻、家庭及性观念是预防和控制艾滋病、性病传播的治本之策。

② 性自由的生活方式、多性伴且没有保护的性行为可极大地增加感染、传播艾滋病和性病的危险。

③ 洁身自爱、遵守性道德是预防经性接触感染艾滋病的根本措施。

④ 正确使用质量合格的安全套可大大减少感染和传播艾滋病、性病的危险。每次性交都应该全程使用。

⑤ 安全套预防艾滋病、性病的效果虽不是 100％，但远比不使用安全得多。

⑥ 除了正确使用安全套，其他避孕措施都不能有效预防艾滋病。

⑦ 由于生理上的差别，男性感染者将艾滋病传给女性的危险明显高于女性感染者传给男性。妇女应主动使用女用安全套或要求对方在性交时使用安全套。

（2）正确安全地使用血液、血液制品及器具可大大减少感染和传播艾滋病性病的危险。

① 提倡无偿献血，杜绝贩血卖血，加强血液管理和检测是保证用血安全的重要措施。

② 尽量避免不必要的注射、输血和使用血液制品，必要时使用检测合格的血液和血液制品，以及血浆代用品或自身血液，并使用一次性注射器。

③ 酒店、旅馆、澡堂、理发店、美容院、洗脚房等服务行业所用的刀、针和其他可以刺破或擦伤皮肤的器具必须经过严格消毒。

④ 要拒绝毒品,珍爱生命。使用未经消毒的注射器静脉吸毒是艾滋病传播的重要途径。

(3) 控制母婴传播。对感染艾滋病病毒的孕产妇及时采取抗病毒药物干预、减少生产时损伤性操作、避免母乳喂养等预防措施,可大大降低胎儿、婴儿被感染的可能性。

(4) 预防艾滋病是全社会的责任。

① 我国艾滋病的流行已进入快速增长期,处在从高危人群向一般人群扩散的临界点。如不能及时、有效地控制,将对我国的经济发展、社会稳定、国家安全和民族兴旺带来严重影响。

② 我国预防控制艾滋病的基本原则是:预防为主、防治结合、综合治理。

③ 艾滋病防治绝不只是卫生部门的责任,必须建立政府主导、多部门合作和全社会共同参与的艾滋病预防控制机制,形成有利于艾滋病防治的社会环境。

④ 非政府组织是艾滋病预防控制的重要组成部分,在重点人群宣教、高危人群干预、感染者和病人关怀等方面能够发挥重要作用。

⑤ 公民应积极参加预防控制艾滋病的宣传教育工作,学习和掌握预防艾滋病的基本知识,避免危险行为,加强自我保护,并把了解到的知识告诉他人。

⑥ 在青少年中开展预防艾滋病/性病、拒绝毒品的教育,进行生活技能培训和青春期性教育,保护青少年免受艾滋病/性病和毒品的危害,是每个家庭、学校、社区和全社会的共同责任。

⑦ 艾滋病自愿咨询检测是及早发现感染者和病人的重要防治措施。

⑧ 关心、帮助、不歧视艾滋病病毒感染者和病人,鼓励他们参与艾滋病防治工作,是控制艾滋病传播的重要措施。

⑨ 艾滋病威胁着每一个人和每一个家庭,影响着社会的发展和稳定,预防艾滋病是全社会的责任。

小提示

预防艾滋病,社会皆有责

(1) 艾滋病是一种病死率极高的严重传染病,暂无治愈的药物和方法,但可以预防。

(2) 艾滋病主要通过性传播、血液传播和母婴传播三种途径传播。

(3) 与艾滋病人及艾滋病病毒感染者在日常生活和工作中接触不会感染艾滋病。

(4) 洁身自爱、遵守性道德是预防经性途径传染艾滋病的根本措施。

(5) 艾滋病威胁着每一个人和每一个家庭,预防艾滋病是全社会的责任。

4.6　防疫安全

案　例

2020 年 1 月 23 日上午,孙某某发热咳嗽症状严重、病情恶化,其子开车将其送至医院就诊,医生怀疑其为"新型冠状病毒感染者",让其接受隔离治疗,孙某某不听劝阻悄悄逃离医院,并乘坐客车返回吉安镇,在车上接触多人。下午,工作人员将孙某某强制隔离治疗,其在被确诊和收治隔离后,仍隐瞒真实行程和活动轨迹,导致疾控部门无法及时开展防控工作,大量接触人员未找回。

分析:① 孙某某违反《中华人民共和国传染病防治法》(以下简称《传染病防治法》)的规定,拒绝执行卫生防疫机构依照《传染病防治法》提出的防控措施,引起新型冠状病毒传播或者有严重传播危险,可以妨害传染病防治罪定罪处罚。② 新型冠状病毒感染者必须听从医护人员的安排,进行隔离和治疗,并真实告知行程和活动轨迹,使疾控部门能及时发现接触感染者,把疫情影响控制到最小。

猜谜底

1. 掀起反腐热潮(卫生防疫用语)

2. 人不吃饭不行(卫生防疫用语)

3. 廉明过一生(卫生防疫用语)

4-11 谜底

为科学指导大专院校有效落实疫情防控措施,有序推进复学复课,针对高校学生学习生活环境状况、学生构成等方面的不同特点,2020 年 4 月,国家卫生健康委办公厅和教育部办公厅组织制定了《大专院校新冠肺炎疫情防控技术方案》(以下简称《方案》)。其中,《方案》中对学生在返校前、返校过程中、返校后需要落实的防控措施提出了要求。

1. 开学前:做好健康监测、学好防疫知识

(1)每日做好自我健康监测和行踪报告,并如实上报学校,确保开学前身体状况良好。

(2)在学校正式确定并通知返校时间前,遵守有关规定,不得提前返校。

(3)返校前安心居家,做好在线学习,学习和掌握个人防护知识,并做好返校前物资准备。

2. 返校途中:全程佩戴口罩、做好自我防护

(1)返校前确保身体状况良好,准备口罩等个人防护用品,有条件时可随身携带速

干手消毒剂。

（2）乘坐火车、飞机等公共交通工具时，需全程佩戴口罩，安检时短暂取下口罩，面部识别结束后立即戴上口罩，尽快通过安检通道。

（3）做好手卫生，尽量避免直接触摸门把手、电梯按钮等公共设施，接触后及时洗手或用速干手消毒剂揉搓双手。注意个人卫生，避免用手接触口眼鼻，注意咳嗽礼仪。

（4）尽量选择楼梯步行或扶梯，并与他人保持1米以上距离，避免与他人正面相对；若乘坐厢式电梯，需与同乘者尽量保持距离，分散乘梯，避免同梯人过多。

3. 开学后：做好健康监测、疫情期间不得出校

（1）学生到校时，应当按学校相关规定有序报到，入校前接受体温检测，合格后方可入校；无特殊情况，尽量避免家长进入校区。

（2）在校期间，自觉按照学校规定进行健康监测，每天保持适量运动，选择人员较为稀疏的空旷开放空间进行室外运动。

（3）学生在疫情防控期间不得出校，避免到人群聚集尤其是空气流动性差的场所。如必须出校，须严格履行请假程序，规划出行路线和出行方式。外出时，做好个人防护和手卫生，去人口较为密集的公共场所，若乘坐公共交通工具、厢式电梯等必须正确佩戴口罩。

（4）做好手卫生措施。餐前、便前便后、接触垃圾后，外出归来，使用体育器材、学校电脑等公用物品后，接触动物后，触摸眼睛等"易感"部位前，接触污染物品后，均要洗手。洗手时应当采用洗手液或肥皂，在流动水下按照正确洗手法彻底洗净双手，也可使用速干手消毒剂揉搓双手。

（5）宿舍定期清洁，并做好个人卫生。被褥及个人衣物要定期晾晒、定期洗涤。如需消毒处理，可煮沸消毒30分钟，或先用有效氯500 mg/L的含氯消毒液浸泡30分钟，然后再按常规清洗。

4. 出现疑似感染症状后的处理

（1）教职员工或学生如出现发热、干咳、乏力、鼻塞、流涕、咽痛、腹泻等症状，应当立即上报学校负责人，并及时按规定去定点医院就医。尽量避免乘坐公交、地铁等公共交通工具，前往医院路上和在医院内应当全程佩戴口罩。

（2）教职员工或学生中如出现新冠肺炎疑似病例，应当立即向辖区疾病预防控制部门报告，并配合相关部门做好密切接触者的管理。

（3）对共同生活、学习的一般接触者进行风险告知，如出现发热、干咳等呼吸道症状以及腹泻、结膜充血等症状要及时就医。

（4）专人负责与接受隔离的教职员工或学生的家长进行联系，掌握其健康状况。

5. 境外师生返校的相关要求

（1）境外师生未接到学校通知一律不返校，新生不报到。

（2）境外师生返校前确保身体状况良好，返校途中做好个人防护和健康监测。

（3）入境后严格执行当地规定，进行隔离医学观察、每日健康监测并填报健康卡，解

除隔离后且身体健康方可返校学习和工作。

新冠病毒传播途径

新冠病毒传播途径主要为直接传播、气溶胶传播和接触传播。

（1）直接传播是指患者喷嚏、咳嗽、说话的飞沫及呼出的气体被直接吸入导致的感染。

（2）气溶胶传播是指飞沫混合在空气中，形成气溶胶，吸入后导致感染。

（3）接触传播是指飞沫沉积在物品表面，手经接触受到污染，再接触口腔、鼻腔、眼睛等部位的黏膜，导致感染。

◎ 小　　　结 ◎

本章从心理健康问题引入，介绍了一些用于解除生活压力、焦虑、抑郁等问题的简易方法，概述了一些饮食安全和生活保健的常识，最后介绍了艾滋病等疾病的传播途径和预防知识。

◎ 思考与练习 ◎

1. 大学生心理健康的具体问题有哪些？

2. 如何应对生活中的各种压力？以角色扮演的方式互相示范各种心理健康治疗法。

3. 世界卫生组织提出食品安全十定律是什么？

4. 怎样去安排我们的一日三餐？

5. 考试的日子里如何安排一日三餐？

6. 影响健康的主要因素是什么？

7. 预防感冒的方法有哪几种？

8. 什么时候必须去看医生？

9. 如何从网上找到需要的可靠健康信息？

10. 预防控制艾滋病的要点是哪些？

11. 学生在返校前、返校过程中、返校后需要落实哪些疫情防控措施？

12. 见义勇为是一种伟大高尚的行为。从救人者的目的来说，当然希望被救者脱离危险。然而，有真诚的愿望并不一定就有理想的结果。下面的漫画中，救人者无形中把自己放在了十分尴尬的位置。他应该怎么做？请结合现实问题开展讨论。

13. 下面的漫画描述"司马光砸缸"的故事,提起这耳熟能详的历史故事,人们主要是赞扬司马光的机智勇敢。那么,从安全的视角来看,他的救人方式等有哪些方面值得思考? 请从安全的视角对司马光的救人方式等进行讨论。

综 合 讨 论 一
大学生心理适应能力测试

本测试是针对心理适应能力的自我判断。请认真阅读,根据实际情况,选出最符合实际情况的答案。

1. 我最怕转学或转班级,每到一个新环境,我总要经过很长一段时间才能适应。

A. 是　　　　　　　　　B. 无法肯定　　　　　　　　C. 不是

2. 每到一个新的地方,我很容易同别人接近。

A. 是　　　　　　　　　B. 无法肯定　　　　　　　　C. 不是

3. 在陌生人面前,我常常无话可说,以致尴尬。

A. 是　　　　　　　　　B. 无法肯定　　　　　　　　C. 不是

4. 我最喜欢学习新知识或新学科,它给我一种新鲜感,能调动我的积极性。

A. 是　　　　　　　　　B. 无法肯定　　　　　　　　C. 不是

5. 每到一个新地方,我第一天总是睡不好,就是在家里,只要换一张床,有时也会失眠。

A. 是　　　　　　　　　B. 无法肯定　　　　　　　　C. 不是

6. 不管生活条件有多大的变化,我也能很快习惯。

A. 是　　　　　　　　　B. 无法肯定　　　　　　　　C. 不是

7. 越是人多的地方,我越感到紧张。

A. 是　　　　　　　　　B. 无法肯定　　　　　　　　C. 不是

8. 我的考试成绩多半不会比平时练习时差。

A. 是　　　　　　　　　B. 无法肯定　　　　　　　　C. 不是

9. 全班同学都看着我,心都快跳出来了。

A. 是　　　　　　　　　B. 无法肯定　　　　　　　　C. 不是

10. 即使对他有什么看法,我仍能同他交往。

A. 是　　　　　　　　　B. 无法肯定　　　　　　　　C. 不是

11. 我做事情总是有些不自在。

A. 是　　　　　　　　　B. 无法肯定　　　　　　　　C. 不是

12. 我很少固执己见,常常乐于采纳别人的意见。

A. 是　　　　　　　　　B. 无法肯定　　　　　　　　C. 不是

13. 同别人争论时,我常常感到语塞,事后才想起该怎样反驳对方,可惜已经太迟了。

A. 是　　　　　　　　　B. 无法肯定　　　　　　　　C. 不是

14. 我对生活条件要求不高,即使生活条件很艰苦,我也能过得很愉快。

A. 是　　　　　　　　　B. 无法肯定　　　　　　　　C. 不是

15. 有时自己明明把课文背得滚瓜烂熟,可在课堂上背的时候,还是会出差错。

A. 是　　　　　　　　　B. 无法肯定　　　　　　　　C. 不是

16. 在决定胜负成败的关键时刻,我虽然很紧张,但总能很快地使自己镇定下来。

A. 是　　　　　　　　　B. 无法肯定　　　　　　　　C. 不是

17. 我不喜欢的东西,不管怎么学我也学不会。

A. 是　　　　　　　　　B. 无法肯定　　　　　　　　C. 不是

18. 在嘈杂混乱的环境里,我仍然能集中学习,并且效率较高。

A. 是　　　　　　　　　B. 无法肯定　　　　　　　　C. 不是

19. 我不喜欢陌生人来家里做客,每逢这个时刻,我就有意回避。

A. 是　　　　　　　　B. 无法肯定　　　　　　　C. 不是

20. 我很喜欢参加社交活动,我感到这是交朋友的好机会。

A. 是　　　　　　　　B. 无法肯定　　　　　　　C. 不是

参考:

1. 凡是单数号题(1、3、5……),选"是"扣2分,选"无法肯定"得0分,选"不是"得2分。

2. 凡是双数号题(2、4、6……),选"是"得2分,选"无法肯定"得0分,选"不是"扣2分。

3. 各题的得分相加,得出总分。

35~40分:心理适应能力很强。能很快地适应新的学习、生活环境,与人交往轻松、大方。给人的印象极好,无论进入什么样的环境,都能应付自如,左右逢源。

29~34分:心理适应能力良好。

17~28分:心理适应能力一般。当进入一个新的环境时,经过一段时间的努力,基本上能适应。

6~16分:心理适应能力较差。依赖于较好的学习、生活环境,一旦遇到困难则易怨天尤人,甚至消沉。

5分以下:心理适应能力很差。在各种新环境中,即使经过一段相当长时间的努力,也不一定能够适应。常常困惑,因与周围事物格格不入而十分苦恼。在与他人的交往中,总是显得拘谨、羞怯、手足无措。

综 合 讨 论 二

28岁小伙身患重度糖尿病,曾一天狂灌14瓶饮料

2017年11月1日凌晨四五点钟,28岁的小赵因浑身无力被送到某县人民医院就诊。经医生检查,小赵的血糖值竟然高达60毫摩尔每升,而正常人的血糖值在3.9~7.8毫摩尔每升。小赵当场被诊断为重度糖尿病急性并发症糖尿病。据了解,小赵一直爱喝饮料,国庆节后,他感觉身体有些不适,出现了眼花、口渴等症状。因为总是口渴,小赵就猛喝饮料,最多的一天喝了14瓶饮料,两周之后,症状加重。经诊断,小赵已是Ⅱ型糖尿病,需要终生使用胰岛素。医生介绍,Ⅱ型糖尿病是肥胖使得胰岛素分泌相对不足导致的,多见于40~50岁的人群,不过随着不良生活方式人群增多,现在越来越多的20~30岁的年轻人患上Ⅱ型糖尿病。

讨论:你是否长期喝饮料?如果是,那你长期喝哪类饮料?长期喝饮料会对身体产生哪些危害?

------------------------- ◎ 阅读材料 ◎ -------------------------

近20%的死亡案例是饮食问题导致的!在中国,这个比例更高!

2019年《柳叶刀》发布了全球饮食领域的首个大规模重磅研究——195个国家和地

区饮食结构造成的死亡率和疾病负担。

这项统计时间跨近30年的大型研究,不仅前所未有,而且还得出了不少让人震惊的结论,其中包括:中国因为饮食结构而导致的死亡率和疾病发生率,竟然比美国高了许多! 在大家的印象中,美国是个"万物皆可炸"的高糖高油饮食地区,我们竟然比他们更不健康。问题出在哪里?

一、中国是吃饭思路错误的重灾区

《柳叶刀》在原文中连提中国两次:在2017年的统计中,中国因为饮食结构问题造成的心血管疾病死亡率、癌症死亡率都是世界人口数居前20的大国中的第一名! 这次的统计给了一个与我们日常刻板印象完全不同的颠覆性结果:全球范围内每年造成上千万人死亡的错误饮食习惯并不是糖和油脂吃太多,而在于钠(盐)、杂粮和水果。而那些被我们日常警惕的红肉、加工肉类、含糖饮料甚至反式脂肪,反而在死亡"贡献"里排行靠后。据《柳叶刀》统计,光是2017年一年,因为高钠饮食而死亡的人口就有300万,因为杂粮吃太少而死亡的也有300万,还有200万因为水果没吃够而死亡。全球近20%的死亡案例是饮食问题导致的,在中国,这个比例更高。

饮食结构问题造成的主要疾病有三:心血管疾病、肿瘤和Ⅱ型糖尿病。也主要是这三种疾病最终导致了大家因为"吃错饭"而死亡。据估计,2017年有1 100万人死于不健康的饮食结构,死亡的原因包括1 000万人死于心血管疾病,91.3万人死于癌症,近33.9万人死于Ⅱ型糖尿病。

二、我们到底该怎么吃

知道原因了,对症下药也就不难了。

1. 别吃那么咸

我们饮食中摄入的钠,大部分来自食用盐。《中国居民膳食指南科学研究报告(2021)》推荐每日摄入盐不超过6克。2019年《柳叶刀》发布的研究显示:中国被调查群体中有80%以上的人日均盐摄入量大于12.5克,比推荐量的两倍还多。

2. 多吃点水果

中山大学公共卫生学院营养学系冯翔老师认为,国人水果摄入量少与传统的饮食文化有关,水果并不是典型的中国传统膳食组成。膳食指南推荐,我国成人每日应摄入水果200~400克。大概每天一个苹果搭配一个橙子或者香蕉,或者是200克的葡萄加上一个雪梨。每天吃的水果颜色越多,摄入的营养成分越丰富。最好做到每天吃两种及以上的水果,每周可以更换水果种类。

3. 杂粮也要吃

膳食指南推荐,每天摄入全谷物及杂豆类50~150克,薯类50~100克,但不同年龄段人群粗粮的摄入有所差异。作为青年的高职在校学生,每日最好能保证摄入150~200克粗粮,并且经常换着吃。

(资料来源:搜狐网)

学习目标

1. 培养公共安全的意识，了解大型公共活动突发事件的应急常识；
2. 培养防火意识，掌握比较正确的应对火灾的方法；
3. 掌握基本的交通安全知识；
4. 掌握在常见自然灾害来临时避险逃生的方法。

5.1 大型公共活动安全

案 例

2013 年 6 月 20 日,英国足球明星贝克汉姆来到某大学,在通往"中法中心"的道路上已汇集上千人,数名保安拉起黄色的警戒线维护秩序。由于现场人数过多以及球迷过于热情,贝克汉姆结束会面后准备前往操场时,人群突然通过了警戒线,涌到了"中法中心"的楼下。进入操场需通过一扇铁门,贝克汉姆在保安的一路护送下艰难挤进铁门后,安保人员试图将铁门关闭,但人群此时一拥而上,冲破铁门。由于入口正好处在一个斜坡上,在这个过程中有人倒下,现场秩序一度失控并发生踩踏事故,活动被迫取消。

分析：踩踏事故通常是指在聚众集会中，特别是在整个队伍产生拥挤移动时，有人意外跌倒后，后面不明真相的人群依然前行，踩踏跌倒的人，从而造成恐慌，加剧拥挤，导致更多的人跌倒，并恶性循环的群体伤害意外事件。① 群集现象是集体性踩踏事件发生的直接原因；② 硬件设施设计、使用不合理是造成群体性踩踏事件的客观原因；③ 应急准备不足是造成群体性踩踏事件的管理方面的原因；④ 恐慌心理及其扩散是灾难的放大器。

猜谜底

1. 过去的龙门阵（二字词语）

2. 千古恨（一字）

3. 居安思危，于治忧乱（成语）

4. 风满楼时补屋漏（成语）

5-1 谜底

当前，同学们参加大型公共活动日益频繁，它对于丰富学生生活、开阔视野起到了良好的促进作用，但大型公共活动中的安全也是一个不容忽视的重要问题。

5-2案例 广场晚会安全事故

5.1.1 大型公共活动安全知识

1. 大型公共活动的特点

了解大型公共活动的特点，对防范大型公共活动的安全问题至关重要，一般来说，大型公共活动具有以下几个显著特点。

（1）人员数量较大。大型公共活动往往是有组织、有计划、有领导的集体活动，就学校内部而言，参加人数超过 200 的公共活动一般就可视为大型公共活动。由于参加人员众多，有时是成千上万甚至数万人在一起活动，一旦发生事故，人身财产损失往往很大。同学们参加大型公共活动的机会较多，参加活动期间，头脑一定要保持清醒，时刻注意防灾避险。

（2）人员集中，活动范围受限制。在多数情况下，大型公共活动是在一定区域内举行的，如在各种大型会议室内、体育场馆或比较开阔的场内等举行。众多的参加人集中在有限的范围内，一旦发生意外情况，人员混乱拥挤，疏散不便，秩序难以控制，就会对人身安全形成较大威胁，严重者还会造成群伤群死事故。如果不掌握必要的逃生自救知识，则很容易成为事故中的受害者。

（3）人员结构复杂。大型公共活动的参加者即使来自同一系统、同一部门或同一单位，由于人们的性格差异，其思想品质和道德修养也参差不齐，而且相互之间绝大部分也都不甚了解，甚至不认识，容易产生矛盾摩擦，一旦有矛盾激化升级或个别人寻衅滋事，就有可能引起群体纠纷、殴斗、骚乱等治安事件。

2. 大型公共活动中常见安全问题

大型公共活动中常见的安全问题主要有以下两类。

（1）火灾事故。重大火灾事故一般发生在相对封闭的场馆或室内，火灾的诱因也多种多样，其中不乏人为因素。一方面是消防管理薄弱，防范工作不到位，从而导致火灾隐患在某种条件下演变为火灾；另一方面，个别参加大型活动的人安全意识不强，违反安全管理制度，这也是引发火灾的重要原因。因此，同学们在参加大型公共活动时，一定要严于律己，遵纪守法，这不仅能够展现同学们的文明形象，同时也能保证自己和他人的安全。

（2）群体纠纷。群体纠纷可分为个人与群体的纠纷、群体与群体的纠纷两大类。群体纠纷（尤其是群体与群体的纠纷）在大型公共活动中比较常见，危害后果较个人与个人或个人与群体之间的纠纷也要大得多。出现这类安全问题，不仅损害了同学们的良好形象和学校的声誉，妨碍了内部团结以及学校之间、单位院系之间、班级之间的团结，而且有时还可能酿成刑事治安案件。大型公共活动属集体生活的一种，同其他集体活动一样，它会对每一个参加者的个人素养、协作精神和集体主义观念进行检验。活动的正常有序进行，与高水平的组织工作固然分不开，同时也有赖于每一个参加者的密切配合，即：个人应服从集体，局部应服从全局。而个别人在参加大型公共活动过程中，不注意规范自己的言行，片面突出自己或小团体的利益，做出种种影响活动秩序、引起他人不满的事，从而埋下了发生纠纷的祸根。更有甚者，个别素质不高的人借大型公共活动之机蓄意滋事，惹是生非，引起他人的强烈反感，极易引发冲突。

3. 大型公共活动中常见安全问题的预防

参加大型公共活动时，必须做好预防工作。

（1）提前防范，增强预见性。所谓提前防范，是指在事故发生前做好应对异常情况的准备，在事故发生初期能够采取有效的措施预防发生更严重的后果。

① 要有预见性。入场前，首先要对场内的情况进行基本了解。注意观察所处场所安全出口、安全通道、安全部位的位置，万一发生突发性事件，就有可能从容脱险。要善于识别事故的先兆，不要参加管理松弛、秩序混乱或存在明显安全漏洞的大型活动。另外，发现周围的同学和朋友正在做有损安全的事，要把它视为对自己的威胁，并以有效的方式进行制止。

② 要沉着冷静，随机应变。大部分事故都有突发性，使人猝不及防，无数经验证明，事到临头，临危不惧，保持冷静的头脑、理性的状态是化险为夷、转危为安，甚至死里逃生的重要主观条件。以火灾为例，火灾的发生往往是瞬间的、无情的、残酷的。火灾现场调查表明，在各种恶性火灾事故中，80％的死者都是因烟熏窒息而死的，这是因为大部分人都缺乏逃生知识。如果不能正确地把握稍纵即逝的逃生机会，沉着、冷静地运用逃生本领，就有可能从这个多姿多彩的世界里消失。对面临的事故，只有清醒而快速地作出反应，才能进一步寻求应变的对策，利用短暂的时间，抓住时机，减少盲动。平时，我们在掌握逃生和自救的知识和方法的同时，也要加强心理素质的训练。

③ 要准确判断。只有判断准确才能保证行动的准确。在极其危险的环境中，必须在极其短暂的时间内作出准确判断。判断内容主要包括：一是发生了什么事、规模及危

险程度;二是大家及自身处境;三是能够争取的时间;四是能够借助的工具、物品等;五是摆脱险境的条件;六是群体互助的利弊。准确判断可以减少行动的盲目性、曲折性、无效性,增强其针对性、及时性和有效性。任何大型公共活动中的逃生和自救活动,都是以个人的心理素质和相关知识、技能为基础的。一旦遇有事故、灾难、事件等,要善于趋利避害,因势利导,化解不利因素,增强有利因素,充分使用尽快脱险的手段,使大家逢凶化吉,逃脱险境。

(2)心态平稳,避免过激言行。在大型公共活动的场合,因为人多而集中,人与人之间的摩擦在所难免,心态平稳、避免过激言行是特别重要的。凡遇到这种情况,首先要保持平稳的心态,心平气和地同对方讲话,以理服人。不强词夺理,不恶语伤人,要文雅,不讲粗话,互相尊重,不讲大话,不盛气凌人。其次,要懂得甄别。在参加大型公共活动时要有所甄别,认识到参加哪些活动对自己有益,哪些活动不宜于自己,尤其要谨慎地参加社会上举办的某些公共活动。

(3)自我克制,防止矛盾激化。矛盾的发生和进一步激化往往和矛盾双方不能自我克制、不能冷静对待有着紧密的联系,无论争执和矛盾由哪一方引起,都要保持冷静的态度,绝不可情绪激动,要大度些,对于那些可能发生摩擦的小事,要宽容,最好一笑了之。在发生矛盾时,要认真听取他人意见,认真进行自我批评,宽容他人的过失,处理好相互的矛盾。要做到自己绝不用言语先伤害别人,当别人用语言伤害自己的时候也能承受得起。

(4)遵章守纪,服从统一管理。首先,大型公共活动一般都有组织者安排专人带队或设有专门的安全保卫人员,他们对现场的情况会有比较全面的了解,也能比较及时地发现场内的不安定因素,同时具有一定的防灾避险知识,一旦发生紧急情况,他们会按照预案做好事态平息或人员疏散工作,从而使事故的危害后果降至最低点。而作为众多参加人员中的一员,在沉着应变、准确判断的前提下,要正确理解指挥人员下达的命令,同时做到整体服从、原则服从与机动灵活相结合。遇有事故,要在指挥者的命令下有秩序地撤离。大型公共活动中如发生安全事故,指挥人员一般会要求受害群体采取多元、多向紧急疏散措施,所以,大家要克服趋同、从众心理,不要向同一方向狂跑。慌乱的人群高度密集,必然会堵塞通道,造成互相挤踩、人为扩大损失的后果,这样的教训是非常惨痛的。

另外,如果条件允许,就应积极协助他人脱离险境。未受伤的要救助伤者,强者要救助弱者,男性要救助女性,青年要救助老年,竭尽全力争取全体成员都脱离险境,这是群体自救中必须遵循的原则之一,是无声的命令。

总之,只要大家在灾难面前保持清醒的头脑,采取科学的逃生和自救手段,步调一致,共同努力,大型公共活动中的安全问题是可以预防的,各种灾害、灾难也是可以战胜的。

4. 突发事件预警等级

《中华人民共和国突发事件应对法》(2007 版)第 42 条规定:国家建立健全突发事件预警制度。可以按自然灾害、事故灾难和公共卫生事件等突发事件的预警级别,以

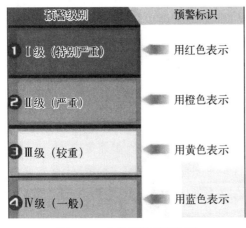

图 5-1　突发事件预警等级

及突发事件发生的紧急程度、发展势态和可能造成的危害程度分为一级、二级、三级和四级，分别用红色（可能发生特别重大突发事件）、橙色（可能发生重大突发事件）、黄色（可能发生较大突发事件）和蓝色（可能发生一般突发事件）标示，一级为最高级别。如图 5-1 所示。预警信息的目的是告知人们可能出现的事件或事件的恶化程度，以便人们提前采取一些有效的措施把可能发生的突发事件或是可能恶化的事态扼杀在摇篮状态。

5.1.2　防踩踏事件知识

1. 踩踏事故的特点

我国人群密度越来越大，大型活动日渐增多，人群拥挤踩踏事故风险也随之增加，但由于安全意识增强、硬件设施和安全管理水平提高，事故造成的平均严重程度有所降低。

从事故案例来看，拥挤踩踏事故不仅发生在室内，在室外开放环境中也时有发生。但具体分析各事故案例中最初发生拥挤踩踏的具体部位可以发现，无论在室内还是在室外，拥挤踩踏事故发生的初始具体部位总集中在楼梯、坡道、出入口（包括固定建筑物和车船等移动交通工具）、桥梁隧道等人群流动的瓶颈部位。

此外，活动开始前、活动结束后的入场和散场阶段是拥挤踩踏事故的高发时段。从事故的统计情况看，在入场时（包括入场前）发生的拥挤踩踏事故占 26.09%，在散场时发生的拥挤踩踏事故占 24.15%。

2. 踩踏事故的原因

（1）人群较为集中且超过额定数量时，前面有人摔倒，后面的人未留意，没有止步。

（2）人群受到惊吓，产生恐慌，如听到爆炸声、枪声，出现惊慌失措的失控局面，在无组织无目的的逃生中，相互拥挤踩踏。

（3）人群因过于激动（兴奋、愤怒等）而出现骚乱，易发生踩踏事故。

（4）因好奇心驱使，专门找人多拥挤处去探个究竟，造成不必要的人员集中而发生踩踏事故。

3. 踩踏事故的预防

（1）进入公共场所要留意地形与通道，以便发生人群骚动时及时撤离。但是记住，一定不要走楼梯。

（2）如果被迫进入楼梯间，那么要顺着楼梯往上跑而不要往楼下跑。如果骚乱已经发生，就不要再去逃生通道了，因为那里会是慌乱人群最快涌入的地方，也是最容易出事的地方。

（3）尽量避免到拥挤的人群中，不得已时，尽量走在人流的边缘。

（4）应顺着人流走，切不可逆着人流前进，否则，很容易被推倒。

（5）发觉拥挤的人群向自己行走的方向涌来时，应立即避到一旁，不要慌乱，不要奔跑，避免摔倒。

（6）陷入拥挤的人流时，一定要先站稳，身体不要倾斜失去重心，即使鞋子被踩掉，也不要贸然弯腰提鞋或系鞋带。对于穿高跟鞋的女生（女生逛商场的时候尽量不要穿有跟的鞋子以及凉拖，一般商场试衣间都会预备高跟鞋）来说，只要脱鞋的动作本身不致导致失去平衡，就应当毫不犹豫地脱掉高跟鞋。有可能的话，可先尽快抓住坚固可靠的东西慢慢走动或停住，待人群过去后，迅速离开现场。

（7）若自己被人群拥倒后，要设法靠近墙角，身体蜷成球状，双手在颈后紧扣以保护身体最脆弱的部位。

（8）在人群中走动，遇到台阶或楼梯时，尽量抓住扶手，防止摔倒。

4. 踩踏事故发生后的救援

（1）拥挤踩踏事故发生后，一方面要赶快报警，等待救援；另一方面，在医护人员到达现场前，要抓紧时间用科学的方法开展自救和互救。

（2）在救治中，要遵循先救重伤者、老人、儿童及妇女的原则。判断伤势严重程度的依据有：是否有神志不清、呼之不应，脉搏急促而乏力，血压下降、瞳孔放大，有明显外伤、血流不止等情况。

（3）当发现伤者呼吸、心跳停止时，要赶快做人工呼吸，辅之以胸外按压。

小提示

陷入拥挤人群安全须知

（1）时刻保持警惕，千万不能被绊倒！

（2）当发现前面有人突然摔倒时，应马上停下脚步，同时大声呼救，告知后面的人不要向前靠近。

（3）如果人流量很大，但移动速度不快，可手握拳，右手握住左手手腕，双肘与双肩平行，放在胸前。肘部能够保护自己不被挤压，给心肺留出呼吸空间。

（4）若已经陷入拥挤人群，继续保持双肘在胸前，形成牢固而稳定的三角保护区的姿势。同时，微弯下腰，降低重心，低姿态前进，防止摔倒。

5.2 消防安全

案 例

2008年11月14日早晨，某学院宿舍楼602寝室起火，最终因寝室内烟火过大，4名女生被逼到阳台上,后分别从阳台跳下逃生,4 人均当场死亡。经调查,起火的原因是学生在宿舍违规使用"热得快",致使水被烧干后热水瓶处于干烧状态,插座发热短路引起火灾。

分析:① 该宿舍女生的消防安全意识弱,在学校明令禁止使用违规电器的情况下,仍偷偷使用"热得快",这是火灾发生的直接原因。② 学生宿舍易燃物品多,且放置随意,这些物品极易起火并带来浓烟,扩大火情。③ 火灾发生后,自救逃生措施不当,以致造成严重后果。首先,延迟了最佳逃生时间,在火势刚起的时候,没有逃离宿舍;其次,火势较小时没有扑灭火源,如用棉被盖住火源,使其与空气隔绝,将易燃物搬离火源或扔出窗外等,都是控制火势的有效方法。

猜谜底

1. 大发雷霆(事故词语)   2. 引火烧身(消防术语)
3. 消除发怒的原因(抢险对策)

5-3 谜底

5-4 共享课视频
校园防火

俗话说,"水火无情";"贼偷一半,火烧全光"。火灾的危害性具体体现在以下方面:① 火灾会造成惨重的直接财产损失;② 火灾造成的间接财产损失更为严重;③ 火灾会造成大量的人员伤亡;④ 火灾会造成生态平衡的破坏;⑤ 火灾会造成不良的社会政治影响。

在此主要讨论火灾基础知识、防火基本知识、火灾逃生基础知识、灭火基础知识,最后就校园防火加以重点讨论。

5.2.1 火灾基础知识

1. 燃烧与火灾的定义

燃烧是物质与氧气之间的放热反应,它通常会同时发出火焰或可见光。火灾是大火失去控制蔓延而形成的一种灾害性燃烧现象,它通常造成人或物的损失。

5-5 案例
充电器引发
的事故

2. 燃烧和火灾发生的必要条件

助燃物、可燃物、火源,被称为火的三要素,简称火三角。这三个要素缺少任何一个,燃烧就不能发生和维持,因此,火的三要素是火灾燃烧的必要条件。在火灾防治中,如果能够阻断火三角的任何一个要素就可以扑灭火灾。

3. 火灾的分类

火灾的分类,从不同的角度有不同的分法。

5-6 视频
消防安全

(1)按发生地点分类。火灾通常分为森林火灾、建筑火灾、工业火灾、城市火灾等。① 森林火灾是指在森林和草原发生的火灾,具有范围大、开放性等特点;② 建筑火灾是建筑物内发生的火灾,往往在受限空间中蔓延,具有多种发展方式和着火行为;③ 工业火灾指在工业场所,尤其是油类生产、加工和储存场所发生的火灾,这类火灾往往蔓延迅速,火势强大;④ 城市火灾是城市中发生的火灾,由于城市中建筑和植被连接、混杂在一起,城市火灾既有建筑火灾的特点,又有森林火灾的特点。

(2)按燃料性质分类。火灾可分为固体物质火灾(A 类火灾)、液体或可熔化的固体物质火灾(B 类火灾)、气体火灾(C 类火灾)、金属火灾(D 类火灾)。

4. 火灾的发展过程及特点

火灾发展过程可分为:初起期、发展期、最盛期和熄灭期。如图 5-2 所示。

(1)初起期是火灾开始发生的阶段。一般固体可燃物质着火燃烧后,15 分钟内的燃烧面积不大,燃烧速度不快,火焰不高,辐射热不强,烟和气体流动慢。如房屋建筑的火灾,初起阶段往往局限于室内,火势蔓延范围不大,还没有突破外壳。火灾处于初起阶段,是扑救的最好时机,只要发现及时,用很少的人力和消防器材及工具就能把火扑灭。据统计,以往被扑灭的火灾中有 70% 以上是由在场人员扑灭的。

(2)发展期是火势由小到大发展的阶段,这一阶段火势发展迅速。初起火灾没有及时发现或扑灭,随着燃烧时间的延长,温度上升,周围的可燃物质或建筑构件被迅速加热,气体对流增强,燃烧速度加快,燃烧面积迅速扩大,形成了燃烧的发展阶段。其特征是:烟火已经蹿出门、窗和屋顶,局部建筑构件被烧穿,建筑物内部充满烟雾,火势突破了外壳,温度可达 700℃ 以上。从灭火的角度看,这是关键性阶段。在燃烧发展阶段内,必须投入相当的力量,采取正确的措施来控制火势的发展,以便进一步灭火。

(3)最盛期是火灾燃烧最旺的阶段。如果火灾在发展阶段没有得到控制,燃烧时间将继续延长,燃烧速度不断加快,燃烧面积迅速扩大,燃烧温度急剧上升,气体对流速度达到最快,辐射热最强,就会使建筑构件的承重能力急剧下降。处于猛烈阶段的火灾情

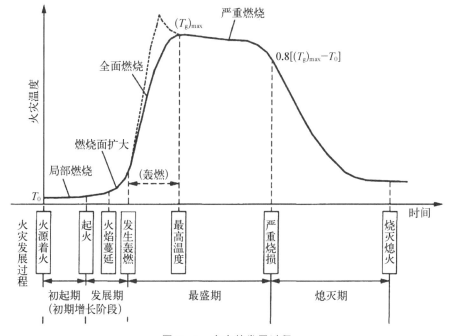

图 5-2 火灾的发展过程

况是很复杂的,许多可燃液体和气体火灾的发展阶段与猛烈阶段没有明显的区别,必须由专职消防队伍组织较强的灭火力量,经过较长时间,才能控制火势,扑灭大火。

(4)熄灭期是火灾由最盛期开始消减直至熄灭的阶段,熄灭的原因可以是燃料不足、灭火系统的作用等。当通风条件非常差时,在室内发生的火灾燃烧一段时间后可能会因空气不足而熄灭。这时,虽然没有燃烧过程,但是灰烬的温度仍然非常高。如果有新的空气进入,就会马上死灰复燃。

5. 火灾隐患的特征

(1)隐蔽性。隐患是潜藏的祸患,它具有隐蔽、藏匿、潜伏的特点,是一时不可明见的灾祸。它在一定的时间、范围、条件下,显现出好似静止、不变的状态,往往使学生一时看不清楚、意识不到、感觉不出它的存在,随着时间的推移、客观条件的成熟,隐患逐渐形成灾害。

(2)危险性。隐患是事故的先兆,而事故则是隐患存在和发展的必然结果。许多火灾隐患难以彻底消除,恶性火灾随时都会发生,无数血的教训都反复证明了这一点。一些校园火灾事故说明:一个烟蒂、一盏灯、一盘蚊香都有可能引起火灾危险。

(3)突发性。任何事物都存在量变到质变、渐变到突变的过程。隐患也不例外,隐患从量变到质变,集小变而为大变,最终造成火灾事故。

(4)随意性。俗话说:"安全来自长期警惕,事故来自瞬间麻痹。"有的隐患的产生和造成的祸害,都直接取决于人的消防意识的淡薄、消防知识的缺乏、责任心的缺乏,它们必然引发日常工作中的随意性。

(5)季节性。有相当部分的隐患带着明显的季节性特点,它随着季节的变化而变化。夏天由于天气炎热,气温高,雷电多,容易使可燃、易燃物由于高温的作用或雷击引起火灾;冬天又会由于风大物燥、用电用火量增大、人们活动减少而出现用电用火不慎的火灾。

(6)因果性。隐患险于明火,是火灾隐患和火灾二者之间的因果关系。消防工作的客观规律告诉我们,今天的火灾隐患很有可能就会导致明天或后天的火灾,而今天的火灾就是源于昨天的火灾隐患。只有及时地发现和消除隐患,才可避免火灾事故的发生。

(7)时效性。防火检查的目的是发现和消除火灾隐患。但消除火灾隐患还必须讲究时效性。在火灾发生前,学校可能多次签发过火灾隐患整改通知书,就是由于学生没有及时有效地落实整改,而导致人员伤亡和财产损失,教训深刻,为此,整改火灾隐患,必须讲究时效性。

5.2.2　防火基本知识

一切防火措施,都是为了防止产生燃烧的三个条件相互结合并发生作用,以及采取限制、削弱燃烧条件发展的办法,阻止火势蔓延。

1. 控制助燃物

这方面,同学们现在能够做的不多,但这些知识以后还是非常需要的。控制助燃物、限制燃烧的助燃条件可以通过以下做法去实现。

（1）密闭有易燃易爆物质的房间、容器和设备,使用易燃易爆物质的生产应在密闭设备管道中进行。

（2）对有异常危险的生产采取充装惰性气体的措施。

（3）使可燃性气体、液体、固体不与空气、氧气或其他氧化剂等助燃物接触。即使有着火源,也因为没有助燃物参与而不发生燃烧。

2. 控制可燃物

这方面,同学们现在能够做的不多,但这些知识以后也是非常需要的。控制可燃物、限制燃烧的措施有如下几个方面。

（1）生活房间中不可存放超量的汽油、酒精、香蕉水等易燃、易爆物品。

（2）切勿在走廊、楼梯口等处堆放杂物,要保证通道和安全出口的畅通。

（3）对性质上相互作用能发生燃烧或爆炸的物品采取分开存放、隔离储存等措施。

（4）以难燃烧或不燃烧的材料代替易燃或可燃材料(如建筑上用不燃材料或难燃材料作建筑结构、装修材料)。

（5）加强通风,降低可燃气体、蒸气和粉尘的浓度。

（6）用防火涂料浸涂可燃材料,改变其燃烧性能。

3. 消除火源

消除或控制燃烧的着火源的途径很多,如严格控制明火源、电火源,防止摩擦撞击起火,防止静电火花等。

（1）不乱丢烟蒂,不躺在床上吸烟。

（2）在有火灾危险场所禁止吸烟、禁止动用明火。

（3）教育孩子不玩火,不玩弄电气设备。

（4）不乱接乱挂电线,电路熔断器切勿用铜、铁丝代替。

（5）明火照明时不离人,不要用明火照明寻找物品。

（6）不可在自己窗口燃放烟花爆竹,不在禁放区及楼道、阳台、柴垛旁等地燃放烟花爆竹。

（7）离家或睡觉前要检查家用电器是否断电,燃气阀门是否关闭,明火是否熄灭。

（8）发现燃气泄漏,要迅速关闭气源阀门,打开门窗通风,切勿触动电气开关和使用明火。

（9）进行烘烤、熬炼、热处理作业时,严格控制温度,不超过可燃物质的自燃点。

（10）厨房的尘垢油污应常清洗,烟囱及油烟通风管应加装铁丝铁罩。

（11）存放化学易燃物品的地方,应遮挡阳光。

4. 高楼防火注意事项

身居高楼应注意高楼防火。注意事项如下。

（1）安全门或楼梯及通道应保持畅通,不得任意封闭、加锁或堵塞。

（2）楼房窗户不应装置防窃铁栅或广告牌等阻塞逃生的路途,有装置时应预留逃生口。

（3）高楼楼顶平台,为临时避难场所,除蓄水池与瞭望台外,不可加盖房屋或安置其他设备,以免影响逃生。

（4）缺水或消防车抢救困难地区，应配置灭火器材或自备充足的消防用水。

5.2.3 火灾逃生基础知识

发生火灾时，如果被大火围困，特别是被围困在楼上时，在拨打 119 报警电话后，应千方百计设法自救。

1. 发生火灾赶紧逃

（1）在一般情况下，火势由初起到旺盛，只需十几分钟，留给人们的逃生时间非常短暂。因此，在发生火灾时，一定不要埋头抢救房屋财物而导致悲剧的发生，而是要快速逃离。

（2）如火势不大，可浸湿棉被、毯子等披在身上从火中冲出去。身处烟雾要捂口鼻。此时，要当机立断，切不可犹豫不决，以免火势越烧越大，错过逃生时机。

（3）若被困周围烟雾很大，这往往比火更为可怕。因为烟雾中含有大量的有毒有害气体，如果不加防备，就会被有毒有害烟气熏倒，这往往是火灾事故中死亡率最高的原因（占 95％以上）。如果一定要冲出烟雾区，必须用湿毛巾等捂住口鼻，尽可能地猫腰贴地跑出，这样才能减少烟气的吸入量，以免中毒倒下。

2. 观察周围找生机

（1）如果建筑物有避难房、疏散楼梯，可以先躲进避难房或由疏散楼梯撤至安全场所。

（2）如多层建筑物火灾，楼梯已被烧断，或者火势已相当猛烈时，可以利用房屋的老虎窗、阳台、下水管道或其他可以牢固接地的物件逃生。

（3）如果有逃生器材，就要借助它们逃生。逃生器材通常有缓降器、救生袋、救生网、气垫、软梯、滑竿、滑台、导向绳、救生舷梯等。

3. 紧急逃生有技巧

（1）在生命受到威胁，又无逃生之路时，可以用绳索或将床单撕成条状连接起来，一端拴在固定物件上，再顺着绳索或布条滑下。

（2）如果万分情急决定跳楼出逃，可先往地下抛出一些衣物棉被等，以增加缓冲力，然后手扶窗台往下滑，以缩小跳落高度，并尽力保持双脚着地。

（3）如处在较高楼层，且又无法采取跳楼逃生的办法时，可在室内，关闭通向火区的门窗，如有条件，尽可能向门窗上浇水以缓火势蔓延。这时，要采取一切办法（如打电话、抛物件等）向楼下的人发出求救信号，以赢得救援的机会。

（4）利用标志引导脱险。在公共场所的墙上、顶棚上、门上、转弯处都设置"太平门""紧急出口""安全通道""火警电话"和逃生方向箭头等标志，被困人员按标志指示方向顺序逃离，可解"燃眉之急"。

（5）危难见真情，在处于火场生死关头，更要发扬互助和奉献精神，尽力帮助老、幼、妇、弱者优先疏散。千万不能惊恐失措，无序夺路。遇到不顾他人死活的行为和前拥后挤现象，要坚决制止。只有有序地迅速疏散，才能最大限度地减少伤亡。

4. 逃命切忌进电梯

尤其应该注意的是，处在高层建筑火灾时，如果不是消防专用电梯，绝对不能进电梯逃生。因为这时的电梯电源随时有可能被切断，并且电梯通道在发生火灾时往往首先被烟雾袭击而成为火焰、烟气通道。

5.2.4　灭火基础知识

下面介绍灭火的几点基础知识。

1. 冷却灭火法

这种灭火法的原理是将灭火剂直接喷射到燃烧的物体上,使燃烧的温度低于燃点而使燃烧停止。或者将灭火剂喷洒在火源附近的物质上,使其不因火焰的热辐射作用而形成新的火点。

冷却灭火法是灭火的一种主要方法,常用水和二氧化碳作灭火剂冷却降温灭火。灭火剂在灭火过程中不参与燃烧过程中的化学反应。这种方法属于物理灭火方法。

2. 隔离灭火法

隔离灭火法是将正在燃烧的物质和周围未燃烧的可燃物质隔离或移开,中断可燃物质的供给,使燃烧因缺少可燃物而停止。具体方法主要有以下几种。

(1) 把火源附近的可燃、易燃、易爆和助燃物品搬走。

(2) 关闭可燃气体、液体管道的阀门,以减少和阻止可燃物质进入燃烧区。

(3) 设法阻拦流散的易燃、可燃液体。

(4) 拆除与火源相毗连的易燃建筑物,形成防止火势蔓延的空间地带。

3. 窒息灭火法

窒息灭火法是阻止空气流入燃烧区或用不可燃物质冲淡空气,使燃烧物得不到足够的氧气而熄灭的灭火方法。具体方法主要有以下几种。

(1) 用沙土、水泥、湿麻袋、湿棉被等不燃或难燃物质覆盖燃烧物。

(2) 喷洒雾状水、干粉、泡沫等灭火剂覆盖燃烧物。

(3) 用水蒸气或氮气、二氧化碳等惰性气体灌注发生火灾的容器、设备。

(4) 密闭起火建筑、设备和孔洞。

(5) 把不可燃的气体或不可燃液体(如二氧化碳、氮气、四氯化碳等)喷洒到燃烧物区域内或燃烧物上。

4. 几种常见火灾的扑救方法

(1) 家具、被褥等起火。一般用水灭火。用身边可盛水的物品如脸盆等向火焰上泼水,也可把水管接到水龙头上喷水灭火;同时把燃烧点附近的可燃物泼湿降温。但油类、电气着火不能用水灭火。

(2) 电气起火。家用电器或线路着火,要先切断电源,再用干粉或气体灭火器灭火,不可直接泼水灭火,以防触电或电器爆炸伤人。

比如电视机起火,决不可用水浇,可以在切断电源后,用棉被将其盖灭。灭火时,只能从侧面靠近电视机,以防显像管爆炸伤人(液晶显示器除外)。若使用灭火器灭火,不应直接射向电视屏幕,以免其受热后突然遇冷而爆炸。

(3) 油锅起火。油锅起火时应迅速关闭炉灶燃气阀门,直接盖上锅盖或用湿抹布覆盖,还可向锅内放入切好的蔬菜冷却灭火,将锅平稳端离炉火,冷却后才能打开锅盖,切勿向油锅倒水灭火。

（4）燃气罐着火。要用浸湿的被褥、衣物等捂盖火焰，并迅速关闭阀门。

（5）身上起火，不要乱跑，可就地打滚或用厚重衣物压灭火苗。

5．火灾对应的灭火剂使用常识

（1）固体火灾应先用清水型、泡沫型、磷酸铵盐干粉型、卤代烷型灭火器进行扑救。

（2）液体火灾应先用干粉型、泡沫型、卤代烷型、二氧化碳型灭火器进行扑救。

（3）气体火灾应先用干粉型、卤代烷型、二氧化碳型灭火器进行扑救。

（4）带电物体火灾应先用卤代烷型、二氧化碳型、干粉型灭火器进行扑救。

6．灭火器的种类及使用方法

灭火器的种类很多，按其移动方式可分为手提式和推车式；按驱动灭火剂的动力来源可分为储气瓶式、储压式、化学反应式；按所充装的灭火剂则又可分为泡沫型、干粉型、卤代烷型、二氧化碳型、酸碱型、清水型等。

手提式灭火器的一般操作步骤如下。

① 拔出保险插销。

② 握住喇叭喷嘴和阀门压把。

③ 压下压把，灭火剂受内部高压喷出。

注意灭火器要定期检查，灭火药剂要定期更换，使用时才能有效。

5.2.5 校园防火

对高职学生来说，校园防火问题十分重要。下面重点讨论校园火灾的特点、类型和预防方法。

1．校园火灾的特点

校园火灾有其自身的特点。

（1）火灾易发。校园里实验室较为集中，各类易燃易爆物品品种繁多。学校的实验室教工和学生使用相当频繁，因实验需要经常存放品种繁多的化学药品，其中不乏易燃易爆物品，一旦管理不善，即可能造成火灾；实验室内配置有风干机、电烤箱、电热炉等电热设备，由于管理、设置、质量等问题，极易发生因线路短路、断路、超负荷等引起电火花的电气火灾；由于进入实验室的人员素质、水平不一，个别人员一旦不按实验规程进行操作，极易导致在进行蒸馏、萃取等实验时发生火灾；实验室采用不合格实验设备也是导致火灾的原因之一。工作人员违规违章操作是实验室发生火灾的主要原因。

（2）一旦发生，损失惨重。校园里教学实验仪器设备多，动植物标本、图书资料多。精密、贵重的仪器设备，发生火灾损失后，很难立即补充；珍贵的标本、图书资料是一个学校深厚文化积淀的重要标志，因火灾造成损失，则不可复得。

（3）疏散困难，火灾伤亡社会影响大。学生集中居住在宿舍公寓内，宿舍公寓内因违章用电、用火不慎而发生火灾后，火势得不到控制就会很快蔓延，"火烧连营"；在人员密度大影响顺利疏散逃生的情况下，会造成学生的人身伤亡，并导致极大的社会影响。

（4）火灾事故突发、起火原因复杂。学校的内部单位点多面广，设备、物资存储较为分散,生产、生活火源多,用电量大。火灾有人为的原因,也有自然的作用,任何环节的疏忽,都有可能造成火灾。从时间上看,火灾大都发生在节假日、工余时间和晚间;从发生的区域上看,多发生在实验室、仓库、图书馆、学生宿舍及其他人员往来频繁的公共场所等重点隐患区域。

(5)火灾预防和扑救工作困难。学校因自身发展建设以及扩招带来的规模扩大,校园内高层建筑增多,形成了火灾难防、难救,人员难以疏散的新特点,有的高层建筑还存在消防设备落后、消防投资不足等弊端,这些都给消防工作带来了一定难度。

2. 校园常见的火灾类型

校园火灾从发生的原因上可分为以下类型。

(1)生活火灾。这是指因炊事用火、取暖用火、照明用火、点蚊香、吸烟、燃放烟花爆竹等生活用火造成的火灾。学生生活用火造成火灾的现象屡见不鲜,有统计表明,生活火灾占校园火灾事故总数的 70% 以上。生活火灾发生的原因也多种多样,主要有:在宿舍内违章乱设燃气、燃油、电器火源;火源位置接近可燃物;乱拉电源线路,电线穿梭于可燃物中间;违反规定存放易燃易爆物品;使用大功率照明设备,用纸张、可燃布料做灯罩;乱扔烟头;躺在床上吸烟;在室内燃放烟花爆竹、玩火;等等。

此类火灾案例很多,如某校某男生酒醉后躺在床上吸烟,但他很快就睡着了,烟头掉落到床上,引燃床上铺盖及宿舍内的其他可燃物,造成重大火灾事故,教训极为惨重。某同学的一台悬于床头的台灯长时间未关断,灯泡热烤着纸做的灯罩,引起火灾,烧毁整个宿舍。

(2)电气火灾。目前同学们拥有大量的电气设备,大到电视机、电脑,小到台灯、充电器、电吹风,甚至还有违章购置的电热炉等电热器具。由于学生宿舍所设电源插座较少,学生违章乱拉电源线路现象严重,不合规范程序的安装操作致使电源短路、断路、接点接触电阻过大、负荷增大等引起电气火灾的隐患因素过多。个别同学购置的电气设备如果是不合格产品,也是致灾因素。尤其是电热器的大量使用,引发火灾的危险性最大。例如,某高校的一名同学上课前没有关断电热毯的电源,由于电热毯的开关接触不良失火,烧毁整个宿舍。

(3)人为纵火。纵火都带有目的,一般多发生在夜深人静之时,有较大的危害性。有旨在毁灭证据、逃避罪责或破坏经济建设等多种形式的刑事犯罪分子纵火,还有旨在烧毁他人财产或危害他人生命的私仇纵火等。这类纵火都是国家严厉打击的犯罪行为。另外,还有精神病人纵火,是由于病人对自己的行为无法控制而导致的。

(4)自然现象火灾。自然现象火灾不常见,这类火灾基本有两种:一种是雷电,一种是物质的自燃。

3. 校园火灾的预防

(1)学生宿舍防火。学生宿舍是学校防火重点部位之一。为了杜绝学生宿舍内火灾事故的发生,同学们要做到:不私自乱拉电源线路,避免电线穿行于可燃物中间;不使用电热器具;不使用大功率电器;无人看管不使用电器;不用明火照明,电器照明不用可燃物作灯罩;不在床上吸烟、不乱扔烟蒂、不乱丢火种;不在室内燃烧杂物、燃放烟花爆竹;不在室内存放易燃易爆物品;不在室内做饭;不使用假冒伪劣及不合格电器;不在宿舍为电动车电池充电。

（2）公共场所防火。公共场所，如教室、餐厅、歌厅、舞厅、放映厅、网吧、图书馆、健身房等处，更要注意防火。因为这些地方人员往来频繁，人员密度大；室内装修使用可燃物质、有毒材料多；用电量高，高热量照明设备多；空间大，吸烟者多，乱扔烟蒂、火种现象严重等诸多因素，都是严重的火灾隐患，这些地方屡屡发生重大火灾，极易造成人员伤亡特别是群死群伤的重大事故。

例如，某高校一年级一男生，晚饭后同朋友一起去校舞厅娱乐，休息时用一张点燃的报纸相互点烟，未熄灭的报纸被随手塞入沙发下，时间不长即引燃沙发，迅即火势蔓延，烟雾弥漫，造成整个舞厅烧毁、多名同学受伤的重大事故。

还有，目前学校计算机房也是校园防火的重点部位，有关教训应引起同学们的高度重视。

同学们在公共场所滞留时，应掌握如下防火知识和方法。

（1）清醒地认识公共场所的火灾危险性，时刻提防。

（2）严格遵守公共场所的防火规定，摒弃一切不利于防火的行为。

（3）进入公共场所，首先要了解所处场所的基本情况，熟悉防火通道。

（4）善于及时发现初起火灾，作出准确判断，能及时扑救的要及时扑救，火灾蔓延时要立即疏散逃生。

火险无时不有、无处不在。只要每一名同学都能以高度的消防责任、科学的消防态度做好火灾的预防，许多火灾都可避免。

有关校园防火和灭火的知识可以参考前述有关章节的知识。

小提示

灯泡也能引发火灾

白炽灯通电后钨丝温度可达 $1\,000\,℃\sim3\,000\,℃$，宿舍内易燃物品纸张、布匹、松木的燃点分别为：$130\,℃$、$200\,℃$、$250\,℃$。我们可以看到，易燃物品的燃点远远小于钨丝通电后的温度，因此在日常生活中应注意：严禁用纸、布等可燃物遮挡灯具；灯具正下方不可堆放可燃物；灯具与可燃物的距离应不小于 $50\ cm$；养成人走灯熄的习惯。

5.3 交通安全

案 例

2014 年 8 月 4 日，某高职院校学生魏某某酒后驾驶黑色保时捷越野车，将正在过马路的 16 岁女孩马某某撞死。检察机关经审查认为,魏某某违反交通运输管理法规,酒后驾车,且超速行驶。根据鉴定结论,车速为 74~83 km/h(道路限速为 60 km/h),对横过马路的行人动态观察不力,措施不及时,致使所驾车辆撞上行人马某某,并造成其死亡的后果,在事故中负主要责任,其行为已经涉嫌交通肇事罪。交警部门对肇事司机魏某某违法记录进行查询,发现在短短一年的时间内,他名下的这款豪华越野车就有 14 次交通违法行为。

分析:① 学生魏某某法律意识淡薄,不仅违反交通运输管理法规酒后超速驾驶,而且在撞人后肇事逃逸。② 魏某某不懂得珍惜生命,害人害己。③ 我们应呼吁所有交通参与者一起努力构建和谐的交通环境,司机能够主动礼让行人,慢行通过,而行人也要增强安全意识,做好自我防护,养成良好的交通习惯。

猜谜底

1. 公路平坦硝烟频,人仰马翻人财空(事故词语)
2. 出门即东西路(交通运输用语)
3. 出示黄牌(交通运输用语)

5-7 谜底

在我国,道路交通已成为我国安全生产中死亡人数最多的领域。为了有效地预防事故,我们倡导每一个在校同学都尽可能多了解道路交通安全的基本知识,这于人于己都十分有益。有一则道路交通安全歌是这样描述的:行人们,大家好,交通安全很重要;行人注意走便道,横过马路走人行道;千万不要闯红灯,不要牵扶和并行;抢道争路不礼貌,易出事故碍交通;该停不停出车祸,该行不行阻交通。其意义想必大家能够领会。

5.3.1 道路交通安全管理的基本规定

1. 道路交通安全的基本概念

以下介绍几个基本概念:道路、机动车和非机动车、道路交通安全。

(1)道路。《中华人民共和国道路交通安全法》第一百一十九条将道路明确界定为"公路、城市道路和虽在单位管辖范围但允许社会机动车通行的地方,包括广场、公共停车场等用于公众通行的场所"。

5-8 案例交通安全事故

（2）机动车和非机动车。机动车是指以动力装置驱动或者牵引，上道路行驶的供人员乘用或者用于运送物品以及进行工程专项作业的轮式车辆。非机动车是指以人力或者畜力驱动，上道路行驶的交通工具，以及虽有动力装置驱动但设计最高时速、空车质量和外形尺寸符合有关国家标准的残疾人机动轮椅车、电动自行车等交通工具。我国对机动车实行登记制度，机动车经公安机关交通管理部门登记后，方可上道路行驶。尚未登记的机动车，需要临时上道路行驶的，应当取得临时通行牌照。

（3）道路交通安全。通俗地讲是指交通参与者在参与交通活动的过程中确保自身和他人的生命及财产安全，也就是既不要向他人（包括自己）或他物施加伤害，也不要遭受外来伤害。所谓交通参与者，是指在从事交通活动过程中与人的特定行为或临时角色相关的不同群体，通常指驾驶员、骑车人、行人、乘客等。交通参与者的人身安全存在两方面的含义：一是从交通参与者个人的层面上讲，就是交通参与者在参与交通活动的过程中要确保三不伤害：交通参与者自己不要伤害其他参与者，即不要伤害别人；交通参与者自己不要被其他参与者伤害，即不要被别人伤害；交通参与者不要伤害自己，即自己不要伤害自己。二是从交通管理部门的层面上讲，人身安全涉及交通安全和机动化程度两个方面。

2. 道路交通安全管理的基本规定

当前，我国的道路交通安全管理主要以《中华人民共和国道路交通安全法》《〈中华人民共和国道路交通安全法〉实施条例》《中华人民共和国治安管理处罚法》等为法律依据来进行。当然，也有公安部和各省、自治区、直辖市制定的相应规章可循。其中给出的基本交通管理规定如下。

（1）我国的道路安全管理遵循人人要遵守交通法规、车辆右侧行驶、车辆行人各行其道以及对机动车、非机动车和行人实行管理并重等四个基本原则来进行。

（2）车辆必须经过车辆管理机关检验合格，领取号牌、行驶证，方准行驶。号牌须按指定位置安装，并保持清晰。号牌和行驶证不准转借、涂改或伪造。车辆必须在车况良好、车容整洁的情况下上路行驶。

（3）驾驶车辆时，必须随身携带驾驶证和行驶证；不准转借、涂改或伪造驾驶证；不准将车辆交给没有驾驶证的人驾驶；不准驾驶与驾驶证准驾车型不相符合的车辆；驾驶证未按规定审验或审验不合格的，不准继续驾驶车辆；不准驾驶安全设备不全或机件失灵的车辆，不准驾驶不符合装载规定的车辆。

（4）不准饮酒后开车，不准在患有妨碍安全行车的疾病或过度疲劳时驾驶。车门、车厢没关好时，不准行车；不准穿拖鞋驾驶车辆。驾驶或乘坐二轮摩托车时须戴安全头盔。

（5）自行车、三轮车在转弯前须减速慢行，向后观望并伸手示意，不准突然猛拐；不准双手离把或攀附其他车辆；通过交通信号灯控制的路口或穿行车道时须下车推行。

（6）行人须在人行横道内行走，没有人行横道的时候靠路边行走；横过马路穿越车行道时须走人行横道；在设有交通隔离设施的道路上，不准翻越隔离设施进入车行道。

（7）行人不准在道路上进行扒车、追车、强行拦车或抛物击车等妨碍交通、影响安全的活动。

（8）学龄前儿童在街道或公路上行走，须有成年人带领。

5.3.2　日常生活中的交通安全注意事项

在城市交通事故中,绝大多数是机动车撞着骑车人和行人,从而导致骑车人和行人死亡。因此同汽车、机动车相比较,骑自行车人、行人总是处于交通弱者的地位。在这一点上同学们也是这一弱势群体的组成部分,在校学生非正常死亡人数中,交通事故死亡占有一定的比例。因此,我们每一位同学一定要在日常生活中十分注意交通安全。

1. 非机动车交通安全规定

驾驶非机动车在道路上行驶应当遵守有关交通安全的规定。就高职学生而言,属于非机动车的自行车是高职学生最常使用的交通工具。根据《中华人民共和国道路交通安全法》规定,这里仅列出非机动车驾驶人须遵守的一些主要规定。

(1) 依法应当登记的非机动车,经公安机关交通管理部门登记后,方可上道路行驶。依法应当登记的非机动车的种类,由省、自治区、直辖市人民政府根据当地实际情况规定。非机动车的外形尺寸、质量、制动器、车铃和夜间反光装置,应当符合非机动车安全技术标准。

(2) 非机动车实行右侧通行。

(3) 根据道路条件和通行需要,道路划分为机动车道、非机动车道和人行道的,机动车、非机动车、行人实行分道通行。没有划分机动车道、非机动车道和人行道的,机动车在道路中间通行,非机动车和行人在道路两侧通行。

(4) 驾驶非机动车在道路上行驶应当遵守有关交通安全的规定。非机动车应当在非机动车道内行驶;在没有非机动车道的道路上,应当靠车行道的右侧行驶。

(5) 非机动车应当在规定地点停放。未设停放地点的,非机动车停放不得妨碍其他车辆和行人通行。

需要特别注意,当大型车辆转弯时,车身和后轮会向内侧移进一两米,骑车人或行人一定要避开这一两米。这是近年来伤亡事故的重要肇因。

上述规定,是骑车人必须遵守的交通规定,也是骑车的安全保障。

2. 行人交通安全规定

按《中华人民共和国道路交通安全法》,行人必须遵守下列规定。

(1) 行人应当在人行道内行走,没有人行道的靠路边行走。

(2) 行人通过路口或者横过道路,应当走人行横道或者过街设施;通过有交通信号灯的人行横道,应当按照交通信号灯指示通行;通过没有交通信号灯、人行横道的路口,或者在没有过街设施的路段横过道路,应当在确认安全后通过。

(3) 行人不得跨越、倚坐道路隔离设施,不得扒车、强行拦车或者实施妨碍道路交通安全的其他行为。

(4) 学龄前儿童以及不能辨认或者不能控制自己行为的精神疾病患者、智力障碍者在道路上通行,应当由其监护人、监护人委托的人或者对其负有管理、保护职责的人带领。盲人在道路上通行,应当使用盲杖或者采取其他导盲手段,车辆应当避让盲人。

(5) 行人通过铁路道口时,应当按照交通信号或者管理人员的指挥通行;没有交通信号和管理人员的,应当在确认无火车驶临后,迅速通过。

3. 乘车人交通安全规定

据《中华人民共和国道路交通安全法》,乘车人必须遵守下列规定。

不准携带易燃易爆等危险物品,不得向车外抛洒物品,不得有影响驾驶人安全驾驶的行为。

另外,有下列情况建议不要乘车,以免发生危险:① 发现车辆破损,声音异常时;发现驾驶员精神状态不佳、酒后驾车时;发现车辆不正常运行、客货混载、违章超载时;发现客车有其他违反操作规程时。② 天气恶劣(如有大风、大雨、大雾、大雪)时。③ 身患重病无人陪伴时。

在大学校园内,已多次发生交通死伤事故。机动车驾驶员在校园内要缓速行车,骑车人、行人要主动避让机动车。骑车人相对行人是强者,要严格遵守校园内交通规定,不强行,不超速行驶,不双手离把,不追逐曲行,不猛拐弯,以有效避免交通事故的发生。

4. 发生交通事故的应急办法

遇到交通事故发生,不要慌乱,要沉着冷静。

(1)要保护自己,看有无受伤。如果有伤就要立即拦车、乘出租车到附近医院救治。同一起事故中有多人受伤,自己属于轻伤的,要帮助别人;自己属于重伤的,要求助于别人,共同脱离危险。

(2)要保护交通事故现场。在公安部门和学校保卫处人员未到达现场之前,要尽量保护好现场,如果肇事车辆是机动车,要记住车牌号以防止对方逃逸。

(3)要立即向公安机关报告。校外可拨打"122"交通报警,校内要向保卫处报告,由学校配合公安部门进行处理。

5.3.3　道路交通事故及其特点和分类

1. 道路交通事故的概念

据《中华人民共和国道路交通安全法》,交通事故是指车辆在道路上因过错或者意外造成的人身伤亡或者财产损失的事件。根据该定义,道路交通事故应具有六个构成要素。

(1)车辆:交通事故各方当事人中,至少有一方使用车辆。

(2)在道路上:公路、城市道路和虽在单位管辖范围但允许社会机动车通行的地方,包括广场、公共停车场等用于公众通行的场所。

(3)在运动中:即在行驶或停放过程中。

(4)发生事态:即发生刮擦、碰撞、碾压、翻车、坠车、爆炸、失火等。

(5)过失:即造成事态的原因是人为的,而不是因为人力无法抗拒的自然原因。

(6)有后果:即人、畜伤亡或车、物损坏,这是构成交通事故的本质特征。

2. 道路交通事故的特征

道路交通事故有五个方面的特征。

(1)突发性:即交通事故发生过程中驾驶员从感知到危险到交通事故发生所经历的时间往往短于驾驶员的反应时间与采取相应措施所需时间之和。表现为当驾驶员或其他交通参与者以及周围人群尚未"反应过来"时,交通事故已经发生了,给人的感觉就是"一瞬间"。

（2）随机性：在目前科技条件下,交通事故尚不能准确预测。

（3）频发性：道路交通事故被称为"永无休止的战争",随时、随地都会发生。

（4）社会性：道路交通事故时刻会给全社会成员带来伤害和危险。

（5）不可复制性：表现为实际中不可能使得任意两起道路交通事故完全相同。

3. 道路交通事故的分类

道路交通事故的分类方法很多,其中若按事故责任分,即按在交通事故中承担主要责任对象——车辆种类和人员的不同,交通事故通常分为如下四类。

（1）机动车事故：指事故的当事方中汽车、摩托车、拖拉机等机动车负主要以上责任的事故及在机动车与非机动车或行人发生的事故中,机动车负同等责任的,也视为机动车事故。

（2）非机动车事故：是指自行车、人力车、三轮车、畜力车、残疾人专用车及按非机动车管理的车辆（如电动自行车）负主要以上责任的事故。

（3）行人事故：指在事故当事人中行人负主要责任以上的事故。

（4）其他事故：指其他在道路上进行与交通事故有关活动的人员负主要以上责任的事故,如因违章占道作业造成的事故。

5.3.4　道路交通事故的处理程序及预防

1. 道路交通事故的处理程序

道路交通事故的处理按照《中华人民共和国道路交通安全法》《〈中华人民共和国道路交通安全法〉实施条例》《道路交通事故处理程序规定》,以及有关司法解释和交通事故损害赔偿有关标准来进行。通常的处理程序为：事故现场勘查—事故认定（事故认定复核）—违法行为处罚—赔偿调解—诉讼赔偿（调解不成）—保险理赔（机动车方）。下面重点介绍以下四个程序。

（1）事故现场勘查。发生交通事故后,当事人对事实及成因无争议的,可即行撤离现场,自行协商处理损害赔偿事宜。不能即行撤离现场的,必须保护好现场,并迅速报告公安机关。值班民警接到指令后,必须尽快赶赴现场,并快速处置现场。进行现场勘查包括现场访问、摄影、制图、丈量、勘验等系列工作。现场勘查必须做到依法、及时、全面、准确。现场勘查记录经复核无误后,应要求当事人或见证人在现场图上签名。为检验需要,必要时可扣留肇事车辆和当事人的相关证件,与当事人预约事故处理时间。事后展开调查必须依法进行,包括询（讯）问、痕迹提取检验、技术检测、损害评估和其他必要的鉴定。

（2）事故责任认定。在调查阶段,必要时可召集当事人进行举证。在查明事故的基本事实和收集充足的证据后,严格按照规定时间依法作出责任认定。公布责任时,必须召集各方当事人到场讲清事故的基本事实和认定责任的理由与依据。当事人若对认定书不服,3日内向上级交警部门申请复核或应当在民事赔偿诉讼当中一并解决。

（3）违法行为处罚。责任认定发生法律效力后，应把对责任当事人作出的处罚意见呈送上级领导审批。根据上级领导作出的处罚决定填写处罚裁决书。向责任人宣布处罚裁决。告知当事人申请行政复议的权利和法律时效。办理处罚的相关手续，执行处罚。

（4）赔偿调解。收集与损害赔偿相关的证明、票据、各种资料，在确认伤者治疗终结或确定损害结果后，必须在规定时间内询问各方当事人或代理人是否愿意进行赔偿调解。愿意调解的，调解次数最多为两次；不愿意调解的，告知当事人可在法定时效内向人民法院提起民事诉讼。调解成功后，制作《调解书》，并分别送交当事人。调解未成功的，应当填写《调解终结书》，送交当事人，并告知当事人可在法定时效内向人民法院提起民事诉讼。

2. 道路交通事故的预防

对道路交通事故进行预防，可以从以下几个方面入手。

（1）提高交通参与者的交通安全素质。首先，应严格管理，提高驾驶员的交通安全素质。其次，要加强交通安全教育宣传，提高全体参与者的交通安全素质。

（2）增强车辆的安全性能。首先，应完善汽车安全设施。积极鼓励机动车安装行车安全装置、行车自动监控装置以及交通信息通信装置等。其次，尽快实行机动车检验社会化。根据《中华人民共和国道路交通安全法》第十三条规定，对登记后上道路行驶的机动车，应当依照法律、行政法规的规定，根据车辆用途、载客载货数量、使用年限等不同情况，定期进行安全技术检验。其次，完善机动车强制报废制度。最后，应完善机动车强制保险制度。城市应根据交通安全法规定结合具体情况，完善机动车强制保险制度。

（3）改善和提高道路的安全性。如提高道路设计安全性能；在道路投入运营前后进行线路安全检验、路面及侧向净空的安全检验、道路交叉的安全性检查、景观方面的安全性检验等方面的工作；在进行道路交通安全管理设施如交通标志、交通标线、安全护栏、隔离设施、防眩设施和诱导设施的配置时，应遵守配置原则，合理配置；等等。

（4）改善事故发生后的紧急救援机制。如快速反应和紧急救援，开展广泛深入的交通事故调查研究，提出新的预防和减轻交通伤亡的新方法和新措施，等等。

（5）加强交通安全管理。应提高管理队伍素质，改善管理技术装备；严惩交通违法者，加强对交通参与者的管理；科学化管理车速，降低事故率及严重性；推广、使用先进的管理方法、技术、设备。

（6）建立健全交通安全政策和法律法规。制定交通发展政策，完善相关法律法规，确保交通有序、安全、畅通。

（7）加强交通安全研究。结合实际情况展开交通行政管理、交通安全技术、道路交通安全设施三方面的研究，提出相应的交通安全评价指标体系和道路交通安全管理评价指标体系。

5.3.5   道路交通标志、标线知识

1. 道路交通标志

交通标志，是用形状、颜色、符号、文字对交通进行导向、警告、规制或指示的一种道

路附属设施,一般设置在路侧或道路上方(跨路式),以实现静态交通控制。它分为主标志和辅助标志两大类。主标志又分为警告、禁令、指示、指路四项。

(1) 警告标志。这是一种警告车辆、行人注意危险的标志,常设在驶入路段上。其形状为等边三角形,顶角朝上,颜色为黄底、黑边、黑图案。

(2) 禁行标志。这是一种限制车辆、行人交通行为的标志,通常设置在出入口的路段上。除了让行标志为倒三角形,其余均为圆形。绝大多数标志为白底、红圈、黑图案压杠。

(3) 指示标志。这是一种指示车辆、行人通行的标志,设在入口的路段上。其形状有圆形、长方形和正方形三种,颜色为蓝底、白图。

(4) 指路标志。这是一种传递道路方向、地点和距离信息的标志,它分一般道路标志和高速公路指路标志。其形状除地点识别标志外,均为长方形和正方形。其颜色,除里程碑、百米桩和公路碑外,一般道路标志为蓝底、白图,高速公路为绿底、白图。图5-3所示为该类标志的一些例子。

(a) 停车场   (b) 方向、地点、距离标志

图 5-3 道路指示标志举例

(5) 辅助标志。这是一种对主标志起辅助说明作用,附设在主标志之下,不单独使用的标志。其形状为长方形,颜色为白底、黑字、黑边框。有表示时间、车辆种类、警告禁令理由、组合辅助、区域或距离标志等五类。

2. 道路交通标线

道路交通标线,是指用漆类物质喷印或用混凝土预制块、瓷瓦等镶嵌在路面或缘石表面,用来表示交通规则、警告或导向的示意线、文字、符号或颜色等。它的作用有:
① 可实行机动车与非机动车分隔、人与车分隔;② 改善路口的交通状况;③ 可与交通标志、交通信号配合使用,增强其有效性;④ 提供明确的法律依据。

交通标线按其几何位置可分为路面标志、视线引导标志和立面及缘石标志等三类。
① 路面标线的颜色有白色和黄色两种:白色一般用于准许车辆越过的标线,例如车道线、转弯符号等;黄色一般用于车辆不准许超越的标线,例如禁止通行区、不准超车的双中心线等。② 视线引导标志(如路标)为沿道路中线或车道边线或防撞墙埋设的反光标志物。车辆夜间行驶时,在车灯照射下,路标的反光作用会勾画出行车道或车道的轮廓,从而为驾驶员提供行驶导向。③ 立面标志最常见的为路面突起路标,它是一种固定在路面上起辅助和加强标线作用的突起标志块,它常采用反光材料制作。常见交通标线如图 5-4 至图 5-7 所示。

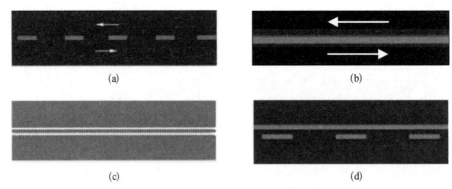

图 5 - 4 车道中心线

（a）中心虚线，为白色或黄色，车辆可跨越或压线行驶；（b）中心单实线，为白色或黄色，不准车辆跨越或压线行驶；（c）中心双实线，为白色或黄色，严禁车辆跨越或压线行驶；（d）中心虚实线，为白色或黄色，实线一侧禁止车辆越线超车或向左转弯，虚线一侧准许车辆越线超车或向左转弯。

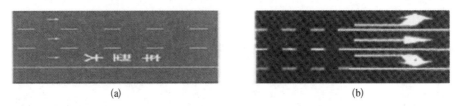

图 5 - 5 车道分界线

（a）车道分界线，为白色虚线，表示在保证安全的原则下，准许车辆跨线超车或变更车道行驶；（b）导向车道分界线，为白色或黄色实线，表示不准车辆越线变更车道行驶。

图 5 - 6 人行横道与导向箭头

（a）白色且平行的人行横道线；（b）导向箭头线。

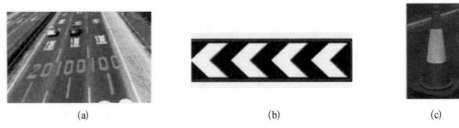

图 5 - 7 其他类型的道路交通标线

（a）最高速度限制标记，为黄色数字，表示机动车最高行驶速度不准超过标记所示数值；（b）指示性导向标，为蓝、白相间人字形图案，适用于方向发生改变的地点，如环岛、急弯路等处的导向；（c）锥形交通路标，设在指引车辆绕过障碍物的路段。

5.3.6 交通信号

交通信号是一种动态的交通控制形式,它有指挥灯信号、车道灯信号、人行横道信号、交通指挥手势信号等一些形式。

(1)指挥灯信号。当指挥灯信号横向安装时,面向灯光从左到右为红、黄、绿三色;竖直安装时,面向灯光自上而下为红、黄、绿三色。其意义为:

① 绿灯亮时,准许车辆、行人通行,但转弯的车辆不准妨碍直行车辆和被放行的行人通行。如图 5-8(a)所示。

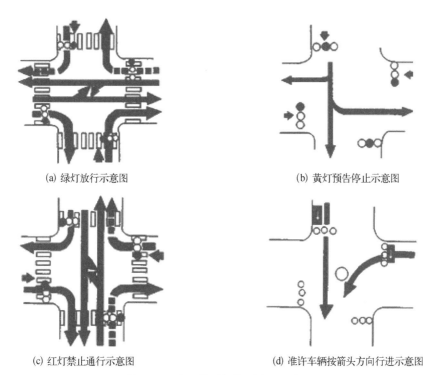

(a) 绿灯放行示意图　　　　　　　　　　(b) 黄灯预告停止示意图

(c) 红灯禁止通行示意图　　　　　(d) 准许车辆按箭头方向行进示意图

图 5-8　交通信号灯控制交通示意图

② 黄灯亮时,不准车辆、行人通行,但已越过停止线的车辆和进入人行横道的行人,可以继续通行。如图 5-8(b)所示。

③ 红灯亮时,不准车辆、行人通行。如图 5-8(c)所示。

④ 绿色箭头灯亮时,允许车辆按箭头所示方向通行。红灯本是禁行信号,但如果在红灯位置的上方或下方设有绿色箭头灯,该灯亮时车辆可按箭头所指方向直行或左转弯。如图 5-8(d)所示。

⑤ 黄灯闪烁时,车辆、行人须在确保安全的原则下通行。

右转弯的车辆和 T 形路口右边无横道的直行车辆,遇有上述②③项规定时,在不妨碍被放行的行人通行的情况下,可以通行。

(2)车道灯信号。车道灯信号有两种,由绿色箭头灯和红色叉形灯组成,设在可变车道上。绿色箭头灯亮时,表示本车道准许车辆通行;红色叉形灯亮时,表示本车道不准车辆通行。如图 5-9 所示。

（3）人行横道信号。人行横道灯由红、绿两色灯光组成。在红灯镜面上有一个站立的人形象，在绿色镜面上有一个行走的人形象，如图 5-10 所示。其上的数字表示该状态持续的剩余时间（单位为秒）。

图 5-9　交 通 信 号 灯　　　　　图 5-10　人行横道灯

（4）交通指挥手势信号。手势信号分直行、转弯和停止三种。

① 直行信号。右臂（左臂）向右（向左）平伸，手掌向前，如图 5-11（a）所示。该信号准许左右两方直行的车辆通行；各方右转弯的车辆在不妨碍被放行的车辆通行的情况下，可以通行。

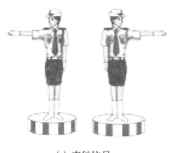　　

(a) 直行信号　　　　　　　(b) 左转弯信号　　　　　(c) 停止信号

图 5-11　交通手势信号

② 转弯信号。以左转弯信号为例。右臂向前平伸，手掌向前，如图 5-11（b）所示。该信号准许左方的左转弯、调头和直行的车辆通行；左臂同时向右前方摆动时，准许车辆左小转弯；各方右转弯的车辆和 T 型路口右边无横道的直行车辆，在不妨碍被放行车辆通行的情况下，可以通行。

③ 停止信号。左臂向上直伸，手掌向前，如图 5-11（c）所示。该信号不准前方车辆通行；右臂同时向左前方摆动时，车辆须靠边停车。

小提示

交通事故逃生须知

（1）发生交通事故自己被困在所乘车辆中时，可击碎车窗玻璃逃生。

（2）从所乘车辆中逃出后，要远离事故发生地点，防止因车辆着火、爆炸而造成的伤害。

（3）逃生后要迅速报警或拦截车辆救助其他未逃生人员。

（4）所乘车辆着火时，应先防止吸入烟气窒息，再设法逃生。

5.4 自然灾害安全

案　例

2014年6月6日，由于连日降雨，某市通往某高职院校的小路有一处被洪水淹没。蒋某某与王某某两位女生没有改变路线而是继续走原路，从相隔一米多远的水沟桥墩处冒险跳过去，其中蒋某某不幸掉入滚滚洪水中，王某某想拉落水的蒋某某，也不慎掉入水中，两人被洪水卷走不幸溺水身亡。

分析：① 在洪水面前要提供警惕，应正确估算自己的能力，对于不确定的危险要躲避。② 遭遇洪水围困时，应正确选择逃生路线和要到达的目的地，若不了解水情就不要涉险。③ 当天气预报报有连续暴雨或大暴雨时，应随时注意周边环境水位变化，及时了解洪水的情况，采取适当措施避免或减轻洪水的危害。

山地出现的水流湍急、混浊及夹杂泥沙现象，可能是山洪暴发的前兆，应离开溪涧或河道。

不要在流水中行走，15 cm深度的流水就能使人跌倒。

不要走地下通道或高架桥下面的通道。

切断低洼地带有危险的室外电源。

案 例

2005年9月14日,某高职院校篮球场东南角遭受雷击,将当时正在篮球场进行军训的6名女同学和1名教官击倒在地。其中,3名同学是趴着倒下的,3名同学是仰着倒下的,1名同学因受雷击过重,抢救无效,不幸去世。

分析:① 雷击前的天气情况一般为天气闷热,天空积雨云底较低,但没有刮风下雨。因此,在雷电天气活跃期间,学生应提高警觉性,及时躲避到安全的环境中,预防雷电的突发和袭击。② 掌握一定的自救安全知识,遭受轻微雷击时立即下蹲,降低身体高度,寻找低洼之处藏身。③ 在运动场上,应采取相应的防雷措施,建架雷电防护网。

5-9 谜底

猜谜底

1. 石猴出世(灾难现象)
2. 红公鸡,绿梢尾,展展翅,一千里(自然现象)
3. 演出道德(自然灾害)
4. 仙骨随波柱逐流(自然灾害)

我国是一个多灾国家,地震、洪灾、旱灾等自然灾害的发生会导致一系列严重破坏后果,本节就几种自然灾害的后果及防灾减灾措施的常识加以介绍。

5-10 案例自然灾害事故

5.4.1 地震安全知识

地球内部缓慢积累的能量突然释放或人为因素引起的地球表面的震动叫地震。目前衡量地震大小和破坏强烈程度的标准主要有震级和烈度。一般情况下,仅就震级和震源、烈度间的关系来说,震级越大,震源越浅,烈度也越大。

地震烈度表示地震对地表及工程建筑物影响的强弱程度(或释为地震影响和破坏的程度),是在没有仪器记录的情况下,凭地震时人们的感觉或地震发生后器物反应的程度,工程建筑物的损坏或破坏程度、地表的变化状况而定的一种宏观尺度。中国地震烈度表(表5-1)对人的感觉、一般房屋震害程度和其他现象进行了描述,这可以作为确定烈度的基本依据。

表5-1 中国地震烈度表

地震烈度	判　　据
1	无感,仅仪器能记录到
2	个别敏感的人在完全静止中有感
3	室内少数人在静止中有感,悬挂物轻微摆动

地震烈度	判　据
4	室内大多数人,室外少数人有感,悬挂物摆动,不稳器皿作响
5	室外大多数人有感,家畜不宁,门窗作响,墙壁表面出现裂纹
6	人站立不稳,家畜外逃,器皿翻落,简陋棚舍损坏,陡坎滑坡
7	房屋轻微损坏,牌坊、烟囱损坏,地表出现裂缝及喷沙冒水
8	房屋多有损坏,少数破坏路基塌方,地下管道破裂
9	房屋大多数破坏,少数倾倒,牌坊、烟囱等崩塌,铁轨弯曲
10	房屋倾倒,道路毁坏,山石大量崩塌,水面大浪扑岸
11	房屋大量倒塌,路基、堤岸大段崩毁,地表产生很大变化
12	建筑物普遍毁坏,地形剧烈变化,动植物遭毁灭

地震震级是根据地震时释放的能量的大小而定的。一次地震释放的能量越多,地震级别越大。国际上一般采用里氏地震规模。里氏地震规模是地震波最大振幅以 10 为底的对数,并选择距震中 100 千米的距离为标准。里氏地震规模每增强一级,释放的能量约增加 32 倍。

小于里氏 2.5 级的地震,人一般不易察觉,称为小震或微震;里氏 2.5~5.0 的地震,震中附近的人会有不同程度的感觉,称为有感地震,全世界每年发生十几万次;大于里氏规模 5.0 的地震,会造成建筑物不同程度的损坏,称为破坏性地震。里氏规模 4.5 以上的地震可以在全球范围内监测到。有记录以来,历史上最大的地震是发生在 1960 年 5 月 22 日 19 时 11 分南美洲的智利,里氏地震规模竟达 9.5。

1. 地震的征兆

在地震发生前,通常会出现以下一些征兆。

(1) 气象异常。如出现大风、暴雨、大雪、骤然增温等。

(2) 动物行为怪异。在地震发生之前数周,有些动物的行为会非常怪异,如信鸽迷失方向、老鼠白天在马路上乱窜、狗整天吠叫等。

(3) 植物发生异常变化。

(4) 地下水异常。地下水包括井水、泉水等,主要异常有发浑、冒泡、升温、变色、变味等。

(5) 地声异常。地声是指地震前来自地下的声音。

2. 地震时的一些避险常识

从地震发生到房屋倒塌,一般只有十几秒的时间。这就要求我们必须在瞬间冷静地作出正确的抉择。强震袭来时人往往站立不稳。如果一时逃不出去,最好就近找个相对安全的地方蹲下或者趴下,同时,尽可能找个枕头、坐垫、书包、脸盆或厚书本等护住头、颈部,待地震过后再迅速撤离到室外开阔地带。

(1) 在住宅(楼房和平房):要远离外墙及门窗,可选择厨房、浴室等空间小、不易塌落的地方躲藏。躲藏的具体位置可选择桌子或床下旁边,也可选择坚固的家具旁或紧挨墙根的地方。住楼房的千万不要跳楼。

(2) 在教室:学生应用书包护头躲在课桌旁,地震过后有秩序地撤出教室。

(3) 在工作间:迅速关掉电源和气源,就近躲藏在坚固的机器、设备或者办公家具旁。

(4) 在商场、展厅、地铁等公共场所:躲在坚固的立柱或墙角下,避开玻璃橱窗、广告灯箱、高大货架、大型吊灯等危险物。地震过后听从工作人员指挥有序撤离。

(5) 在体育馆、影剧院:护住头部,蹲、伏到排椅旁。

(6) 在车辆中:司机要立即驾车驶离立交桥、高楼下、陡崖边等危险地段,在开阔路面停车避震;乘客不要跳车,地震过后再下车疏散。

(7) 在开阔地:尽量避开拥挤的人流,一家人要集中在一起,照看好老人和儿童,避免走失。

地震时,许多习以为常的东西都可能成为致命"杀手",必须予以高度提防。远离高层建筑、烟囱、高大古树等,特别要避开有玻璃幕墙的建筑物。躲开变压器、电线杆、路灯、高压线、广告牌等高处的危险物。躲开危房、危墙、狭窄的弄堂、修有高门脸和女儿墙的房屋、堆放得很高的建筑材料等易坍塌的危险物。不要使用电梯。

3. 震后的自救与互救

大地震后,在最短时间内展开自救互救,尤其是家庭、邻里间的自救互救,是减少地震伤亡的有效措施之一。

(1) 自救要点。

① 被埋压人员要坚定自己的求生意志,消除恐惧心理。能自己离开险境的,应尽快想办法脱离险境。

② 被埋压人员不能自我脱险时,应设法先将手脚挣脱出来,清除压在自己身上特别是腹部以上的物体,等待救援。可用毛巾、衣服等捂住口、鼻,防止因吸入烟尘而引起窒息。

③ 被埋压人员要头脑清醒,不可大声呼救,尽量减少体力消耗,等待救援。应尽一切可能与外界联系,如用砖石敲击物体,或在听到外面有人时再呼救。

④ 被埋压人员应设法支撑可能坠落的重物,确保安全的生存空间,最好向有光线和空气流通的方向移动。若无力脱险,在可活动的空间里,设法寻找食品、水或代用品,创造生存条件,耐心等待营救。

(2) 互救要点。

① 原则:先救多,后救少;先救近,后救远;先救易,后救难。要注意抢救青壮年和医务工作者,壮大抢险力量。及早展开互救,能最大限度地减少伤亡。

② 先抢救困于建筑物边缘废墟、房屋底层或未完全遭到破坏的地下室中的人员。

③ 学校、饭店、医院等人员密集的地方是抢险的重点。

④ 要耐心观察,特别要留心倒塌物堆成的"安全三角区"。

⑤ 仔细倾听各种呼救的声音,如敲打、呼喊、呻吟等。

⑥ 要多问,了解倒塌房屋居住者的起居习惯、房屋布局等情况,推测哪里可能有人被埋压。

⑦ 发现遇险者后,挖掘时要注意保护被埋者周围的支撑物。要使用小型轻便的工具,越接近被困人员越要采用手工小心挖掘。如一时无法救出,可以先输送流质食物,并做好标记,等待下一步救援。发现被困者后,首先应帮他露出头部,迅速清除口腔和鼻腔里的灰土,避免窒息,然后再挖掘暴露其胸腹部。如果遇险者因伤不能自行出来,绝不可强拉硬拖。

4. 地震时切忌惊慌

我们感觉到的地震,大多数是有感、强有感地震,少数能造成轻微破坏,造成严重破坏的地震为数较少。因此,当遇到地震时切忌恐慌,要沉着冷静,迅速采取正确行动。特别是在高楼和人员密集场所,就地躲避最现实。我国有过地震并没造成任何破坏,但惊慌失措的人们拥挤踩踏造成重伤甚至死亡的教训。

5.4.2 洪灾安全常识

洪水是指一个流域内因集中大暴雨或长时间降雨,汇入河道的径流量超过其泄洪能力而漫溢两岸,或造成堤坝决口导致泛滥的灾害。

洪水的诱发因素很多,水系泛滥、风暴、地震、火山爆发、海啸等都可以引发洪水,甚至人为因素也可以造成洪水泛滥。洪水分为河流洪水、湖泊洪水、风暴洪水等。其中影响最大、最常见的洪水是河流洪水。

1. 洪水的危害

洪水具有极大的危险性和破坏力,能摧毁大量的物体诸如汽车和树等。更加严重的是,洪水总是在人口稠密、农业垦殖度高、江河湖泊集中、降雨充沛的地方发生,尤其是流域内长时间暴雨造成河流水位居高不下而引发堤坝决口，对地区发展损害最大，甚至会造成大量人口死亡。中国、孟加拉国是世界上水灾最频繁的国家，美国、日本、印度和欧洲也较严重。

2. 洪水来临前的准备

洪水来临前，注意做好以下准备。

（1）根据当地电视、广播等媒体提供的洪水信息，结合自己所处的位置和条件，冷静地选择最佳路线撤离。

（2）准备食物、饮品，选择便于携带、可长期保存的食品，并准备足够的饮用水和其他生活必需品。

（3）认清路标，明确撤离的路线和目的地。在避难道路上，设有指示前进方向的路标，如果避难人群不能很好地识别路标，走错路，再往回折返，便会与其他人产生碰撞、拥挤，出现不必要的混乱。

（4）制作漂浮器材，根据当地条件准备木排、竹排、气垫船、救生衣、木盆、塑料盆、木材等物品，加工成救生装置以备急需。

（5）保管好财物，将不便携带的物品拍照，进行防水处理后埋入地下或放在高处。

（6）保管好通信设备及其他可助于求救的物品，移动电话可以用于联络，口哨等用于呼救，穿醒目的衣服便于搜救。

（7）撤离之前，关掉屋里的煤气开关和电器开关，将家里的贵重物品（如存折之类）用密封纸（布）包好，放在身上。

3. 洪水发生时的自救

自救时注意以下事项。

（1）如果时间较充足，应按照预定路线有组织地向地势较高处转移。

（2）如果来不及转移，应立即爬上屋顶、大树、高墙等暂时避险，等待救援。千万不要试图一个人游泳转移，一旦精疲力竭，就会被洪水淹没。

（3）如落入水中，应尽量抓住能承重的漂浮物，如门板、木桶、充气的轮胎等，顺水漂流。漂到岸边迅速上岸，上岸后切忌顺水跑。

（4）不要因为害怕相互拥抱在一起。这样不但不能有效脱离险境，还会"同归于尽"。

（5）山区连降大雨，容易造成山洪暴发。此时不要渡河，以免被山洪冲走，还要注意山体滑坡、滚石和泥石流的伤害。

（6）不要触摸或接近倾斜、倒塌的高压线塔，远离低垂或折断的电线，防止触电。

（7）理性求救。被洪水包围，要及时和防汛部门联络，报告位置，寻求救援。

4. 洪水过后的防病

洪水过后，要注意以下几点。

（1）注意饮水卫生。饮用水一定要煮沸后才能饮用，切记不可生饮自来水、井水或天然水源的水（如溪水）；若储水设备（如水塔、水池）已遭污染，一定要在彻底清洁消毒后使用。

（2）注意饮食卫生。不吃腐败变质和受污染的食物；不吃病死、淹死的动物肉；不吃生食，瓜果吃前削皮或洗烫。

（3）做好环境卫生。粪便和生活垃圾不入水；减少蚊蝇，腐烂动物尸体先焚烧后深埋；及时组织群众迅速清除污泥、浊水；要注意水源卫生、厨房卫生和个人卫生。

5.4.3 山洪安全常识

山洪是由于暴雨、融雪、拦洪设施溃决等原因，山区（包括山地丘陵、岗地）沿河流及溪沟形成的暴涨暴落的洪水。山洪暴发时，要注意以下几点。

（1）熟悉环境。无论在居住场所还是野外活动场所，都必须首先熟悉周围环境，预先选定在紧急情况下躲灾避灾的地点和路线。

（2）观察前兆。强降雨后发生如下异常现象：溪水混浊，夹杂树叶草根；动植物异常，蚂蚁搬家，蛇出洞；地声回响等，则表示很可能将有山洪暴发。

（3）提前转移。情况危急时，及时向主管部门和周围的人预警，将家中的老人和小孩及贵重物品提前转移到安全地带。

发生山洪时的自救方法：

（1）保持冷静，尽快向山上或高处，如树上、地基牢固的房顶转移，不能沿着行洪道方向跑。不要边跑边喊，应注意保存体力。

（2）及时与当地政府防汛部门联系，寻求援助。

（3）如被洪水冲走，要尽可能抓住树木、树枝等固定物。

（4）在夜间，可利用手电筒、手机荧光等引起营救人员的注意；在白天，可以利用手表、镜子等可以反光的物品。

5.4.4 泥石流安全常识

1. 预防泥石流

泥石流是河沟谷中洪水引发的携带大量泥沙碎石等固体物质的快速流体。泥石流具有很强的冲击力和破坏性，冲毁道路，堵塞河道，甚至掩埋村庄、城镇，给人民生命财产和经济建设带来极大危害。

（1）当白天降雨量较多时，夜间必须密切注意降雨量，降雨量过大时，最好提前转移，避开泥石流危险地，不能存在侥幸心理在室内就寝。

（2）当前三日及当天的降雨累计达到 100 毫米左右时，处于危险区内的人员应尽快在泥石流到来之前搬出危险地区。

（3）注意收看电视台发布的地质灾害预报。

（4）当发现河床中正常的流水突然断流或洪水突然增大并夹有较多的柴草、树木等，可确认河流上

游已形成泥石流;当沟谷深处昏暗并伴有轰鸣声或轻微的振动感时,则说明沟谷上游已发生泥石流,应立即撤离。

(5)在沟谷内逗留或活动时,一旦遭遇暴雨,要迅速转移到安全的高地,不要在低洼的谷底或陡峻的山坡下躲避、停留。

(6)如在野外露营,要选择高处平坦安全处驻扎,尽可能避开有滚石和易发生泥石流的坡地下方,不要在山谷及河沟底驻扎。

(7)在大量降雨后,途经山谷地带,要留心观察周围环境情况,当危险区内有轰鸣声、主河洪水上涨,道路两旁植被遭严重破坏时,又突遇暴雨,应立即意识到泥石流即将到来,要迅速转移至安全的地方,切勿停留。

2. 应对泥石流

(1)遭遇泥石流时,要立即选择与泥石流垂直的方向沿两侧山坡往上爬,爬得越快越高越安全。千万不要顺泥石流的方向跑,也不要爬树,更不要停留在低洼处。

(2)应选择较高的基岩台地、低缓山梁等安全处修建临时避险棚。切忌在沟床岸边,较低的阶地、台地及坡脚,河道拐弯的下游边缘地带修建。

(3)如不幸陷入泥石流,不要慌张,要大声呼救,然后将身体后倾轻轻躺在沼泽地里,同时张开双臂,十指张大,平贴在地面上,慢慢将陷入泥潭的双脚抽出来,切忌用力过猛过火,避免陷得更深。然后采取仰泳般的姿势向安全地带"游"过去,尽量以轻柔缓慢的动作进行,千万不要惊慌挣扎。

(4)泥石流发生后,沿河(沟)谷的道路也被掩埋破坏得无影无踪,泥沙满沟,行走时要防止跌伤、磕碰,避免出现各种外伤。

(5)公路、铁路、桥梁被冲毁后,应及时采取阻止车辆通行的行动,插警示牌,以免车辆被颠覆,造成人员伤亡。

(6)泥石流发生时常常席卷、淹浸、淤埋沿途的房屋、牲畜及杂物,泥石流结束之后应进行清理消毒,做好卫生防疫工作,防止流行病的发生和传播。

5.4.5 滑坡安全常识

滑坡是指地表斜坡上大量的土石整体下滑的自然现象。注意观察滑坡前出现的一些预兆,及时采取应对措施,避免人员与财产损失。

1. 滑坡的征兆

(1)大滑坡前,在坡脚处可能出现堵塞多年的泉水复活现象,也可出现泉(井)水突然干枯、井水位突变等异常现象。

(2)大滑坡前,在滑坡体前缘坡脚处,山体有时会上隆、凸起或前部出现放射状裂缝,滑坡后缘的裂缝急剧扩张,并从裂缝中散发出热气或冷气。

(3)滑坡体临滑前,有的岩石会发出开裂或被剪切挤压的声响。滑坡体四周岩体(土体)还会出现小型崩塌和松弛现象。

(4)大滑坡前,也可能会出现猪、狗、牛惊恐不安、不入睡,老鼠乱窜不进洞等反常现象,一些树木会出现枯萎或歪斜等异常现象。

2. 应对滑坡的策略

（1）出现大滑坡征兆时，应及时将滑坡情况上报当地政府部门，由政府部门组织将险区内居民、财产及时撤离险区。

（2）发生大滑坡时，逃离路线与泥石流类似，要沿垂直于滑坡轴两侧山坡往上爬，爬得越快越高越安全。

（3）不要沿滑坡的方向逃避，也不要爬树躲避，更不要停留在低洼处。

（4）逃生时要抛弃一切影响奔跑速度的物品。

3. 滑坡过后的急救

（1）抢救被滑坡掩埋的人和物时，首先要把后面的水设法排开，再从滑坡体侧面开挖，否则在开挖时后面的滑坡会影响抢救速度，甚至会再次发生滑坡。

（2）抢救出被掩埋的人，搬动要细心，严禁拖拉伤员而加重伤情。

（3）清除伤员口腔、鼻腔的泥沙、痰液等杂物，对呼吸困难者或呼吸停止者，做人工呼吸。

（4）大出血伤员需止血，骨折者就地固定后运送。搬运颈椎骨折者时，需一人扶住伤员头部并稍加牵引，同时头部两侧放沙袋固定，及时送往医院。

（5）及时清理被滑坡损坏的物品，并注意灾后卫生防疫工作。

5.4.6　雷电安全常识

雷电是发生在雷暴云（积雨云）与风、云与云、云与地、云与空气之间的放电现象，常伴有强烈的闪光和隆隆的雷声。

1. 预防雷电

（1）应迅速躲入有防雷设施保护的建筑物内，或者很深的山洞里，汽车内是躲避雷击的理想地方。

（2）雷雨时，不要躲在树下避雨，应远离树木、电线杆、烟囱等尖耸、孤立的物体，不宜进入孤立的棚屋、岗亭等低矮建筑物，远离输电线。

（3）找一块地势低洼的地方蹲下，双脚并拢，手放膝上，身体前屈。注意不要人群集中在一起或牵手靠在一起。

（4）在空旷的场地，不要打雨伞，不要把金属工具扛在肩上。

（5）不宜游泳或从事水上作业，应尽快离开水面及其他空旷场地。

（6）雷电天气不宜开摩托车、骑自行车赶路，打雷时切忌狂奔。

（7）尽量不要使用固定电话或移动电话。

2. 室内防雷

（1）一定要关好门窗，尽量远离门窗、阳台和外墙壁。

（2）不要靠水管，更不要触摸室内的任何金属管线。

（3）最好不要使用任何家用电器，拔下所有的电源插头。

（4）雷电天气，不要使用太阳能热水器洗澡。

（5）发生雷击火灾时，要赶快切断电源，不要泼水救火，要使用干粉灭火器等专用灭火器灭火,并迅速拨打 119 或 110 电话报警。

(6) 雷电天气,不要赤脚站在水泥地上;不要洗澡或淋浴;不要使用带有外接天线的收音机或电视机。

3. 被雷电击伤后的急救

(1) 呼吸停止时,实施口对口人工呼吸,并送医院治疗。

(2) 心跳停止时,实施心脏按压抢救,并送医院治疗。

(3) 如果伤员有脉搏和呼吸,应检查其他可能的损伤;检查雷电进入和离开伤者身体的地方;留心其神经系统损伤、骨折、失聪及失明;等等。

(4) 受雷击而烧伤时,迅速扑灭其身上的火,并实施紧急抢救。

(5) 在送医院途中,抢救工作不能停止。

5.4.7 冰雹、龙卷风和台风安全常识

1. 下冰雹时的安全常识

冰雹俗称雹子,在夏季或春夏之交最为常见。冰雹出现时,常伴有大风、暴雨、雷电等,这是大气中一种短时、小范围、剧烈的灾害性天气现象。

下冰雹时,要关好门窗,妥善安置易受冰雹、大风影响的室外物品;暂停户外活动,勿随意出行;应在室内躲避;如在室外,应用雨具或其他代用品保护头部,并尽快转移到室内,避免砸伤。

2. 龙卷风来临时的安全常识

龙卷风是从强对流积雨云中伸向地面的一种小范围强烈旋风,常会卷倒房屋,吹折电杆,甚至把人、畜和杂物吸卷到空中,带往他处。在龙卷风出现前,天气特别闷热潮湿,人感到沉重压抑;大气层中空气干冷,形成强烈的潜在不稳定因素。

龙卷风来临时怎么办?

(1) 在家里应切断电源,远离门、窗和房屋的外围墙壁,躲到与龙卷风方向相反的墙壁或小房间内抱头蹲下,尽量避免使用电话。用床垫或毯子罩在身上以免被砸伤。最安全的躲藏地点是地下室或半地下室。

(2) 在街上,就近进入混凝土建筑底层,远离大树、电线杆或简易房屋等。

(3) 在旷野里,朝与龙卷风前进路线垂直的方向快跑;来不及逃离的,要迅速找到低洼地趴下,脸朝下,闭嘴、闭眼,用双手、双臂保护住头部。

(4) 发生龙卷风时,不要待在露天楼顶,不要开车躲避。

3. 台风来临时的安全常识

我们所说的“台风”,术语称“热带气旋”,通常指发生在热带地区急速旋转的低压空气涡旋。常常伴随着强烈的天气变化,如狂风、暴雨、巨浪、风暴潮和龙卷风等。

台风来临时的安全常识如下。

(1) 在家里:① 备好应急物品,包括手电筒、收音机(带电池)、食物、饮用水、常用药品、御寒衣物等。② 关好门窗并加锁;玻璃窗用胶带粘好,防止玻璃破碎后溅到别处。③ 防止室内积水,可在门口安放挡水板或堆砌土坎。④ 检查电路、炉火、燃气,确保安

全。⑤ 将养在室外的动植物及其他物品移至室内,室外易被吹动的物品要加固。⑥ 清理排水管道。⑦ 住在低洼地区和危房中的人员要转移到安全住所。⑧ 尽量不要安排外出活动。

(2) 在街上:① 要尽快抵达安全地点。② 远离不安全的建筑物。③ 远离大树。④ 宜躲在低洼的地方。

台风过境后要抢救伤员;注意饮水和饮食卫生;当心被冲毁的路面、损坏的建筑、污水、燃气泄漏、碎玻璃、损坏的电线以及湿滑的地面等;小心虫、蛇;不要进入结构严重损坏或发生燃气泄漏的房屋;遇到化学物品泄漏、电力系统瘫痪、道路毁坏、燃气管道损坏以及生命损失等,要向当地有关部门报告。

5.4.8 雪灾安全常识

雪灾是指冬季、春季出现的强降温并伴随降雪或大风卷起地面积雪的天气,会对道路交通、城市居民生活和牧业产生极大危害。

雪灾来临前要做好防寒准备,包括室内取暖设备及衣物,准备充足的食品。

下大雪时,汽车减速慢行,路人当心滑倒;尽量不要外出,注意防寒保暖;关好门窗,紧固室外搭建物;雪停后,道路湿滑,车辆慢行。

雪灾带来的意外事故有以下几种。

(1)"雪盲"。又称"日光眼炎",是大面积积雪反射强光后,眼睛外层角膜受到紫外线辐射灼伤所致。若发生"雪盲",首先用冷开水或眼药水清洗眼睛,然后用眼罩或干净手帕、纱布等轻轻敷住眼睛,尽量闭眼休息。"雪盲"症状通常需要5~7天才会消除。

(2)跌倒、骨折。跌倒后注意查看摔跤部位有无红肿,如有红肿应立即就医,不要自行拿药搓揉或用热毛巾热敷。

(3)冻伤。发生冻伤后,不能马上热敷或者按摩冻伤部位,以防加重局部水肿。发生冻伤可用雪搓,受冻1~2小时后方可进行热敷;如果局部皮肤有破损,可以涂抹冻伤膏。

5.4.9 沙尘暴和大雾安全常识

1. 应对沙尘暴

强风将本地或外地地面尘沙吹到空中,使水平能见度小于1千米的天气现象叫作沙尘暴。沙尘暴多发于我国北方春季。沙尘暴出现时天空混浊,一片黄色,对航空、交通运输以及牧业生产影响很大,并危害人们的健康。

沙尘暴来临时出门要戴口罩、纱巾等;关好门窗,屋外搭建物要紧固;多喝水,吃清淡食物;尽量减少外出,暂停户外活动,尽可能停留在安全的地方;不要购买露天食品;骑车、开车要减速慢行和注意广告牌。

2. 应对大雾

当水平能见度小于500米时,习惯上称为大雾或浓雾天气。大雾天气给城市交通运输带来严重影响,常引发空气污染,不利于人体健康。

大雾天尽量不要外出,必须外出时要戴口罩;骑自行车要减速慢行,听从交警指挥;乘车船要保持秩序,不要拥挤或滞留在渡口;不要在大雾中进行体育锻炼,如跑步等。

5.4.10 高温天气和寒潮安全常识

1. 高温来临前的安全防备

日最高气温达到 35℃以上的天气现象称为高温;达到或超过 37℃称酷暑。连续高温酷暑会造成人体不适,影响生理、心理健康,引发疾病甚至死亡。高温季节来临时要注意以下问题。

(1) 安装降温设备,如电扇、空调等,必要时进行隔热处理。但注意不要长时间停留在空调房内,也不能长时间直接对着身体某一部位吹电扇。

(2) 在窗和窗帘之间安装临时隔热窗,如铝箔表面的硬纸板等。

(3) 早晨或下午能进阳光的窗子用帘子遮好。

(4) 准备防暑降温的饮料和常用药品(如清凉油、十滴水、人丹等)。

(5) 尽量留在室内,并避免阳光直射;必须外出时要打遮阳伞,穿浅色衣服、戴宽檐帽。

(6) 暂停户外或室内大型集会。

(7) 室内空调温度不要开得过低;空调无法使用时,选择其他降温方法,比如向地面洒水等。

(8) 浑身大汗时,不宜立即用冷水洗澡;应先擦干汗水,稍事休息后再用温水洗澡。

(9) 注意作息时间,保证睡眠,减少剧烈运动。上午十点至下午四点不要在烈日下运动。

(10) 宜吃咸食,多饮凉白开水、冷盐水、白菊花水、绿豆汤等;不要过度饮用冷饮或含酒精的饮料。

2. 高温疾病应对策略

(1) 热抽筋:喝水补盐做按摩。气温太高时,进行剧烈的室外运动导致肌肉抽筋的例子并不少见。这跟出汗太多导致低钠血症有关。特别是小腿肌肉,因其神经比身体其他部位的肌肉神经敏感,更容易抽筋。遇到这种情况应马上补水,有条件的喝运动饮料,或是喝点盐水,及早纠正身体因流汗过多导致的电解质紊乱。另外,抽筋的部位若作适当按摩,稍作休息,基本都可缓解。如有头晕、恶心、全身不适等中暑症状,而且持续加重,应及早到医院看病。

(2) 热昏厥:于阴凉处平躺喝盐水。一旦发生热昏厥,应马上将患者移到阴凉处平躺。若患者意识清醒,可喂服温盐水。绝大多数患者在阴凉处休息、补水后可恢复。但若头昏、乏力症状持续不缓解甚至反加剧,应送医院进一步救治。

(3) 热衰竭、热射病:马上送医抢救。热衰竭、热射病多发于在烈日暴晒下工作的人、老年人、儿童和慢性疾病患者,可有抽筋、昏厥的表现,还可出现严重口渴、恶心、呕吐、头晕眼花、全身无力、体温急剧升高到 40℃ 以上,甚至血压下降、休克或昏迷等。如果抢救不及时,短时间内可出现生命危险。老人和小孩在不通风的闷热环境中,身体的耐受度低,若通风降温不及时,更易受伤害,出现抽筋、昏厥,有心脑血管病的老年人还可能出现热中风、脑梗等并发症,应引起警惕。

3. 应对寒潮

寒潮指北方寒冷气团迅猛南下的现象,造成急剧降温,常伴有大风、雨、雪天气,会出现冰冻、沙尘暴、暴风雪等自然现象,对农牧业和交通运输造成严重危害,还会损害人们的健康,常引发冻伤以及呼吸道、心血管疾病等。寒潮来临时,应注意以下几点。

(1) 要准备防寒外套、手套、帽子、围巾、口罩。

(2) 检查暖气设备、火炉、烟囱等确保正常使用;节约能源、资源,室温不要过高。

(3) 多穿几层轻、宽、舒适并暖和的衣服,尽量留在室内。

(4) 注意饮食规律,多喝水,少喝含咖啡因或酒精的饮料;避免过度劳累。

(5) 警惕冻伤手指、脚趾、耳垂及鼻头,症状为失去知觉或出现苍白色。如出现类似症状,立即采取急救措施或就医。

(6) 可使用暖水袋或电热宝取暖,但要小心被灼伤。

小提示

家庭必备的防震包

(1) 水:每人每天至少需储备 3.8 升的水,并按此标准一次备够 72 小时之用。建议购买一些瓶装水。要注意保质期。

(2) 食品:准备足够 72 小时之用的听装食品或脱水食品、奶粉以及听装果汁。干麦片、水果和无盐干果是很好的营养源。

(3) 应急灯和备用电池:在床边、工作地点以及车里放一盏应急灯。不要在地震后使用火柴或蜡烛,除非能确定没有瓦斯泄漏。

(4) 便携式收音机等:大多数电话将会无法使用或只能供紧急用途,所以收音机将会是最好的信息来源。如有可能,还应当准备电池供电的无线对讲机。

(5) 特殊用品:准备必要的特殊用品,比如药品、备用眼镜、隐形眼镜护理液、助听器电池、婴儿物品(婴儿食品、尿布、奶瓶和奶嘴)、卫生用品(小湿巾和手纸)等家人所需的物品、重要文件和现金。

(6) 工具:除了准备一个管钳和一个可调扳手(用来关闭气阀和水管),还要有一个打火机、一盒装在防水盒子里的火柴和一个用来呼叫援救人员的哨子。

(7) 衣服:如果所处的地区天气寒冷,必须考虑保暖。地震过后人可能无法取暖,要考虑到御寒衣服和睡觉用品。确保每个人有一整套换洗的衣服和鞋子,这包括夹克衫或外衣、长裤、长袖衫、结实的鞋、帽子、手套和围巾、睡袋或暖毯(每人一件)。

------------------------------- ◎ 小　　结 ◎ -------------------------------

　　本章介绍了公民需要了解的大型公共活动安全等基本常识,叙述了燃烧与火灾的定义、防火、火灾逃生、灭火和校园防火等知识,阐述了交通安全及其基本知识和一些常见自然灾害来临前后应注意的安全事项与避险知识。

------------------------------- ◎ 思考与练习 ◎ -------------------------------

1. 大型公共活动人流聚集时,如何预防踩踏事件?
2. 发生火灾逃生时应注意哪些问题?
3. 学生宿舍防火要点有哪些?
4. 车辆、道路交通标志、交通信号有哪些?
5. 地震发生时要采取哪些正确的自救措施?
6. 发生洪灾时如何避险?
7. 发生山体滑坡时如何避险?
8. 高温和寒潮天气应注意什么安全健康事项?
9. 逃离事故现场是保证自己安全的重要一招,但积极消灭隐患,主动使自己处于安全的境地更有意义。下面漫画中的蜗牛尽管在逃离危险,但它总处于可能被火烧的境地。关于这幅漫画,你有什么思考?请结合现实问题开展讨论。

综合练习一

　　高校与一家公司共同组织由 3 000 多名学生参加的毕业生晚会,活动地点在学校大礼堂。在安保措施方面,实行的是学校、学生会、服务机构三方负责制。此次活动,共有35 名辅导员、33 名学生会学生及 20 余名服务机构人员参与其中。

　　讨论：从防止人群拥挤、避免踩踏事件的视角出发,如何保证学生安全有序进场和出场?

综 合 练 习 二

　　火灾亲历者周先生在火灾发生后,和妻子从23楼墙外的脚手架往下爬自救。据周先生称,他们住在教师公寓的23楼,火灾发生时,他和妻子正在家中睡午觉,后被浓烟熏醒,当时整个房间内都已经弥漫着浓烟。周先生表示,他随后冲到楼道,打破消防栓的玻璃,取出了楼道内的灭火设备,将23楼窗外的火扑灭部分,然后和妻子顺着23楼外的脚手架逐渐往下爬。大概爬到十几楼时,他们遇到了前来救援的消防队员,其妻子被消防队员先行救下,周先生随后也安全脱险。

　　1. 请分析周先生采取的火灾逃离措施。

　　2. 结合周先生的经历,试谈谈高层建筑火灾逃生难点及其解决方法。

---------------------------------- ◎　**阅读材料**　◎ ----------------------------------

公共安全管控的"两只手"

　　公共安全的有效管控要靠"两只手":看不见的手——"安全文化";看得见的手——"政府安全监管"。过去,我们对"政府安全监管"非常重视。尽管政府有安全监管系统和队伍,但公共安全有效管控仅靠"政府安全监管",实施起来力度层层减弱,出现"按下葫芦浮起瓢"的问题。解决这个问题就要靠另外一只手。

　　相对来说,安全文化这只看不见的手在公共安全系统的运行中发挥的作用更大,而且能够起自动调控的功能。公共安全是一个变化无穷而庞大的系统工程,要使如此之大且瞬时万变的安全系统能够正常运行和实现自组织,就需要靠全民的安全文化建设。安全文化建设使全民认识到:安全不是专职安全人士的事,而是每一个人的事,每一个人都要有与社会相适应的安全意识、安全知识、安全能力、安全义务和安全责任,每一个人都要在享受安全成果的同时为他人的安全作贡献。全民安全文化的建设是一项长期而艰巨的任务,也受到社会经济发展水平的限制。

　　社会公共安全要靠安全文化这只看不见的手进行自发的调节,通过全民安全信仰、安全价值观、安全互惠、安全互保、安全互帮等来管控每个人的安全行为。政府安全监管这只看得见的手通过经济、法律和行政等手段,引导社会按零事故、零伤亡的要求不断发展。"两只手"结合起来才能推动社会公共安全向好的方向持续发展。

　　(资料来源:吴超教授博客)

第6章 实验实训与择业安全

1. 了解在校期间参加各门课程的实验和在校外进行各种实习活动时应注意的安全问题,掌握有效的应对方法和措施;

2. 增强参与勤工俭学活动和毕业找工作时的安全防范意识和能力。

6.1 实验安全

案 例

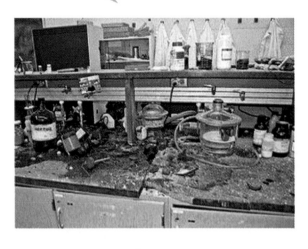

2018 年 12 月 26 日,某学校市政环境工程系学生在学校东校区 2 号楼环境工程实验室里进行垃圾渗滤液污水处理科研试验期间,现场发生爆炸,着火面积约 60 平方米,并造成了参与试验的学生 2 名博士、1 名硕士死亡。

分析:① 在使用搅拌机对镁粉和磷酸搅拌、反应过程中,引发镁粉粉尘云爆炸,爆炸引起周边镁粉和其他可燃物燃烧,造成现场 3 名学生烧死。② 违规开展试验、冒险作业,违规购买、违法储存危险化学品,对实验室和科研项目安全管理不到位是导致本起事故的间接原因。

6-1 谜底

猜谜底

1. 俄国发生核泄漏事故（事故名称）　　2. 苍蝇专叮无缝蛋（事故名称）

3. 庞士元摧毁连环船（事故名称）　　4. 瞎子驱动马达响（事故行为）

6.1.1　实验室安全意识教育

（1）安全为了谁。生命是一张单程票，安全是回家最近的路。首先，安全是为了自己，请勿忘安全，要珍爱生命。其次，你想想谁最在乎自己，不外乎是你的父母、家人、老师与好友。你是他们心里最重要的人，虽平凡却是无可替代的。你的安全是对他们最好的爱。为了你所爱的人和爱你的人，你一定要注重实验室安全。最后，国家需要科学人才。为了国家，需保证自己的安全。

（2）安全是每一个人的事。实验室中每一位成员都是实验室的一分子，都是实验室安全的守卫者，也有可能是实验室事故的导火索和受害者，实验室中的每位成员都要担负起保障实验室安全的责任和义务。

（3）千万别小看那些实验室安全规则、规范、规程，那都是用血和泪的教训写成的。实验室中的各种安全规则、规范、规程（如最常见的"实验室里别吃喝东西"），我们要保持敬畏之心。它们十分详尽、全面地反映了实验室和实验过程中的各种安全注意事项，并提出了保证安全的具体措施，是保障实验室安全的主要依据，是我们安全的护身符。我们要明白"事故与违规同在，安全与遵规同行"这个道理。

（4）事故源于人，源于心，心之所至，安全等随。研究表明，绝大多数事故都是由人的不安全行为造成的。这些行为源于我们的侥幸心理（碰运气，认为不按规定、不做防护做实验不一定会发生事故）、冷漠心理（认为实验室安全是别人的事，与自己没有任何关系，谁出了事故，谁负责，该倒霉）、麻痹心理（实验室从来都没有发生过事故，就认为安全不再是什么重要的事）、自私心理（只要自己方便就行，不顾他人安全）、走捷径心理（为了方便不做防护，为了省时间而不做实验申请和安全准备等）、冒险逞能心理、凑兴心理（别人做实验跑去乱凑热闹或乱动实验器材）等不安全心理。

（5）凡是可能发生的事故总会发生，但事故是可以预防的。所有实验室危险因素和安全隐患，以及你的不安全行为，都有可能导致事故，只是概率问题，正如俗话所说"不是不报，时候未到"。因此，对待实验室安全问题，我们千万不能心存侥幸心理。但是，事故发生是有原因的，只要我们查清原因并有效控制原因（如遵守实验室安全规定），就能预防实验室事故。

（6）无知者无畏，意识不到危险，才是最大的危险；知识就是安全，安全就是知识。安全意识与安全知识（包括安全技能）非常重要。首先，无安全意识，就不会想到实验室安全，意识不到实验室安全的重要性，也不会关注和重视实验室安全。其次，无安全知识与技能，就发现不了实验室里的危险，就会出事故、受伤害，甚至死于无知。

（7）安全就是效率，为了安全，不要侥幸，别怕麻烦。在实验过程中，为了提高效率，我们有时会心存侥幸心理,只重进度不顾安全,甚至做出一些非常危险的冒险行为。在此想告诉大家,安全本身就是最高的效率,出了事会耽误很多时间,甚至付出生命代价。为了安全,千万不要心存侥幸、怕麻烦。

(8) 安全信息是通往安全的必经之路。实验室里的安全规则、规范、规程,安全警示标志与其他安全提醒一定要有,而且要放在显眼合适的位置,让大家都接受到必要的安全信息,要不然真的很危险。

(9) 就安全而言,有两件最重要且最有价值的事——自己安全地工作生活,让更多人安全地工作生活。

(10) 在实验室,我们要做到"四不伤害":不伤害自己,不伤害他人,不被他人伤害,保护他人不受伤害。

6.1.2　实验室安全策略教育

对于每个实验室成员而言,实验室安全,要从自己做起,这是最直接、最可靠,也是最有效的安全策略。那么,我们该如何保障实验室安全呢?最重要的是倡导和践行"四不伤害"。

1. 不伤害自己

不伤害自己,就是要增强自我安全保护意识,不能由于自身疏忽、侥幸、失误而使自己受到伤害。请切记,自己的安全主要靠自己。它主要取决于自己的安全意愿、安全意识、安全知识,以及对实验内容的熟悉程度、实验技能、工作态度与精神状态等因素。不伤害自己,应做到:

在做实验前应思考下列问题:

(1) 我是否了解这项实验的危险因素? 这项实验可能会出现哪些事故?

(2) 我具备完成这项实验的知识与技能,特别是安全知识与技能吗?

(3) 我的安全防护充分吗? 合理吗?

(4) 万一发生事故,我该怎么办?

(5) 我该如何防止实验操作出现失误?

当然,以"五想五不干"为核心的安全文化理念,可以更明白地告知在做实验前应注意的特别的安全事项。在此建议大家在实验室中倡导和践行"六想六不做"的实验室安全文化理念——"安全风险不清楚,不做;安全措施不完善,不做;安全工具未配备,不做;安全环境不合格,不做;安全知识不掌握,不做;安全技能不具备,不做"。(注:"做"指"做实验")

应注意:

(1) 掌握实验室和所做实验的危险因素及控制方法,遵守实验室安全规范,使用必要的防护用品,不违规操作。

(2) 任何实验操作、材料、设施、设备都可能存在危险,确认无安全威胁后再做实验,三思而后行。

(3) 杜绝侥幸、自大、逞能、想当然等不安全心理,莫以患小而为之。

（4）积极学习实验室安全知识与技能，提高识别与处理实验室危险因素的能力。

（5）虚心接受他人对自己不安全行为的提醒与纠正。

2. 不伤害他人

他人生命与自己的一样宝贵，不应该被忽视和伤害。保护实验室成员的安全是每个实验室成员应承担的神圣责任和应尽的义务。不伤害他人就是，自己的行为或后果不能给实验室其他成员造成伤害。在多人同时做实验时，由于自己不遵守安全操作规范，对实验过程中的危险因素辨识控制不够，以及自己操作失误等，自己的行为可能对实验现场周围的其他成员造成伤害。

不伤害他人，应做到：

（1）自己的实验活动随时会影响实验室其他人的安全，尊重他人生命，不制造实验室安全隐患。

（2）对不熟悉的实验任务、实验操作、实验设备、实验材料等，要多听、多看、多问，进行必要的沟通协商后再做。

（3）使用危险有毒实验材料、试剂、药品，或操作实验设施设备尤其是在启动与运行时，要确保他人在安全区域。

（4）你所知或造成的实验室危险因素要及时告知其他实验室成员，最好彻底消除它，或者予以标识。

（5）对所接受到的实验室安全规定、标识、指令，要认真理解并严格执行。

（6）对实验室其他成员的不安全行为的默许、纵容是对他人最大的安全威胁，安全提醒是基本的实验室安全责任，更是对他人的最大关爱。

（7）千万不能故意制造"实验室杀手"，不要蓄意伤害他人。

3. 不被他人伤害

人的生命是脆弱的。实验室里隐藏多种可能失控的安全风险。不被他人伤害，即每个实验室成员都要加强自我安全防范意识，在实验室要避免别人的不安全实验操作或其他实验室危险因素对自己造成伤害。

不被他人伤害，应做到：

（1）提高自我实验安全素养，及时发现并报告实验室中存在的危险。

（2）要与实验室其他成员共享实验室安全知识及经验，帮助实验室其他成员提高安全风险防控能力。

（3）不忽视并远离实验室中已标识的潜在危险，除非得到充分安全防护及安全许可。

（4）纠正实验室其他成员可能危害自己的不安全行为，不伤害生命比不伤害情面更重要。

（5）冷静处理所遭遇的实验室突发安全事件，正确运用所学的安全及应急处置知识和技能。

（6）拒绝他人的不安全指令，即使是自己的老师和师兄、师姐发出的。不被伤害是自己的权利。

4. 保护他人不受伤害

安全不仅仅是一个人的事,还是团队的事。在实验室中,不仅自己要注意安全,还要保护实验室其他成员不受伤害,这是实验室每位成员对实验室中其他成员的承诺。只要开始做实验,就意味着安全责任,无论是谁,一旦发生事故,事故必然牵涉到自己、他人和集体。

保护他人不受伤害,应做到:

(1)实验室任何成员在实验室任何地方发现任何安全隐患,都要及时、主动告知或提示实验室其他成员。

(2)提示实验室成员遵守各项实验室规章制度与安全操作规范。

(3)针对实验室安全问题及时提出安全改进建议,互相交流,向实验室其他成员传递有用的安全信息。

(4)视安全为实验室集体的头等大事,为实验室安全贡献自己的力量,并与实验室其他成员分享安全经验。

(5)关注实验室其他成员的不安全行为,并及时提醒制止。

(6)一旦发生事故,在保证自身安全的同时,要主动并尽可能地帮助实验室其他成员摆脱危险。

> **小提示**
>
> 实验室安全工作守则
>
> (1)必须遵守各场所制定的安全规则。
>
> (2)接受与工作本身有关的安全教育及培训。
>
> (3)在工作岗位上严禁吸烟、饮酒、吃口香糖及其他妨碍工作的进食行为等。
>
> (4)必须熟悉消防设备的使用方法及放置地点。
>
> (5)必须了解各工作场所逃生及疏散路线。
>
> (6)离开工作场所前务必随手将不用的水、电、天然气、其他气体等的开关关闭。
>
> (7)发现实验楼内任何地方有危害安全的人、事、物等,必须立即向有关人员反映并请求紧急处理。

6.1.3 化学实验安全

1. 化学实验注意事项

化学实验常常伴随着危险,无论怎样简单的实验,都不能粗心大意。

(1)实验前必须做好周密的准备。实验前,不仅要对所用的实验装置及药品等进行认真的检查,而且还必须按照实验的要求做好充分的准备工作。为了避免着火时尼龙等衣料熔化,衣着必须尽量合适,既不露出皮肤,又能灵活地进行操作。同时,实验时常常需要戴防护眼镜,必要时,还应戴防护手套或防护面具。

6-2共享课
视频 实验
室安全

（2）要遵照老师的指导进行实验。采用不合适的操作方法或使用不安全的装置进行实验,常是发生实验事故的根源。因此,实验时千万不可蛮干。并且,绝对不要在晚上独自进行实验。

（3）必须经常预料到实验的危险性。要对实验的危险性大小进行估计。即使是不大了解的实验,也必须评价其危险程度从而制定相应的预防措施。下面三类实验会经常出现事故:① 不了解反应及操作的实验;② 存在可能发生火灾、毒气等多种危险的实验;③ 在严酷的反应条件(如高温、高压等)下进行的实验。

（4）必须充分做好发生事故时的预防措施并加以检查,之后才能开始实验。实验前,要先了解清楚需要关闭的主要龙头、电气开关,灭火器或急救用的喷水器的位置及操作方法,以及清理好万一发生事故时退避的道路,明确急救方法和联络信号等事项。

（5）不可忽视实验结束后的收拾处理事宜。实验后的收拾工作,也属实验过程的组成部分。特别不可忽略对回收溶剂和废液、废弃物等的处理。

2. 使用危险物质注意事项

危险物质是指具有着火、爆炸或中毒等危险的物质。主要的危险物质由政府的法令所规定。这些法令虽不是针对学校的使用而制定的,但是贮藏或使用这些危险物质,都要遵守有关法令的规定。尽管学校实验用到的危险物质的量极少,但也必须对它们有所了解。一般应注意如下事项。

（1）若没有事先充分了解所使用物质的性状,特别是着火、爆炸及中毒的危险性,不得使用危险物质。

（2）通常危险物质要避免阳光照射,把它们贮藏于阴凉的地方。注意不要混入异物。并且,必须与火源或热源隔开。

（3）贮藏危险物质时,必须按照有关法令规定,分类保存于贮藏库内。并且,毒物及剧毒物须放于专用药品架上保管。

（4）使用危险物质时,要尽可能少量使用。并且,对不了解的物质,必须由指导教师进行预备试验。

（5）在使用危险物质之前,必须预先考虑到发生灾害事故时的防护手段,并做好周密的准备。对有火灾或爆炸危险的实验,要准备好防护面具、耐热防护衣及灭火器材等;而有中毒危险时,则要准备橡胶手套、防毒面具及防毒衣之类的用品。

（6）处理有毒药品及含有毒素的废弃物时,必须考虑避免污染水质和大气。

（7）特别是当危险物质丢失或被盗时,由于有发生事故的危险,必须及时报告老师。

3. 危险物质的安全知识

（1）着火性物质。具有着火危险的物质非常多。通常有因加热、撞击而着火的物质,以及由于相互接触、混合而着火的物质。

① 有些物质会因加热、撞击而发生爆炸,故要远离烟火和热源。要保存于阴凉的地方,并避免撞击。

② 有些物质不能与其他物质混合、接触、混放，以免发生各种化学反应引发事故，必须注意此类物质的防潮。

③ 有爆炸危险时，要戴防护面具。若处理量大，要穿耐热防护衣。

④ 着火性物质引起的火灾，一般用水灭火。但由碱金属过氧化物引起着火时，不宜用水，要用二氧化碳灭火器或沙子灭火。

（2）强酸性物质。此类物质包括：硝酸、硫酸、盐酸等。

① 强酸性物质若与有机物或还原性等物质混合，往往会因发热而着火。注意不要用破裂的容器盛载。要把它们保存于阴凉的地方。

② 洒出此类物质时，要用碱性物质（如碳酸氢钠或纯碱）将其覆盖，然后用大量的水冲洗。

③ 加热处理此类物质时，要戴橡胶手套。

④ 由强酸性物质引起的火灾，可大量喷水进行灭火。

（3）低温着火性物质。此类物质有：黄磷、红磷、硫化磷、硫黄、镁粉、铝粉等。

① 因为此类物质一受热就会着火，所以，要远离热源或火源。要把它们保存于阴凉的地方。

② 此类物质若与氧化性物质混合，即会着火。

③ 黄磷在空气中会着火，故要把它放入中性水中保存，并避免阳光照射。

④ 硫黄粉末吸潮会发热而引起着火。

⑤ 金属粉末若在空气中加热，即会剧烈燃烧。并且，当与酸、碱物质作用时会产生氢气而有着火的危险。

⑥ 由此类物质引起火灾时，一般用水灭火较好，也可以用二氧化碳灭火器。但由大量金属粉末引起着火时，最好用沙子或干粉灭火器灭火。

（4）自燃物质。这类物质有有机金属化合物及还原性金属催化剂等。

① 这类物质一接触空气就会着火，因此，初次使用时，必须请有经验的人进行指导。

② 将有机金属化合物放入溶剂中稀释而形成的溶液，一旦飞溅出来就会着火。因此，要把其密封保管。并且，不要将可燃性物质置于其附近。

③ 处理毒性大的自燃物质时，要戴防毒面具和橡胶手套。

④ 由这类物质引起的火灾，通常用干燥沙子或干粉灭火器灭火。但数量很少时，则可以大量喷水灭火。

（5）禁水性物质。禁水性物质包括：钠、钾、碳化钙、磷化钙、生石灰等。

① 金属钠或钾等物质与水反应，会放出氢气而引起燃烧或爆炸。因此，要把金属钠、钾切成小块，置于煤油中密封保存。其碎屑也贮存于煤油中。要分解金属钠时，可把它放入乙醇中使之反应，但要注意防止产生的氢气着火。分解金属钾时，则在氮气保护下，按同样的操作进行处理。

② 金属钠或钾等物质与卤化物反应，往往会发生爆炸。

③ 碳化钙与水反应产生乙炔，会引起着火、爆炸。

④ 磷化钙与水反应放出磷化氢剧毒气体,并伴随着放出自燃性气体而导致燃烧爆炸。

⑤ 生石灰与水作用虽不能着火,但能产生大量的热,往往使其他物质易于着火。

⑥ 使用这类物质时,要戴橡胶手套或用镊子操作,不可直接用手拿。

⑦ 由这类物质引起火灾时,可用干燥的沙子、食盐或纯碱将着火点覆盖。不可用水、潮湿的东西或二氧化碳灭火器灭火。

(6) 易燃性物质。易燃物的危险性,大致可根据其燃点加以判断。燃点越低,危险性就越大。但是,即使燃点较高的物质,当加热到其燃点以上的温度时,也是危险的。据报道,由此种情况发生的事故特别多,因此必须加以注意。

(7) 爆炸性物质。下面介绍三类爆炸性物质。

① 混合气体。氢气、甲烷、一氧化碳、硫化氢等可燃性气体与空气混合,达到其爆炸界限浓度时着火而发生爆炸。这类物质注意事项如下。

a. 储存有此类气体的高压钢瓶要放在室外通风良好的地方。保存时,要避免阳光直接照射。

b. 使用可燃性气体时,要打开窗户,保持使用地点通风良好。

c. 当此类物质着火时,可采用通常的灭火方法进行灭火。泄漏气体量大时,如果情况允许,可关掉气源,扑灭火焰,并打开窗户;若情况紧急,则要立刻离开现场。

② 分解爆炸性物质。易于分解,由于加热或撞击而分解,产生突然气化的分解爆炸。这类物质注意事项如下。

a. 此类物质常因烟火、撞击或摩擦等作用而引起爆炸。因此,必须充分了解其危险程度。

b. 由于这些物质能作为各类反应的副产物生成,所以实验时,往往会发生意外的爆炸。

c. 此类物质一接触酸、碱、金属及还原性物质等,往往会发生爆炸。因此,不可随便将其混合。

d. 要根据此类物质爆炸而引起延续燃烧的可燃物的性质,采取相应的灭火措施。

③ 爆炸品。如火药、炸药、雷管、实弹、空弹、引爆线、导火线、信号管、焰火等。爆炸品是将分解爆炸性物质进行适当调配而制成的成品。关于这类物质的使用,必须遵守政府有关法令的规定,并按照老师的嘱咐进行处理。

(8) 有毒物质。实验室中大多数化学药品都是有毒物质,这种说法并不算夸张。通常,进行实验时,因为用量很少,除非严重违反使用规则,一般不会引起中毒事故。但是,毒性大的物质一旦用错就会发生事故,甚至会有生命危险。因此,在经常使用的药品中,对其危险程度大的物质,必须遵照有关法令的规定进行使用。

① 毒气。如氟气、光气、臭氧、氯气、氟化氢、二氧化硫、氯化氢、甲醛、氰化氢、硫化氢、二硫化碳、一氧化碳、氨气、氯甲烷等。注意事项如下。

a. 当因吸入上述毒气中毒时,通常会出现窒息性症状。毒性大的毒气还会腐蚀皮肤和黏膜。

b. 一旦吸入浓度大的毒气,瞬间即失去知觉,因而往往不能离开现场。

c. 对于浓度低的毒气要特别注意,即使很微量的泄漏也不允许。要经常用气体检验器检测空气中毒气的浓度。

d. 处理毒气时,要准备好或戴上防毒面具。

e. 要注意毒气的密度,如腌咸菜池积聚的硫化氢,密度大于空气,且停留在窖井底部,有致命危险。一氧化碳密度小于空气,睡在高处会先中毒。

② 毒物、剧毒物及其他有害物质。

a. 因为有毒物质能以蒸气或微粒状态从呼吸道被吸入,或以水溶液状态从消化道进入人体,并且当直接接触时,还可通过皮肤或黏膜等部位被吸收。因此,使用有毒物质时,必须采取相应的预防措施。

b. 毒物、剧毒物要装入密封容器,贴好标签,放在专用的药品架上保管,并做好出纳登记。一旦丢失,必须立刻报告教师。

c. 在一般的毒性物质中,也有毒性大的物质,要加以注意。

d. 使用腐蚀性物质后,要严格进行漱口、洗脸等措施。

e. 特别有害物质,通常多为积累毒性的物质,连续长时间使用时,必须十分注意。

f. 使用有毒物质时,要准备好或戴上防毒面具及橡胶手套,有时要穿防毒衣。

6.1.4 生物实验室安全

生物实验室的种类很多,根据不同实验目的可以设计很多种实验,其相应的安全注意事项和侧重点也有所不同。下面列举一些一般性的注意事项。

1. 师生都要遵守生物实验室安全管理制度

(1) 实验指导教师是学生进行各类生物实验的指导者和监护者。每次实验课前,指导教师必须进行先期实验,以确认实验的成功率和安全性,确保学生的人身和健康不受伤害。

(2) 每次实验课,指导教师必须强调安全注意事项和操作程序。如果未强调注意事项和操作程序,发生意外事故教师负有主要责任;如果学生违反安全注意事项和操作程序,发生意外事故学生负有主要责任。

(3) 实验过程中若需要使用刀、剪等利刃器械,指导教师务必嘱咐学生正确使用器械的方法,告诫学生不要相互争抢或动作粗鲁,以防被利刃扎伤、划伤。一旦出现意外,轻则到医务室进行包扎,重则带学生到医院进行治疗。

(4) 在使用麻醉药品时,指导教师应严格控制剂量和告诫学生正确的操作方法,并采取良好的通风措施,防止发生过敏或被麻醉的事故,一旦发生意外,教师应立即采取必要的补救措施。

(5) 在观看各类标本时,对易碎、有毒等可能伤害学生身体健康的标本,指导教师务必反复强调注意事项,防止发生意外。

(6) 实验课结束之前,指导教师应要求学生关好总电源、关好窗户等,确保实验室的安全。

（7）演示实验所用实验器材及药品，必须由指导教师亲自领取和归还，不能由学生代领、代还，防止中途丢失而造成事故。

2. 生物实验室的基本安全操作规程

（1）未进实验室时，就应对本次实验进行预习，掌握操作过程及原理，弄清所有药品的性质。估计可能发生危险的实验，在操作时注意防范。

（2）实验开始前，检查仪器是否完整无损，装置是否正确稳妥。严禁在实验室内吸烟或饮食。实验完毕要细心洗手。

（3）绝对不允许任意混合各种化学药品，以免发生意外事故。不能用手接触药品，不要把鼻孔凑到容器口去闻药品的气味，不得品尝任何药品的味道。

（4）实验剩余的药品既不能放回原瓶，也不能随意丢弃，更不能拿出实验室，要放回指定的容器内。

（5）灯火加热时要注意安全。在酒精灯快烧尽、灯火还没熄灭时，千万不能注入燃料；酒精灯熄灭时，要用灯帽来罩，不要用口来吹，防止发生意外；不要用另一个酒精灯来点燃，以免酒精溢出，引起燃烧。点燃的火柴用完后立即熄灭，不得乱扔。

（6）倾注药剂或加热液体时，不要俯视容器，以防溅出。试管加热时，不要把试管口朝着自己或别人，同时要来回移动试管，使试管受热均匀，防止液体喷出口外；也不要把烧烫的试管接触冷的灯芯。

（7）解剖动物时，乙醚很容易挥发变成气体，人如果吸入过多的乙醚蒸气会头疼、恶心，实验时应使动物迅速麻醉，并打开窗户，让空气流通。

6.1.5 其他实验室安全

高职院校各专业的实验室很多，根据实验的目的和内容都应该设置相应的实验室安全管理制度和安全操作规程。

比较通用的实验室除了上述介绍的化学实验室和生物实验室外，还有物理实验室、计算机室、资料档案室等，下面仅把这些实验室安全管理和安全操作规程作简单介绍。

1. 物理实验室安全

（1）物理实验室安全管理制度。

① 物理实验指导教师是学生进行各类物理实验的指导者和监护者，每次实验课前，指导教师必须进行先期实验，以确认实验的成功率和安全性，确保学生的人身和健康不受到伤害。

② 每次实验课，指导教师必须强调安全注意事项和操作程序。

③ 学生在进行电学实验时，能用安全电压（36 V）代替的尽量用安全电压，不能替代时指导教师必须向学生说明正确的操作方法和注意事项，防止发生意外事故。

④ 学生在进行带电实验时，尤其是使用 220 V 电压进行实验时，一旦出现触电、断路、短路的情况，教师应采取正确的抢救方法和检查程序，防止意外事故或连锁事故的

发生。

⑤ 在进行力学等实验时,应注意使用的导轨、配重等物品的坠落,防止意外事故的发生。

⑥ 在进行光学、热学实验时,若使用明火(蜡烛、酒精灯)时,实验完成后必须熄灭火源。

(2)物理实验室安全操作规程。

① 未进实验室时,就应对本次实验进行预习,掌握操作过程及原理,弄清所有仪器的性能。估计可能发生危险的实验,在操作时注意防范。

② 做实验时,实验设备和电路按要求连接好后,检查无误后方可进行实验。使用电器时要谨防触电,不要用湿的手、物接触电源。

③ 若发生触电现象,首先要切断电源,然后采取必要的救护措施。

④ 灯火加热时要注意安全。

⑤ 实验完毕要细心洗手。离开实验室前,要认真检查门窗和水电,一切无误后方可离开实验室。

2. 计算机实验室安全管理

(1)计算机实验室一般存放着多台计算机,具有较高的价值,实验室管理人员应高度重视安全工作和落实安全保卫责任。

(2)计算机实验室最好安装防盗门窗和报警装置,报警装置须与学校值班室联网,重要软件要存放在保险箱。应根据实际情况配备适用的灭火器具。

(3)严格落实使用登记制度,严禁登录黄色网站,严禁将易燃易爆品、有毒性物品、强腐蚀性物品、强氧化性物品、强磁场物品、放射性物品和染有计算机病毒的设备带入计算机室。

(4)严禁带火种进入实验室,学生使用实验室要按程序操作。注意爱护公物,防止人为损坏。

(5)发现计算机使用电源损坏,要及时报修。做好计算机教室卫生、安全用电和财产保护工作,经常检查安全措施的落实情况。

3. 档案资料室安全制度

(1)图书、资料严格编目、登记制度,借出收回账册齐全,不定期检查防盗、防湿、防霉、防鼠害、防虫害、防火等设施是否完好。

(2)图书、资料分等级存放,特别贵重书刊的借阅实行馆长特批制度,贵重书刊要有专人、专橱收藏,保管人应定期核查。

(3)门窗要有防盗设施,离开工作岗位,应随手关好门窗,防止书刊被窃。

(4)严禁将火种带入图书室、资料室,内部消防器材应摆放在明显位置,便于救急使用,平时注意检查,保持性能良好。

(5)档案资料室防火安全坚持谁主管、谁负责的原则,责任到人。

电气、辐射等在第 7～8 章中的相关内容中介绍。

6.2 实习安全

案例

2007年3月21日凌晨,某市某公司冲压车间发生一起机械伤害死亡事故。死者孙某,男,18岁,系该市某高职院校2005级在校实习学生。事发前的21日凌晨上夜班时,孙某与其他5名实习学生及2名女工被班长安排在一压力机台作业。作业时,孙某发现物料未放置到位,在主机未停止运转的情况下,弯腰探头伸出左臂拨弄压力机下的物料,被

下落的压力机砸中左胳膊等部位。虽经医院抢救,但终因伤势过重,于凌晨死亡。

分析:① 实习学生必须掌握基本的安全知识,增强自我安全保护和防护意识;② 要加强对学生的安全宣传和教育力度;③ 学校和实习单位应遵循安全第一的原则,严格贯彻落实《中华人民共和国安全生产法》《中华人民共和国职业病防治法》等关于安全生产、职业卫生方面的法律法规,并结合实习岗位,落细、落小、落实。按照《中华人民共和国安全生产法》第三十三条规定,实习单位应当健全本单位生产安全责任制,执行相关安全生产标准,健全安全生产规章制度和操作规程,制定生产安全事故应急救援预案,配备必要的安全保障器材和劳动防护用品,加强对实习学生的安全生产教育培训和管理,保障学生实习期间的人身安全和健康。

猜谜底

1. 救护车(成语)　　　　　　　2. 指挥车辆停驶(京剧名)

3. 雁南飞,不思归(通信事故)　　4. 倾城之灾(建筑事故)

5. 缘何丝丝难入扣(设备事故)

6-4　谜底

根据专业教学计划安排,高职学生需要离开校园到有关企业、事业单位特别是到工矿企业或野外实习,在此期间,也应该注意安全防范。

6.2.1 野外实习时的安全防范

与旅游景点不同,野外实习的地方一般比较原始、人烟比较稀少、没有或很少有生活

6-5案例
工地实习中的机械伤害事故

服务设施,甚至没有人行道路。因此,野外实习的安全防范问题比旅游安全突出得多。

1. 严密组织并做好安全准备

(1) 开展野外实习,除了对实习内容做好周密计划和准备,安全方面也要专门做好各种准备和预案。

(2) 学生实习班组或实习团队进行编组时,要注意男、女同学混合编组,禁止一人单独进行野外实习。

(3) 如果有教师带队,要绝对服从教师指挥,实习中避免单独行动,坚决反对个人的冒险行为。

(4) 在野外实习时要集体行事,应指定专人负责安全工作。每到一个实习地,先要了解当地的治安情况及风俗习惯,并针对可能发生的问题采取切实可行的措施。

(5) 穿着有护踝设计及鞋底有凸纹的防滑旅游鞋或运动鞋,穿着适合野外的衣服和袜子,避免短衣短裤,最好戴帽子。

(6) 随身物品:包括通信工具、水、蛇药、雨具、记事簿、笔等。

2. 野外活动的安全常识

(1) 切勿采摘不熟悉的野生果实或蘑菇,避免饮用不确定水源的水。切勿离开现成的山路而随意步入草丛或树林。避免站立崖边或攀爬石头拍照或观景。

(2) 皮肤被晒红并出现肿胀、疼痛时,可用冷毛巾敷在患处,直至痛感消失。如出现水泡,不要去挑破,应请医生处理。

(3) 夏天时要避免中暑。中暑的主要症状是头痛、晕眩、烦躁不安、脉搏强而有力,呼吸有杂音,体温可能上升至 40℃ 以上,皮肤干燥泛红。一旦有人中暑,应尽快将其移至阴凉通风处,将其衣服用冷水浸湿,裹住身体,并保持潮湿。或不停扇风散热并用冷毛巾擦拭患者,直到其体温降到 38℃ 以下,若出现神志不清、抽搐症状,应立即送医院。

(4) 热晕厥。

① 主要症状:感觉筋疲力尽,烦躁不安,头痛、晕眩或恶心,脸色苍白,皮肤感觉湿冷;呼吸快而浅,脉搏快而弱;可能伴有下肢和腹部的肌肉抽搐;体温保持正常或下降。

② 处理:一旦发生热昏厥,应尽快将患者移至阴凉处躺下。若患者意识清醒,应让其慢慢喝一些凉开水;若患者大量出汗,或抽筋、腹泻、呕吐,应在饮水中加盐(每升一匙);若患者已失去意识,应让其以卧姿躺下,充分休息直至症状减缓,然后送医院进行进一步救治。

(5) 蜂蜇。

① 预防:最好穿戴浅色光滑的衣物,因为蜂类的视觉系统对深色物体在浅色背景下的移动非常敏感,若有人误惹了蜂群,而招致攻击,唯一的办法是用衣物保护好自己的头颈,反向逃跑或原地趴下。千万不要试图反击,否则只会招致更多的攻击。

② 处理:被蜂蜇后,可用针或镊子挑出蜂刺,但不要挤压,以免剩余的毒素进入体内。用氨水、牛奶、苏打水或尿液涂抹被蜇伤处,中和毒性。用冷水浸透的毛巾敷在伤处,减轻肿痛。

（6）毒蛇咬伤。

① 症状：在野外如被毒蛇咬伤，患者会出现出血、局部红肿和疼痛等症状，严重者几小时内就会死亡。

② 处理：迅速用布条、手帕、领带等将伤口上部扎紧，以防止蛇毒扩散，然后用消过毒的刀在伤口处划开一个长 1 厘米、深 0.5 厘米左右的刀口，用嘴将毒液吸出。如口腔黏膜没有损伤，其消化液可起到中和作用，所以不必担心中毒。然后联络救护人员。

（7）昆虫叮咬。用冰或凉水冷敷后，在伤口处涂抹氨水。

（8）关节损伤。切不可搓揉、转动受伤的关节，应立刻垫上纱布用冰或冷毛巾在损伤处冷敷 15～30 分钟，24 小时后方可改用热敷。用绷带包扎固定后休息 2～3 天。疼痛、肿胀严重者，应去医院检查和处理。

（9）外伤出血。若遇外伤出血，可用净水冲洗，用干净纸巾等包住。轻微出血可采用压迫止血法，1 小时过后每隔 10 分钟左右要松开一下，以保障血液循环。

（10）骨折或脱臼。用夹板固定后再用冰冷敷。从大树或岩石上摔下来伤到脊椎时，将患者放在平坦而坚固的担架上固定，不让身子晃动，然后送往医院。

（11）水泡防治。

① 预防：最好穿着与脚磨合惯了的鞋及吸汗的棉或线袜。在容易磨出水泡的地方事先贴一块创可贴。

② 一旦磨出了水泡，首先要将泡内的液体排出。用消毒过的缝衣针在水泡表面刺个洞，挤出水泡内的液体，然后用碘酒、酒精等消毒药水涂抹创口及周围，最后用干净的纱布包好。

（12）迷路。确认迷路后，若不能依原路折回，应留在原地等候救援。切勿继续前进，以免消耗体力及增加救援的困难。或往高处走，居高临下较易辨认方向，也容易被救援人员发现。

（13）遇到较大的意外伤害不要惊慌失措，同行的同学要保持镇静。并注意以下问题。

① 在周围环境不危及生命的条件下，一般不要轻易搬动伤员。

② 暂时不要让伤病员喝任何饮料和进食。

③ 发生意外而现场无人时，应向周围大声呼救，不要单独留下伤病员。

④ 遇到严重事故、灾害或中毒时，除紧急呼救外，还应立即向有关部门报告：现场在什么地方、伤病员有多少、伤情如何、做过什么处理等。

⑤ 根据伤情对病员进行抢救的原则是先重后轻、先急后缓、先近后远。

⑥ 对呼吸困难、窒息和心跳停止的伤病员，快速置头于后仰位，托起下颌，使呼吸道畅通，同时施行人工呼吸、胸外心脏按压等复苏操作，原地抢救。

⑦ 对伤情稳定、估计转运途中不会加重伤情的伤病员，迅速组织人力，利用各种交通工具分别转运到附近的医疗单位急救。

最后，野外实习还要严格按照操作规程操作，避免损坏仪表仪器。此外，还应保管好各类重要资料，注意防火、防盗等。

6.2.2　厂矿、企业实习时的安全防范

在厂矿、企业实习时应注意以下问题。

（1）在厂矿、企业实习的同学，应在实习前接受安全教育，包括厂级、车间级和班组级三级安全教育，学习安全法规，并在专人指导下学习并掌握有关的安全操作知识和技能。

（2）不论在何单位实习，都要服从该单位的领导，虚心向技术人员、工人师傅学习，不得违反各项规章制度，确保生产安全。

（3）正确使用和保管个人劳动防护用品，保持工作场所的整洁。准确了解厂矿、企业内特殊危险工区、地点及物品，避免发生意外事故。

（4）进入厂区前检查劳保穿戴，不带与实习无关的物品进厂。厂区要注意卫生保洁，厂区内严禁吸烟。上班不能喝酒。

（5）上班期间不能大声喧哗、睡觉、打闹、串岗。

（6）注意每处的安全标志。不要随便触摸设备、管线表面，以免高温烫伤；不要触摸机器转动部位，以免划伤或绞伤。

（7）不要擅自开关阀门、机泵或仪表按钮，不要擅自调节操作参数，操作时需在工人师傅的指导下操作。要爱护工艺设备、消防设备等。

（8）在易燃易爆区内禁用金属敲打、撞击、摩擦；不准翻越生产线；注意地沟、排污井等，防止滑倒或摔倒；防止阀杆或管线碰头。

（9）闻到异常气味时要迅速往上风方向撤离，防止中毒。

（10）设备出现紧急情况时，应先迅速撤离现场，并向上级汇报，联系维修人员，正确应对，绝不围观。

（11）在车间内实习时请在安全线内行走，在车间外行走时注意避让厂内的车辆，不要妨碍场内车辆的正常通行，同时要注意自身安全，避免发生意外。

（12）与生产线上的师傅交流时要注意礼貌和谦和；不干扰师傅的正常操作；有事必须与车间当班班长请假。

（13）严格按安全规程操作。工作前，应了解掌握需要使用的机器、设备或工具的性能、特点、安全装置和正确操作程序及维护方法，做到安全操作和规范操作。

实习中涉及的职业安全健康知识可参考第7～8章的相关内容。

小提示

安全生产常用术语

（1）三级安全教育：入厂教育、车间教育和班组教育。

（2）三违：违章指挥、违章作业、违反劳动纪律。

（3）三安：建筑施工防护用的安全网、个人防护用的安全帽和安全带。

6.3　勤工俭学安全

案　例

某高职在校学生小豪在江苏一家工厂如愿找到了暑期工作,离家时跟家人说,是一个高中同学帮他找到的工作。随后,小豪与家人失去联系。事发前几天,家人收到他发来的求助消息,说钱不够了,要家人打款200元。之后,家人又收到其消息,让再打3000元过去,这才意识到他被骗进了传销组织。接着,小豪家人又接到一个电话,对方自称是和小豪一起被骗进传销组织的,但侥幸逃出。警方介入后,小豪脱离了传销组织。小豪说,传销组织里都是20多岁的年轻人,每天有人给他"洗脑",大家都睡地铺。

分析:① 传销公司一般先安排学生以销售人员的名义上岗工作,然后公司让学生交纳一定的提货款,再让学生去哄骗他人。有的同学在高回扣的诱惑下,甚至去欺骗自己的同学、朋友。上当之后又往往骑虎难下,最终只得自己白搭上一笔钱。② 防范落入传销组织需充分了解传销特征。传销通常具有以下特征:在"入会"时告诉入会者其职责之一是发展更多的人;交纳昂贵的会费;在工作场所很多人情绪激昂。如果识别出传销,学生应立即停止工作,及时报警。③《禁止传销条例》第七条指出,下列行为属于传销行为:(一)组织者或者经营者通过发展人员,要求被发展人员发展其他人员加入,对发展的人员以其直接或者间接滚动发展的人员数量为依据计算和给付报酬(包括物质奖励和其他经济利益,下同),牟取非法利益的;(二)组织者或者经营者通过发展人员,要求被发展人员交纳费用或者以认购商品等方式变相交纳费用,取得加入或者发展其他人员加入的资格,牟取非法利益的;(三)组织者或者经营者通过发展人员,要求被发展人员发展其他人员加入,形成上下线关系,并以下线的销售业绩为依据计算和给付上线报酬,牟取非法利益的。

猜谜底

1. 安全规章天天讲(安全用语)　　　　2. 寒食节(词语)

3. 他人肇事蒙祸(成语)　　　　　　　4. 贼过了安弓(成语)

6-6　谜底

1. 勤工俭学中常见的安全问题

为适应高等教育改革的需要,增强学生的自立能力,使学生在德、智、体等方面能够得到全面发展,《中华人民共和国教育法》《普通高等学校学生管理规定》明确规定了学生在校期间可以利用课余时间,通过自己的智力、专业特长和其他能力,为他人或单位提供劳动、咨询和技术服务。为此,不少高校随之也制定、出台了有关大学生勤工俭学的暂行规定。参加勤工俭学活动的人数及热情逐渐呈上升趋势,但大学生还比较单纯,对错综复杂的社会情况的认识还不深,很容易受到不法侵害。所以,同学们在勤工俭学活动中,要随时注意安全问题。常见的安全问题主要有以下几种表现形式。

(1)虚假信息。一些不规范的中介机构利用学生急于在假期打工的心理,夸大事实,无中生有,以"急招"的幌子引诱学生前来报名登记。一旦中介费到手,便将登记的学生搁置一边,或找几个关系单位让学生前去"应聘",其实只是做个样子。

(2)预交押金。一些用人单位在招聘时,往往收取不同金额的抵押金,或要求学生将身份证、学生证作为抵押物。这类骗局通常在招聘广告上称有文秘、打字、公关等比较轻松的岗位,求职者只需交一定的保证金即可上班。但往往是学生交钱后,招聘单位推说职位暂时已满,要学生回家等消息,接下来便如石沉大海,押金自然也不会退还。

6-7案例
勤工俭学安
全事故

(3)不付报酬。例如:一些学生被个人或流动服务的公司雇用,约定以月为单位领取工资,但雇主会在8月份找个借口拖延一下,而到9月份学校开学后就消失得无影无踪,令学生白白辛苦一个假期。

(4)临时苦工。一些学生只是想利用假期临时赚些"零花钱",因此对所从事工作的内容往往不太计较。而个别企业正是利用了这一点,平日积攒下一些员工不愿从事的脏活、累活,待假期一到,找一些学生突击完成,然后象征性地给一点钱打发了事。

(5)"高薪"招工。有些娱乐场所以高薪来吸引学生从事所谓的"公关"工作,包括陪客人唱歌、喝茶,甚至从事不正当交易。年轻学生在这些场所打工,很容易受骗上当或误入歧途。

(6)变相传销。有些不法分子以招收勤工俭学活动为名,违反法律法规,唆使学生在校园内从事传销和经商活动。

2. 勤工俭学中常见安全问题的预防

勤工俭学在大学生中已成为一种时尚,如当家庭教师、校园保安员、公寓和食堂保洁员等。在这些勤工俭学活动中,大学生既解决了实际困难,又得到了锻炼,增长了知识,提高了自立能力,这是值得肯定的一面。但也有很多安全问题需要重视。

(1)确认用工单位的合法性。对于自己满意的工作,在正式工作之前一定要确认用工单位是否具备法人资格,是否具备工商管理部门颁发的营业执照,是否拥有固定的营业场所。如果没有合法的执照、固定的营业场所等,一定不要同意工作。

(2)防止中介的诈骗。有一些非法的中介机构,抓住学生缺少社会经验又挣钱心切的心理,收取高额的中介费却不履行合同,不及时给学生找工作。对于中介,同学们要看清其是否有劳动部门颁发的职业介绍许可证或进行网上查询,了解其经营范围是否与执照相符(应看其执照正本),最好到有资质、信誉好的中介公司找工作,而不要去找小中介。

(3)不轻易交纳任何押金。如果确实要交,应将费用的性质、返还时间等方面明确写入劳动协议,以免被随意克扣。

（4）不抵押任何证件。当用工单位要求以学生本人的有关证件作抵押时，一定要拒绝，谨防证件流失到不法分子手中，成为非法活动的工具，证件的复印件也要谨慎写明用途。

（5）不到娱乐场所工作。有的娱乐场所以特殊行业的高薪来吸引求职者。工种有代客泊车、侍者，有的甚至是不正当交易，年轻学生到这些场所打工，往往容易误入歧途。同时，娱乐场所鱼龙混杂，良莠不齐，常常有不法分子出没。为保障人身安全，尽量不要到酒吧、歌舞厅等娱乐场所工作。

（6）不做高危工作。有些工作危险系数高、劳动强度大，如建筑工地、机械零件加工等工作，容易发生意外，学生身体容易受到伤害，尽量不要从事此类工作。

（7）要签订劳务协议。有些用工单位在学生工作结束时以各种理由克扣学生工资，侵害学生利益。大学生应在工作开始前与用工单位签订劳动协议，协议书一定要权责明确，如工资额度、发放时间、安全等关系到同学们切身利益的条款一定要在协议中详细说明。

（8）女生不单独外出约见。有的女生自我保护和防范意识比较差，在对方约见时，不加考虑就去见面，有时会遇到危险。建议女生不要单独外出约见，尽量不要在夜间工作，可能的话，可以和同学结伴外出工作。如果确实需要一个人外出，也要随时和老师、同学等保持联系。

（9）防止网上欺骗。有的个人或者小公司在网上发布信息，要求应聘者通过电子邮件等方式进行翻译、创作等工作。然而学生从网上把邮件、创意等内容发过去以后，就会被告知不能采用，其实他们已经利用了学生的信息或智力资源，但是在网上很难取证。

（10）注意交通安全。不要坐非正规营运车辆，如"黑摩的""黑出租车"等；同时，夜晚返校一定要有人同行，特别是女生，不要单独乘坐公交车以外的车辆，以确保自己的人身安全及财产安全。一旦发生交通安全事故，就要及时拨打110报警。

（11）同学们在外勤工助学期间，如果发现自己上当受骗，一定要收集、保留好相关证据，并及时报警。

（12）避免在校外租房引起纠纷和意外事故。同学们在校外租房，一定要坚持双方签订房屋租赁书或协议书，越详细越好。另外，要注意人身安全，千万不能疏忽大意。

（13）要学会用法律的手段来保护自己的权益。工作中的有关职业安全和健康知识参见第7～8章。

最后，建议同学们以高校勤工俭学服务中心为依托，寻找适合自己的岗位，避免和减少不必要的劳务纠纷。学生在校内勤工俭学尤其是通过勤工俭学服务中心渠道参加工作的，一般比较安全，原因在于本身就生活在校园中，对有些情况比较熟悉，服务对象大多也是校内师生和员工，即使出现个别问题，也会在勤工俭学服务中心指导下很快得到解决，学生自身的合法权益容易受到有效的保护。

另外，还要遵守国家法律、法规和校规校纪，靠诚实劳动获得合法收入。在校学生因参与勤工俭学活动而取得属于个人所得税法规定的应税项目的所得，也应依法缴纳个人所得税，不得做有损于国家、集体和他人合法权益的事。

小提示

勤工俭学途径

（1）经由学校社团组织介绍参加勤工俭学。在学生宿舍以及学校教学楼等公众场所，时常张贴着学生社团组织介绍参加勤工俭学的海报。

（2）通过学校勤工助学中心的安排参加勤工俭学。大学勤工助学中心是统一组织、管理、协调全校大学生勤工俭学的组织机构，每年安排一定数量的贫困大学生参加勤工俭学，使他们能够顺利完成学业。

（3）通过家教中心的帮助，获得"家教"资格。

（4）通过招聘广告或他人的介绍，直接与用人单位联系而成为"打工一族"。随着勤工俭学在大学生中的升温，一些人看到了商机，出现了各种各样的针对大学生的中介所，很多个体业主或小企业愿意雇用心灵手巧的大学生，因此招聘广告在校园里随处可见。

6.4   择业安全

案　例

小张是一名即将毕业的高职学生，在网上看到一条广告。在广告中，该公司称，上万名学生都经他们介绍找到了合适的工作。小张随即加了工作人员的QQ。工作人员称，他们公司的资源多、人脉广，通过他们找工作的学生，90％都顺利就业，平均工资在5 000元以上；不过要先收取1 000元的中介费，找到工作了再收1 000元。当时因求职心切，小张立即给对方转了1 000元。随后，工作人员给他发了一些公司的资料，但入职需要考试。不过他们有内部的复习资料，500元一份，只要有这份资料在手，考试就没问题。

小张又立即支付了 500 元,买了这份"内部资料"。工作人员让他先复习一星期,等考试通知。谁知等小张再次联系工作人员时,发现通过对方的电话、QQ 都找不到对方了,他这才意识到自己上当受骗了。

分析:① 现在不法分子违法的手段和方式层出不穷,花样也越来越多,很多黑中介为了诈骗学生的钱财更是处心积虑,设计一层又一层的圈套,等着学生钻入他们早已布设好的陷阱。② 学生在打工过程中发现被骗,要立即向学校学生管理部门、保卫部门、公安机关反映,并注意保留用工单位出具的凭据。③ 对每个面试的公司和岗位都要事先通过多种渠道进行了解,看应聘单位是否在工商部门登记注册、注册时间是否有效;也可在面试时观察公司的工作环境、公司面试是否正规等。④ 要加强自身的防范意识,尤其是在工作前就提及交费、贷款时,一定要谨慎。⑤ 一旦发现"黑中介",可向当地人力资源社会保障行政部门举报,如遭遇求职应聘陷阱或人身安全受到威胁,要立即向公安部门报警。

猜谜底

1. 全身烧伤(成语)   2. 凭君传话报平安(成语)

3. 防滑靴的作用(常用语)   4. 仙女下凡(二字职业卫生用语)

5. 广开言路(四字交通安全用语)

6-8 谜底

每位同学都需要就业。一般来说,学生就业过程可以分为三个阶段:第一个阶段是就业准备阶段,在这个过程中,同学们要了解就业政策、澄清模糊认识,并通过多种渠道获取就业信息,但最关键的是要调整好择业心态,做好充分的思想准备;第二个阶段是择业阶段,需要与多个用人单位进行接触、洽谈,从中进行选择并达成意向;第三个阶段是实习阶段,这是择业的结束,也是就业的开始。

下面根据三个不同阶段遇到的安全问题分别讲述。

1. 就业准备阶段常见的安全问题

一旦跨入毕业班行列,也就进入了就业准备阶段。这时候需要更多地捕捉有关的就业信息,因为同学们面临的也许是人生最重要的一次选择。在这个关键时期,压力、迷茫往往会导致心理失去平衡。

6-9案例
试工阶段的
事故

心理失衡表现在行为上,有时会引发一些治安事件。个别毕业生动辄发怒,对同学大打出手;有的毕业生酗酒闹事,在公共场所喧闹撒野;个别毕业生甚至对平时非常尊重的老师进行攻击。

另外,心态失衡后容易出现报复社会、报复学校的破坏行为。毋庸置疑,生活中总会有一些不尽如人意的地方,常常让人感到失望、不满和困惑。特别是一些自制力差的同学,偏偏觉得在校期间自己的能力没有得到充分施展、自己的才华没能得到体现,总觉得学校对不起自己,怨天尤人,迁怒于人。

既然就业准备阶段出现安全问题的根源在于心理失衡,那么,正确调整自己的择业心态、积极寻找自己的最佳位置,对于一个即将毕业的学生来说就显得尤为重要。

(1) 客观评价自己。求职择业不同于学习期间的社会实践,它是要找到一个适合自己的工作岗位,并希望能在这个岗位上充分发挥自己的作用。所以,毕业生一定要认清自己的求职角色,懂得选择职业是社会发展的必然,是我们面临的一次新的也是最重要的挑战。同学们不应把学校、社会、家庭、亲友所给予的尊重、爱护与关心当成社会给予的最终认可,而应该主动、积极地了解社会,勇敢地投入社会并主动地适应社会,因为求职择业不是凭理想按图索骥,而是社会选择、优胜劣汰。

每个人都有自己的优点和长处,也都有自己的缺点和短处,所以每位同学对自己和自身能力都要有客观和正确的认识,都应该明白自己适合干什么与不适合干什么,正如古人所言"知人者智,自知者明",要从自身的素质特点、自身的综合能力和社会的客观需要出发,不要与其他同学盲目攀比。

(2) 规范自身行为。在校期间同学们对自己生活、学习所处的环境难免产生遗憾和意见,比如与自己朝夕相处的个别同学产生过一些暂时性的矛盾,也是正常的和可以理解的。毕业前夕,离校在即,如何正确处理这些矛盾和意见呢?

① 责人须公允,意见要客观。由于学校人多事杂,在管理上难免出现问题,影响到同学们的正常学习生活;而且,同学们生活在一起、学习在一起,即使是产生一些矛盾纠纷也不可避免。同学们遇到此类问题时,应该静下心来,客观冷静地思考一下自己的意见是否正确,是否以偏概全,是否求全责备。

② 要通过正当的渠道和途径反映问题。如果对学校有意见,可通过学校设立的正当渠道及时、真实地向老师或上级领导反映;如果对同学抱有成见,谈心是最好的解决办法,当然也可以寻求老师及班干部的帮助和协调。

③ 热爱母校,关心同学。几年的校园生活,是学生最难忘怀的人生阶段,学校陶冶了同学们的情操,赋予了同学们专业知识;使同学们成为知识面丰富,对国家、对社会有用的人才。想想几年的青春时光,想想与同学们吃住在一起,生活上互相关心,学习上互相照顾,在即将毕业之时,有多少友谊诉说不完,又有多少离别之情不禁使人泪下?想到这些,还有什么矛盾和意见不能一笑释怀呢?

2. 择业阶段常见安全问题的预防

在外出求职过程中,应学会一些自我保护知识。要妥善保管好自己的财物尤其是与求职有关的一些学籍证明材料与各种有效证件。求职被骗是就业安全中首要的应引起关注的问题。应如何防止求职时被骗呢?建议毕业生做到如下三点。

(1) 依靠组织,选准渠道。学校都希望自己的学生人尽其才、才尽其用,毕业生应尽可能通过学校组织或职能部门,到人才市场或毕业生供需见面会上双向选择,不要轻率盲目地自找门路。每年各地多次举办的"双向选择人才交流会"是政府有关部门统一组织的,进入人才市场的用人单位一般都是正式的机构、厂矿和企事业等合法单位。

(2) 切忌轻信,多方释疑。诸如单位状况、所要从事工作的性质、发展前途等信息,可通过学校老师、亲友进行多方了解,必要时可以亲自登门进行实际考察。这样,除可以防止受骗外,还有利于自己与用人单位签订合同时处于更加主动的地位,预防以后发生一些不必要的民事纠纷。

（3）遇事不慌，主动求助。一旦遇到麻烦，要立即向学校保卫部门、学生管理部门及公安机关报告情况，并注意保留证据和提供有关线索，以便于有关部门进行调查。只有这样，才能使被骗损失减少到最低程度。

3．实习阶段常见安全问题及其预防

（1）实习阶段常见的安全问题。实习是大中专毕业生们职业生涯的开始，是非常关键的一个时期，安全稳妥地度过这一阶段非常重要。那么，这一阶段又会遇到什么安全问题呢？

① 各类证件、证书的保管问题。同学们毕业时，需要自己保管的证件、证书很多，如毕业证书、报到证、户口关系证明等，其中有些是不能被复制使用的，这些证书若不慎丢失、损坏，补办起来相当麻烦。

因此，同学们应妥善保管好这些证书或证件，平时不用时，应放在一个自己熟悉的固定位置。而且，有关证书或证件一旦有所损毁，就应及时联系有关部门补发，不要拖延。

② 劳动保护问题。就业后，同学们可能要从事许多不同的工作，在劳动和工作的过程中，各个行业或轻或重或大或小都存在着各种安全隐患；工作伊始，非常有必要增强自己的安全意识，以保证自己的生命、财产安全和身心健康。另外，要尽快地熟悉所从事职业岗位的工作特点，掌握必要的安全常识，遇到问题要多向领导、同事请教；要谦虚谨慎，一定要丢掉虚荣心，在困难和挫折中不断总结经验、树立自信心，始终保持平常的心态去迎接各种挑战。

③ 劳动争议问题。劳动争议是指企事业单位、国家机关、社会团体和与之形成劳动关系的劳动者之间，因劳动引起的权利义务关系而发生的纠纷。对于刚毕业的学生来说，最容易出现的是工资待遇、试用期时间及劳动质量等方面产生的劳动争议。

（2）实习阶段常见安全问题的预防。

① 劳动保护问题。获得劳动安全保护是每个人都拥有的权利，劳动者有权要求改善劳动条件和加强劳动保护，保障自己在生产劳动过程中的安全健康。用人单位必须建立健全劳动安全制度，严格遵守和执行国家的劳动安全标准和规程，必须为劳动者提供符合国家规定的劳动安全条件和必要的劳动防护用品，必须对劳动者进行劳动安全教育，并采取各种有效措施预防或减少职业危害。

从毕业生自身来说，在参加工作后，应严格遵守各种劳动安全操作规程，积极向专家、管理人员或老同志请教、学习劳动安全基本常识，努力提高本职专业工作技能，从根本上杜绝劳动安全事故的发生。一旦出现劳动安全事故，就要懂得利用法律武器保护自己应有的权利。

② 劳动争议问题。同学们在参加工作之前，应该本着平等、自愿、协商一致的原则，与用人单位签订有关劳动用工合同，在合同中明确、细致、全面地规定出双方当事人的责、权、利及应尽义务，这是预防产生劳动纠纷的有效方法。

劳动纠纷一旦发生，择业毕业生就可以向政府劳动争议仲裁机关或职能部门依法申请调解、仲裁或提起诉讼,也可以协商解决,从而有效维护自己的合法权益。

③ 6.3节介绍的很多安全防范知识在本节同样重要。

需要说明的是:本章介绍的一部分基础安全知识是有时代局限性的。随着社会的不断发展和文明程度的不断提高,有些现在需要注意的安全问题未来将会出现变化或逐渐失去意义,我们应该随时适应时代的变化。

小 提 示

择业防骗知识

(1)尽可能通过正式组织、单位到人才市场、大学生供需洽谈会上双向选择。

(2)不要轻易相信,遇到疑问时可多方了解。可通过学校组织、亲友了解单位状况、将从事工作的性质等,有条件的也可以亲自登门,实地考察、了解。

(3)一旦遇到麻烦,立即向学校学生管理部门、保卫部门、地方公安机关反映,并注意收集和保留证据,提供有关线索,协助调查。

---------------------------------- ◎ 小　　结 ◎ ----------------------------------

本章介绍了在化学实验室和生物实验室等实验室开展实验的一些安全知识和注意事项,阐述了开展野外实习和到工矿、企业实习时的安全问题和防范知识,指出了同学们在校期间勤工俭学的安全防范和毕业时找工作的安全注意事项。

---------------------------------- ◎ 思考与练习 ◎ ----------------------------------

1. 化学实验室应注意哪些安全事项?

2. 化学实验经常用到哪些危险物质?它们有哪些特征?

3. 生物实验室应注意什么安全问题?

4. 实验室安全理念包括哪些?

5. 为保障实验室安全,如何倡导和践行"四不伤害"?

6. 野外实习的时候应注意哪些安全问题?

7. 为什么到工矿企业实习要接受三级安全教育?

8. 在工矿企业实习应注意哪些安全问题?

9. 勤工俭学中的安全问题有哪些?如何避免?

10. 择业阶段常见的安全问题有哪些?有哪些预防对策?

11. 下面的漫画中,一位轧机维修工站在轧辊下面检查轧机,未发现问题,他对着控制轧机开关的另一位维修工说:"这里一切正常了,你按下开关试试。"此时他忘记了自己正处在极端危险的位置。现实中有些人经常在安全方面顾此失彼。试对此类问题进行思考,并展开讨论。

12. 下面的漫画中,有人觉得把昂贵的东西放到保险柜中就安全了。可保险柜本身就是小偷经常盯着的目标,小偷会把整个保险柜搬走。请结合现实思考安全的相对性,并展开讨论。

综合讨论一

　　某高校学生葛某等暑期到一家教育辅导机构兼职,其间被派往某县负责辅导班招生和教学。一个月课程结束后,辅导机构的负责人却"失踪"了,承诺的工资也无法兑现。此次暑假勤工俭学,葛某损失1万元。

讨论：如何在勤工俭学中维护自身利益、防止被骗？请结合案例进行讨论。

综 合 讨 论 二

范某为数控专业学生，在机械车间实习时，将平台划线完毕后的工件移动到加工附近的场地时，右手手指被挤压，导致三根手指断掉。经过医院鉴定，范某被定为九级伤残。

讨论：在实习过程中如何避免被机械设备伤害？

-------------------------------- ◉ **阅读材料** ◉ --------------------------------

化学实验安全常识

在化学实验室安全管理上，学校应建立健全实验室化学危险物品购置管理规范，建立从请购、领用、使用、回收、销毁的全过程记录和控制制度，确保物品台账与使用登记账、库存物资之间的账账相符、账实相符。

危险化学品管理必须做到"四无一保"，即无被盗、无事故、无丢失、无违章，保安全。对剧毒物品等危险物品的存储必须严格安全措施，实行"双人保管、双人收发、双人使用、双人运输、双把锁、双本账"的"六双"管理制度。放射性同位素应当单独存放，不得与易燃、易爆、腐蚀性物品一起存放。废弃的危险化学品须交由有资质的单位统一收集处置。

（资料来源：吴超教授博客）

第 7 章　职业卫生

学习目标

1. 了解和掌握职业卫生的基本概念；

2. 系统认识劳动过程中劳动者的生理和心理变化、粉尘及生产中常接触的毒物、物理因素职业性病损以及有害因素的评价和控制等方面的知识。

我们每一个大学生都要面临毕业后走向社会这一未来，为了让我们的职业生涯更加顺遂，我们需要更多专业安全方面的知识。本章将从职业卫生的角度来介绍专业安全方面的知识。

7.1　职业卫生的基本概念

案　例

某高职学生小张到一家电子制造企业打工，负责喷涂金属材料。在未经职业卫生培训和不清楚存在有毒有害物质危害的情况下工作了 2 个月后，他出现了咳嗽、气喘症状，并伴有持续性的发烧，随即去医院就诊。经 CT 检查发现，他的肺部有白色粉尘颗粒。经进一步检测，发现其主要成分除了氧化硅和氧化铝，还有毒性很强的重金属元素铟。小张患上了新型职业病。

分析：根据《中华人民共和国职业病防治法》，企业主体应让作业人员了解所从事的工作存在的职业危害风险，有防止相关职业危害的有效措施，并对从事该项作业的员工开展职业卫生安全培训等。显然，小张所从事的工作具有职业危害，企业没有做好相关的卫生防护和安全培训工作，具有不可推卸的责任。

7-1 谜底

猜谜底

1. 哪能什么都制造(四字劳动保护工作用语)

2. 八方张罗(劳动保护用品)

3. 孙悟空紧箍咒(词语)

职业卫生知识是专业安全知识的重要组成部分,它涉及如何控制和改善劳动者的不良劳动条件,保护和促进劳动者的身心健康,预防和减少职业性病伤的产生。据统计,约45%的全球人口属于职业人群,世界范围内几乎没有一种职业不涉及职业卫生问题。

现在,职业性病伤不单存在于蓝领职业者的身上,有时在白领职业者的身上甚至更为严重。因此,职业卫生工作面向的是所有职业人群。

尽管我们现在在美好的环境中学习,但求学的最终目的是要走向社会,走向独立谋生的工作岗位。毕业后我们就会去不同的岗位就业,如何保证自己在漫长的职业生涯中远离职业病和保护他人远离职业病,学习和掌握必要的职业卫生基础知识是十分重要的。为此,让我们首先从职业卫生的基本概念开始吧。

1. 认识职业性病损

职业性病损是指职业性有害因素引起(所致)的各种职业损伤的统称。它可以是轻微的健康影响,也可以是严重的损害,甚至导致严重的伤残或死亡。职业性病损包括工伤、早期健康损害和职业性疾患。而后者又包括职业病和与工作有关的疾病两大类。

7-2 共享课视频　职业卫生基础知识

(1)工伤。工伤多见于意外事故,属于劳动保护的范畴,但其预防应是职业卫生和劳动保护部门的共同任务,其发生概率常与劳动组织、机器构造和防护是否完善有关,还与个人心理状态、生活方式等因素有关。必须加以积极预防。

(2)职业病。当职业性有害因素作用于人体的强度与时间超过一定限度时,人体不能代偿其所造成的功能性或器质性病理改变,从而出现相应的临床症状,影响劳动能力,这类疾病统称为职业病。一般被认定为职业病,应具备下列三个条件:该疾病应与工作场所的职业性有害因素密切有关;所接触的有害因素的剂量(浓度或强度)无论过去或现在,都足以导致疾病的发生;必须区别职业性与非职业性病因所起的作用,而前者的可能性必须大于后者。

医学上所称的职业病是泛指职业危害因素所引起的特定疾病。我国在《中华人民共和国职业病防治法》中给出了立法意义上的定义,职业病是指:企业、事业单位和个体经济组织等用人单位的劳动者在职业活动中,因接触粉尘、放射性物质和其他有毒、有害物质等因素而引起的疾病。可见,广义地讲,职业性有害因素所引起的特定疾病统称为职业病,但在立法意义上,职业病却有特定的范围,即指政府所规定的法定职业病。根据我国政府的规定,法定职业病的诊断须在专门的机构进行,凡诊断为法定职业病的必须向主管部门报告,而且凡属法定职业病者,在治疗和休假期间及在确定为伤残或治疗无效

7-3案例职业病

而死亡时,应按劳动保险条例有关规定享受相应的劳保待遇。

(3) 与工作有关的疾病。与工作有关的疾病,与职业病有所区别。广义地讲,职业病是指与工作有关,并直接与职业性有害因素有因果联系的疾病;而与工作有关的疾病又称职业性多发病,是一组与职业有关的非特异性疾病,它具有三层含义。

① 与职业因素有关,但两者之间不存在直接因果关系,即职业因素不是唯一的病因。② 职业因素影响了健康,从而促使潜在疾病暴露或病情加剧恶化。如一氧化碳可使动脉壁胆固醇沉积增加,可诱发和加剧心绞痛和心肌梗死。紧张作业人群高血压患病率明显高于一般人群。③ 调离该职业或改善工作条件可使疾病缓解或停止发生。

可见与工作有关疾病比职业病的范围更为广泛。此外,作用轻微的职业有害因素作用于机体,有时虽不会引起病理性损害,但可以产生体表的某些改变,如胼胝、皮肤色素增加等。这些改变在生理范围之内,故可视为机体的一种代偿或适应性变化,通常称为职业特征。

2. 我国规定的法定职业病

你知道我国法定的职业病有哪些吗? 我国 2013 年 12 月 23 日颁布的《职业病分类和目录》将职业病共分为 10 类 132 种。其具体种类如下。① 职业性尘肺病及其他呼吸系统疾病(共 19 种)。如矽肺、煤工尘肺、石墨尘肺、碳黑尘肺、石棉肺、滑石尘肺、水泥尘肺、云母尘肺、陶工尘肺、铝尘肺、电焊工尘肺、铸工尘肺等。② 职业性皮肤病(共 9 种)。如接触性皮炎、光接触性皮炎、电光性皮炎、黑变病、痤疮、溃疡、化学性皮肤灼伤等。③ 职业性眼病(共 3 种)。如化学性眼部灼伤、电光性眼炎、职业性白内障(含放射性白内障、三硝基甲苯白内障)。④ 职业性耳鼻喉口腔疾病(共 4 种)。噪声聋、铬鼻病、牙酸蚀病、爆震聋。⑤ 职业性化学中毒(共 60 种)。如铅及其化合物中毒、汞及其化合物中毒、锰及其化合物中毒、镉及其化合物中毒、磷及其化合物中毒、砷及其化合物中毒、氯气中毒、二氧化硫中毒、甲醇中毒、酚中毒、甲醛中毒等。⑥ 物理因素职业病(共 7 种)。如中暑、减压病、高原病、航空病、手臂振动病等。⑦ 职业性放射性疾病(共 11 种)。如外照射急性放射病、外照射亚急性放射病、外照射慢性放射病、内照射放射病、放射性皮肤疾病、放射性肿瘤、放射性骨损伤等。⑧ 职业性传染病(共 5 种)。如炭疽、森林脑炎、布鲁氏菌病等。⑨ 职业性肿瘤(共 11 种)。如石棉所致肺癌或间皮瘤、苯所致白血病等。⑩ 其他职业病(共 3 种)。如金属烟热等。

凡是被确诊患有职业病的职工,职业病诊断机构应发给《职业病诊断证明书》,享受国家规定的工伤保险待遇或职业病待遇。

3. 职业性有害因素及其来源

劳动条件中存在的危害劳动者健康的各种因素统称为职业性有害因素,这里的劳动条件包括生产工艺过程、劳动过程和生产环境等三个方面。不良的劳动条件中存在着各种职业性的有害因素,其来源可包括如下三个方面。

(1) 生产工艺过程中产生的有害因素。生产工艺过程常常随着生产设备、使用的原料和生产工艺的变化而变化。其所产生的职业性有害因素按性质又可分为以下三种。

① 化学因素。指在生产中接触到的原料、中间产品、成品和生产过程中产生的废气、废水、废渣等。化学性有害因素又可分为有毒物质和生产性粉尘两大类。前者是指摄入少量就对人体有毒性作用的物质,包括金属及类金属、有机溶剂、有害气体、农药等。后者是指生产过程中由于机械破碎和切割形成的微小固体颗粒,包括有机粉尘、无机粉尘、混合性粉尘等。在实际生产中粉尘表面常会吸附毒物,固体毒物常以附着于粉尘的方式存在。

② 物理因素。异常气象条件,如高温、低温、高湿、异常气压等;生产性噪声、振动;电磁辐射,如 X 射线、γ 射线等;非电离辐射,如可见光、紫外线、红外线、射频辐射、微波、激光等。

③ 生物因素。主要是指生产原料和作业环境中存在的病原微生物和寄生虫。病原微生物有炭疽杆菌、布鲁氏菌、森林脑炎病毒等;致病寄生虫有煤矿井下钩虫等。

(2) 劳动过程中的有害因素。劳动过程中有许多因素会造成直接健康损害,常见的有如下六种。① 劳动组织和劳动制度不合理。如劳动时间过长,脑力劳动与体力劳动比例不当,工间休息不当,倒班制度不合理等。② 劳动强度过大、生产定额不当、工作紧张过度,常见于流水作业。③ 安排的作业与劳动者生理状况不相适应。④ 个别器官或系统过度紧张,如视屏作业者的视觉紧张和腰背肌肉紧张、钢琴演奏家的手指痉挛等。⑤ 长时间处于某种不良体位或使用不合理的工具,如计算机操作人员、流水线工作人员的座椅不适易产生颈、肩、腕损伤,长期操作手柄、轮盘等引起掌挛缩病,长期站立、行走引起下肢静脉曲张和扁平足等。⑥ 精神紧张和心理压力大,这是客观需求与主观反应之间失衡的表现,由于不能满足需求就可能引起相应的功能性紊乱。

(3) 生产环境中的有害因素。主要涉及如下三类。

① 自然环境中的因素,如寒冷、炎热、太阳辐射等。

② 厂房建筑或布局不合理,如厂房建筑面积过小,机械设备安置过密,热源、噪声无隔离,有害工段不独立,设计时没有考虑通风、换气、照明等必要的卫生技术设施等。

③ 不合理生产过程所致的环境污染,如氯碱厂氯气泄漏、化肥厂氨气泄漏等。

在实际的生产场所中危害因素往往不是单一存在的,而是多种因素同时对劳动者的健康产生作用,此时危害更大。

4. 职业病的致病模式及特点

(1) 职业病的致病模式。

接触有害因素对健康损害的机会和程度往往存在很大的差异。劳动者接触职业性有害因素,由于机体的修复和代偿作用,不一定会发生职业性疾患、伤残或死亡,形成这种结局必须具有一定的致病条件,即符合一般疾病的致病模式。也就是说,职业性有害因素本身的性质、作用条件和接触者个体特征等三个因素要联系在一起,才能对人体产生职业性损害。

职业性有害因素本身的理化性质和作用部位决定了其毒性作用的大小。如粉尘浓度越大其对呼吸系统的致病作用越强,苯的毒性作用强于甲苯和二甲苯等。

职业病的致病条件包括如下四个方面。

① 接触机会,如在生产工艺过程中,经常接触某些有毒有害因素。

② 接触方式,经呼吸道、皮肤或其他途径可进入人体或由于意外事故造成病伤。

③ 接触时间,每天或一生中累计接触的总时间。

④ 接触强度,指接触浓度或水平。

后两个条件是决定机体接受危害剂量的主要因素,常用接触水平来表示。据此,改善作业条件,控制接触水平,降低进入机体的实际接受量,是预防职业性病损的根本措施。

接触者个体特征也是职业病发病的一个重要因素,常称为个体因素。它是同一条件下不同个体发生职业性病损的机会和程度具有很大差别的重要原因。主要涉及如下几个方面。

① 遗传因素,如患有某些遗传性疾病或存在遗传缺陷(变异)的人,容易受某些有害因素的作用。

② 年龄和性别差异,包括妇女从事接触对胎儿、乳儿有影响的工作,以及未成年人和老工人对某些有害因素作用的易感性。

③ 营养不良,如不合理膳食结构,可致机体抵抗力降低。

④ 其他疾病,如皮肤病减弱皮肤防护能力,肝病影响肝脏的解毒功能等。

⑤ 文化水平和生活方式,如缺乏卫生及自我保健意识,以及吸烟、酗酒、缺乏体育锻炼、过度精神紧张等,均能增加职业性有害因素的致病机会和程度。这些因素统称为个体危险因素,存在这些因素者对职业性有害因素较易感,故称易感者或高危人群。

(2)职业病的特点。职业病具有如下五个特点。

① 病因明确,病因即职业性有害因素。每个职业病患者均有明确的职业性有害因素接触史,在控制病因或其作用条件后,可以消除或降低发病可能性。

② 所接触的职业性有害因素大多是可以检测和识别的,且其强度或浓度达到一定程度才能致病。

③ 在接触同类职业性有害因素的人群中,常有一定数量的人发病,很少出现个别病例。

④ 大多数职业病如能早期诊断、及时治疗、妥善处理,预后较好。但有些职业病(如矽肺),迄今为止所有治疗方法均无明显效果,只能对症处理,减缓进程,故发现越晚,疗效越差。

⑤ 除职业性传染病外,治疗个体无助于控制人群发病,必须有效"治疗"有害的工作环境。从病因上说,职业病是完全可以预防的,发现病因,改善劳动条件,控制职业性有害因素,即可减少职业病的发生,故必须强调"预防为主"。

除上述特点外,职业病的另一个特点是,在同一生产环境从事同一种工作的人中,个体发生职业性损伤的机会和程度也有极大差别,这主要取决于个体特征。

小提示

防疫心理健康

新冠肺炎的暴发打乱了人们的日常生活,人们出现常见的心理应激反应(包括焦虑、抑郁、强迫、出现疑病症等),有的还出现胸闷、出汗、恶心、肠胃不适等生理应激反应。适度的应激反应有利于人们保持警觉、调动资源并增强适应能力来应对疫情危机。但如果这些情绪、认知和躯体症状表现为反应过于强烈和持久,则会影响正常生活。如产生心理应激反应,可以采用多种方法进行自我调适:① 寻求正规信息发布渠道,适度关注疫情信息。② 系统全面地学习新冠肺炎疫情防控知识,做到心里有底,能更有效地缓解恐慌、焦虑情绪,更好地保护自己或照看患病亲人。③ 接纳自己面对疫情的恐惧、焦虑、沮丧等负性情绪,应认识到,适度的情绪反应有利于加强自我保护和防范。④ 调整不合理的认知,坚定战胜疫情的信心。⑤ 维持正常的生活节律。可通过制订生活计划保持健康作息,坚持每天锻炼,利用各种网络资源有计划地学习,不断充实自己。⑥ 与亲友积极地交流与沟通,通过多种形式开展朋辈心理互助。⑦ 保护自己,帮助他人。做有价值、有建设性的工作有助于提升个人自我价值感,提高应对压力的自信。⑧ 适时寻求专业的心理帮助。如果心理问题难以自行调适,那么要主动向专业机构求助。疫情防控期间,还可以使用积极联想法、放松训练等简单易学的心理疏导方法来缓解身体和情绪的紧张。

7.2　劳动的生理和心理

案　例

黄师傅于2015年开始皮肤起红疹,到诊所打针吃药后自觉症状好转,没想到2020年后疹子越来越多,最后浑身上下都是疹子,胳膊和大腿尤其严重。黄师傅在某市医院就诊后经医生提醒才突然想到:这可能和车间接触的有害物质有关系。

黄师傅从2015年开始一直在一家五金电镀厂工作,每天在酸洗→电镀→染色→捞颜色→甩干等工序中忙着,经常接触盐酸、硝酸、碱等化学物。

但是就是车间这些常见的化学物,最终导致了黄师傅的职业病——"疑似职业性慢性接触性皮炎"。

分析:黄师傅在车间接触酸、碱等腐蚀性物质后,出现接触性皮炎,反复接触还可造成接触性皮炎长期发作,导致慢性接触性皮炎甚至慢性湿疹。其实职业病是可以预防的。① 对于工人:黄师傅可根据《中华人民共和国职业病防治法》和《职业病诊断与鉴定管理办法》和职业病诊断程序,到有职业病诊断资质的机构申请职业病诊断。② 对于车间:建议加强车间的通风,启动送风装置,增加新风量的输入。按照 GBZ 1—2010《工业企业设计卫生标准》的要求,对于产生或存在酸碱等强腐蚀性物质的工作场所应设冲洗设施;高毒物质工作场所墙面和地面等内部结构和表面应采用耐腐蚀、不吸收、不吸附毒物的材料;车间地面应平整,易于冲洗清扫,并采用坡向排水系统,其废水纳入工业废水处理系统。建议认真做好工人的个人防护,为工人配备有效的防毒口罩,并要求工人严格按照要求佩戴。③ 对于工厂:建议建立并不断完善职业卫生管理制度,确保职业病防治管理的各项措施得到及时、有效的落实。定期开展职业病危害检测与评价,发现问题,及时整改。定期组织该工厂接触职业病危害因素的员工开展职业健康检查,建立健康档案,密切、动态观察了解工人的健康状况。加强对工人的职业卫生健康教育。④ 对于监管部门:要加强对工作场所存在腐蚀性物质作业岗位的工厂企业的监督执法。

猜谜底

1. 禁止喧哗(四字职业卫生用语)
2. 夏练三伏(四字劳动保护工作用语)
3. 日落西山悬崖后,中秋之夜商贾忙(职业病)
4. 小小一床被,只盖鼻和嘴,防毒讲卫生,人人必须备(卫生用品)

7-4　谜底

人类的劳动按其类型分为脑力劳动、体力劳动和脑体混合劳动等三类。人在劳动过程中,机体通过其“神经—体液”的调节和适应,以满足劳动时的动作和心理要求。在正常情况下,这种调节和适应会促进劳动者的健康。但若劳动负荷过大、作业时间过长、劳动制度或分配不合理及环境条件太差,以至人体不能适应或耐受时,就可能构成职业劳动过程中的有害因素,造成生理和心理过度紧张,甚至损害健康。因此,应了解人在劳动过程中的生理和心理,以便针对这方面的健康危害采取正确的预防和应对措施。

7-5案例
劳动疲劳引
发的安全健
康事故

1. 人体活动时的能量来源

人体的能量主要来源于摄取的三大营养物质:糖、蛋白质和脂肪。

(1)糖是构成人体组织细胞的重要成分,是生命活动中能量的主要来源。机体活动所需要的能量,首先由糖来供应,因为糖在氧化时的需氧量比脂肪和蛋白质氧化时的需氧量要少,所以是人体最经济的供能物质。

(2)蛋白质是生命的基础,是建造、修复和再生组织的主要原料。蛋白质分解时产生能量,是机体能量的来源之一。

(3)脂肪是构成细胞的组成部分。脂肪大部分贮藏在皮下结缔组织及内脏器官周围,是一种含能量最多的物质,在体内氧化时释放出的能量约为同量蛋白质和糖的两倍。

糖、蛋白质和脂肪在体内的代谢过程十分复杂,要通过一系列的生物氧化过程,最终分解为二氧化碳和水,释放出能量。二氧化碳由肺通过呼吸道排出体外,水则以尿和汗的形式排出体外。释放出的能量 55% 用来维持体温,其余的则供人体从事各种活动。

其中体力活动强度大,能量消耗则大,反之则小。因此,体力活动强度的大小通常用能量消耗的多少来表示。

2. 体力劳动时机体的调节和适应

在生产劳动过程中,为保证能量供应和各器官系统的协调,机体通过"神经—体液"调节各器官系统的生理功能,以适应生产劳动的需要。这种调节和适应性可使机体产生以下变化。

(1)神经系统方面。人在劳动时经中枢神经系统的调节作用,通过机体内外感受器所传导的反复的复合条件反射可逐渐形成该项作业的动力定型,从而使从事该种作业时的各器官系统配合更协调和轻松。体力劳动的强度和性质,在一定程度上也能改变大脑皮层的功能。大强度作业能降低皮层的兴奋性并加深抑制过程。此外,体力劳动还能影响感觉器官的功能,如重作业能引起视觉和皮肤感觉时值的延长。

(2)心血管系统方面。心血管系统在作业开始前后发生的适应性变动,表现在心率、血压和血液再分配等方面。心率在作业开始前 1 分钟常稍增加,作业开始 30～40 秒内迅速增加,经 4～5 分钟达到与劳动强度相应的稳定水平。作业停止后,心率可在几秒至 15 秒后迅速减少,然后再缓慢恢复至原水平。血压在作业时收缩压即上升,劳动强度大的作业能使血压上升 8 000～10 670 帕。作业停止后血压迅速下降,一般能在 5 分钟内恢复正常。人在进行体力劳动时,通过神经反射使内脏、皮肤等处的小动脉收缩,而代谢产物乳酸和二氧化碳却使供应肌肉的小动脉扩张,使流入肌肉和心肌的血液量大增,脑则维持不变或稍增多,而肾、腹腔脏器、皮肤、骨等都有所减少。此外,若体力劳动的强度过大,持续时间过长,那么血液中血糖浓度也将降低。

(3)呼吸系统方面。作业时,呼吸次数随体力劳动强度加大而增加,重劳动时可达 30～40 次/分钟,极大强度劳动时可达 60 次/分钟。肺通气量可由安静时的 6～8 升/分钟增至 40～120 升/分钟或更高。

(4)排泄系统方面。体力劳动时及其后一段时间内尿量可减少 50%～90%,尿的成分变动也较大,乳酸含量可从 20 毫克/小时增至 100～1300 毫克/小时,以维持体内酸碱平衡。体力劳动时,汗液增多,且汗中乳酸含量也增多。

(5)体温。体力劳动时及其后一段时间内体温有所上升,以利于全身各器官系统活动的进行,但不应超过安静时的 1℃,即中心体温 38℃;否则人体不能适应,劳动不能持久进行。

3. 脑力劳动引起的主要生理变化和职业卫生要求

脑力劳动是相对体力劳动而言以脑力活动为主的作业,也叫信息性劳动,其特点在于信息的加工处理。脑力劳动时,脑的氧代谢较其他器官快,安静时为等量肌肉需氧量的 15～20 倍,占成年人体总耗氧量的 10%。紧张的脑力劳动,其耗氧量会更大。葡萄糖是脑细胞活动的最重要能源,主要靠血液送来的葡萄糖通过氧化磷酸化过程来提供能量。因此,脑组织对缺氧、缺血非常敏感。脑力活动常使心率减慢,但特别紧张时,心率加快,血压上升,呼吸稍加快,脑部充血、四肢和腹腔血流减少,脑电图和心电图也相应地发生改变。脑力劳动时,血糖指数一般变化不大或稍有增高;对尿量、尿的成分影响不大。在极度紧张的脑力劳动时,尿中的磷酸盐的含量会有所增加。

脑力劳动系统同样包括劳动者、劳动工具、工作任务、工作环境和工作组织制度等条件和要素,对脑力劳动的职业卫生要求可据此加以考虑。工作场所对脑力劳动效率有重要的影响,故工作室应保持安静,噪声不应超过 45 分贝;室内光线应明亮,但需防止阳光直射,光线应从左边来;人工照明应有足够亮度,一般应为 500 勒(克斯),制图等精细工作应为 1 000 勒(克斯);室内温度以合适温度为宜,我国《室内空气质量标准》(GB/T 18883—2002)中明确规定,夏季空调房间室内温度的标准值为 22～28℃,冬季采暖时室内温度的标准值为 16～24℃。墙壁颜色应明亮柔和,避免使用黑色、深色或刺眼的颜色。工作间、桌椅等均应符合工效学要求。脑力劳动的任务是信息加工处理,外界提供的信息应明确,量要适中,信息的区分度要高,否则会加重脑力劳动者的负荷。同时要注意信息的和谐性和剩余度问题。前者即信息显示、控制性活动或系统的应答要与操作者所预期的保持一致,否则将产生信息冲突。后者是表示信号所携带的实际信息量低于它可能携带的最大信息量的程度。多余的信息可使操作者能够交叉地检查和确认信息,保证信息交流的可靠性,但过多的信息可增加脑力劳动的负荷,使人分心。故应根据作业需求,保持适量的剩余信息。此外,脑力劳动者也应注意改进记忆和思考的方式方法,还要注意合理营养、体育锻炼和工间休息以维护作业能力,防止过劳。

4. 职业性心理紧张的表现及其引发因素

紧张是人体对外界刺激的一种心理反应,是在客观需求与主观反应能力之间的一种(可感受到的)失衡。此时,如果不能满足需求就可能引起相应的(可觉察的)功能性紊乱。由紧张引起的短期生理、心理或行为表现称为紧张反应。其表现有如下几点。

(1)心理反应。过度紧张可引起人们的心理异常反应,主要表现在情感和认知方面。例如工作满意度下降、抑郁、焦虑、易疲倦、情感淡漠、注意力不集中、记忆力下降、易怒,使个体应对能力下降。

(2)生理反应。主要是躯体不适,血压升高,心率加快,血凝加速,皮肤电反应增强,血和尿中儿茶酚胺和 17-羟皮质类固醇增多,尿酸增加。对免疫功能可能有抑制作用,可致肾上腺素和去甲肾上腺素的分泌增加,以致血中游离酸和高血糖素增加。

(3)行为表现。紧张可引起有害的个人行为,如过量吸烟、酗酒,频繁就医、药物依赖,怠工、缺勤,不愿参加集体活动等。

(4)精疲力竭。精疲力竭的发生是职业紧张的直接后果,是个体不能应对职业紧张的最重要的表现之一。精疲力竭主要表现在三个方面:① 生理性衰竭;② 情绪性衰竭,情绪资源过度消耗,表现为情感抑郁、无望和无助等;③ 精神性衰竭,精力过分损耗,对工作、朋友和家人均表现为负性态度。精疲力竭的后果是严重的,不仅会丧失工作能力,还可能危及生命。

紧张按其状态可分为过度紧张、适度紧张和紧张不足三种。在职业劳动过程中,充分利用劳动者的个体特征或所在职业环境等调节因素,保持适度紧张是顺利完成生产任务的必备条件。适度紧张能有效保证工人适应一般情况下的工作条件和工作环境,保持良好的情绪状态,有效控制和分配注意力,准确感知劳动对象,积极完成各种思维判断活动。同时,保证工人在严格遵守劳动操作程序要求的前提下,最大限度地减少心理和体力的消耗,保持旺盛的工作热情,从而有利于减少工作中的失误和事故,使工人安全、优质、高效地完成生产任务。适度紧张也有一定的消极影响,但这些影响都是工人的适应能力可以加以克服的,不会对其身心造成严重的危害。紧张不足和过度紧张都不利于工作的有效完成,对工人的身心也有不良影响。

使劳动者产生心理紧张的环境事件或条件称为紧张因素。劳动场所中能引起职业性紧张的因素有以下六点。

（1）工作组织方面,包括工作时间与进度不当和工作的客观整体结构上存在问题等。

（2）工作量方面,如工作量上超负荷、工作质量上负荷不足、在进度和工作方法上劳动者不能主动加以控制等。

（3）工作经历方面,如劳动生涯中的变动和长期不变动等。

（4）劳动条件方面,如通风照明不良、噪声强度大、工作空间狭窄拥挤、环境脏乱差等都是紧张因素。

（5）组织关系方面,如个人在组织机构中的职责不明确、接受的任务相互冲突、工作中得不到信任与支持、缺乏自主权等都是紧张的来源。

（6）个人与社会因素,如个人性格、年龄、性别、健康状况等都可影响个体对职业性紧张因素的易感性。

5. 疲劳及其产生的原因

在劳动过程中人体各系统、器官或全身生理功能和作业能力出现明显下降的状态称为疲劳。疲劳的长期积蓄会造成过度疲劳,发展为病理状态。

（1）疲劳的三个阶段。疲劳可视为机体的正常生理反应,起预防机体过劳的警告作用。疲劳的发生大致可分为三个阶段。

第一阶段：疲倦感轻微,作业能力不受影响或稍下降。此时,浓厚兴趣、特殊刺激、个人意志等可战胜疲劳,维持工作效率,但有导致过劳的危险。

第二阶段：作业能力下降趋势明显,但仅涉及生产的质量,对产量的影响不大。

第三阶段：疲倦感强烈,作业能力急剧下降或有起伏,最终感到精疲力竭、操作发生紊乱而无法继续工作。幸运的是,人的疲劳与金属的疲劳是不一样的,经过适当的休息是可以恢复的。

（2）疲劳的四种类别。疲劳按其形式大致分为以下几种。

① 局部疲劳。疲劳主要发生在身体的某一部分或个别器官,如抄写、折页、打字等引起的上肢疲劳和仪表工人的视觉疲劳。这类疲劳发生在局部,一般不影响其他部位的功能。如手指疲劳对视力和听力并无明显影响。

② 全身疲劳。主要是由于全身参加较为繁重的体力劳动所致,表现为肌肉关节酸痛、疲倦、运作迟缓、反应迟钝、错误增加、作业能力下降等。

③ 智力疲劳。主要是长时间从事紧张的脑力劳动所引起头昏脑涨、全身乏力、嗜睡或失眠等。这种疲劳与对某项工作缺乏兴趣而产生的厌倦感不易区别。

④ 技术性疲劳。常见于需要脑力体力并重且精神紧张的作业,如驾驶员、报务员、流水线上的操作工等,这种疲劳与前两种疲劳无本质上的差别。

(3)引起疲劳的原因。能够引起疲劳的原因很多,主要有劳动组织和制度不合理,如劳动强度过大或速度过快,不良体位或节奏单调,劳动时间过长等;劳动环境不符合卫生要求,如存在有毒物质及高温、高湿、噪声、振动、照明不足等,以及生产设备和工具太差,不适合劳动者的生理特点等;劳动者个体的因素,如年龄及健康状况、营养状况、技术熟练程度等,都与疲劳发生的早晚有关。在生产劳动过程中,采取相应的措施,防止疲劳发生,可以延长工作时间,提高工作效率。

6. 疲劳的预防和消除

(1)疲劳的预防。要有效预防疲劳,可以从以下几个方面加以考虑。

① 改革生产技术和设备。以机械化、自动化为中心的技术革新和技术革命,是提高劳动生产率,减轻劳动强度,改善劳动条件的根本措施。机器、设备和工具适合于人的解剖和生理特点,也是需要遵循的重要原则。如机床、工作台的高度,要根据使用者的平均身高进行设计,以便适合绝大多数人使用;工作椅的高度最好能上下调节,并有舒适的靠背;用于操作的各种装置,如把手、踏板、电钮等的高低、远近、间隔要醒目、方便,以便减少差错和事故;各种显示器的排列、显示方式和刻度要适合人的视觉特点和习惯。手工工具,如钳、镊、钻、烙铁等的形状设计,既要便于操作,又要符合人的手和前臂的解剖特点,减少把手对手脆弱的三角区产生压力等。

② 合理运用体位。体力劳动时工人一方面受外力的影响,如搬运重物或手中工具的重力,开关旋钮或操纵控制器时遇到的阻力等;另一方面还受自身重力的影响。当人体向某一方向偏移或倾斜时,重心也随之偏移,这时需要更多的肌肉群收缩以维持身体平衡,肌肉的紧张也随之增加。生物力学的观点认为,除整体重心以外,人体每个部分也有一个重心,如头、臂、躯干等,应尽量使身体各部分的重心靠近躯干,可以明显减少肌肉的紧张和提高工作效率。

③ 锻炼与练习。锻炼与练习可使机体形成某种动力定型,使参加活动的肌肉数量减少,动作协调、敏捷和准确。由于形成了工作节律,大脑皮层负担减轻,不易发生疲劳。锻炼和练习要循序渐进,坚持进行,逐渐增强机体负荷,以提高适应能力和作业能力。锻炼的强度太小、时间太短,不能引起疲劳,则效果不大;反之,如果强度过大或时间太长,则会引起过度疲劳,反而使作业能力下降。经过锻炼和练习形成的动力定型,若长期中断,已具有的能力也会逐渐减退。

④ 改善劳动组织和劳动制度。劳动组织是指工作的分配和协作,应根据劳动的性质和强度与劳动者的个体差异和作业能力来合理分配和组织劳动。如工人就业时挑选的依据,不应只限于是否有职业禁忌的疾患,还要根据生产中每一岗位所从事的作业特点和完成任务所需要的操作技能等要求,制定录用标准。劳动制度是指劳动和休息交替安排的规定,应根据人体的生理特点,合理分配休息和劳动的时间,注意劳逸结合,以减少工作对生理和心理造成的紧张,预防疲劳过早发生,从而提高作业能力。

⑤ 改善劳动环境,加强卫生保健。改善劳动环境条件,减少或消除影响工人健康的

各种不良因素,注意卫生,合理营养,增强体质,提高健康水平,都是提高作业能力的积极措施。

(2) 疲劳的消除。要有效地消除疲劳,可以从以下几个方面入手。

① 工间休息。劳动中随着时间的延长,人会逐渐感到疲劳,作业能力下降。适当安排工间休息,可以有效地减轻疲劳程度。工间休息的长短和次数,视劳动强度、性质和劳动环境而定。重体力劳动,特别是高温作业,休息次数应多一些,时间相对长一些,以免体内蓄热过多。工作单调或精神紧张的作业,应多次短时间休息。一般体力劳动只需上下午各安排一次工间休息。休息方式也应不同,重体力劳动宜安静休息,静坐或静躺;中、轻或脑力劳动,最好采用积极的休息方式,安排适当的文娱活动或工间操,这更加有助于解除疲劳;局部紧张为主的作业,应针对性地加强局部活动,促进血液循环,以消除疲劳。

② 轮班工作制。人体的各种生理活动,如体温、内分泌、心血管等都有一定的生物节律,一般以 24 小时为一周期。这种节律和外界环境的时间变化一致时,人体生理活动能够正常进行,否则将会对人体生理过程产生影响。然而现代社会轮班工作已是不可避免的,轮班工作改变了人的生物节律,易引起疲劳,作业能力下降,睡眠障碍,食欲减退甚至疾病。目前已推行的"四班三运转"就是在以往执行的"三班三运"的基础上,研究改进而实行的。据认为这更有利于机体的适应、减轻疲劳感、提高出勤率和降低人身伤亡事故。

③ 劳动以外的休息。下班时间或节假日要合理安排,才能消除疲劳,补偿工作和家务劳动中多余的能量消耗,达到恢复体力和作业能力的目的。文娱活动可以起到积极休息的良好作用,适当的体育锻炼不仅可以增强体质,而且可以促进睡眠。如果睡眠不足,人的生理机能就不能完全恢复,因此对于上夜班的人,创造安静的环境,保证充足的睡眠更为重要。

7. 劳动时因个别器官紧张而容易引起的疾患

容易引起的疾病包括如下几种。

(1) 下背痛。这是肌肉骨骼损伤中最常见的一种,半数以上的劳动者在工作年龄都曾患过下背痛。站姿作业和坐姿作业均可发生下背痛,其中以站立负重作业发病率最高,如搬运工。其产生的主要原因有:负重或在负重过程中突然转身、长时间保持某种姿势而使腰部处于持续紧张状态、用力不当等。职业性下背痛常表现为腰机能不全、腰痛、坐骨神经痛等三种类型。

(2) 下肢静脉曲张。由于劳动引起的下肢静脉曲张多见于长期站立或行走的作业,如警察、纺织工等,如果站立的同时还需要负重,则发生这种疾患的机会更多。该病的患病率随工龄的延长而增加,女性比男性更容易患病。常见部位在小腿内上侧。出现下肢静脉曲张后感到下肢及脚部疲劳、坠胀或疼痛,严重者可出现水肿、溃疡、化脓性血栓静脉炎等。

(3) 腱鞘炎。常见于手指、手掌迅速活动或前臂用力的作业,如包装、打字、检验工等。损伤多发生在负担最重的肌腱,可沿前臂筋膜和肌腱之间发展。症状为疼痛,动作时发出摩擦声。患者常能继续工作,但稍感吃力。

(4) 职业性痉挛。主要是由于执行细小的动作引起的,多见于手工编织工、钢琴家、小提琴家等,痉挛为强直性的,很难克服,常被迫停止工作。

(5) 神经肌痛。多发生于长期处于强迫体位而使一定肌群呈紧张状态,或进行迅速而微细动作的人,如矿工、卡车司机、报务员等,症状为负担最重的肌肉群疼痛,伴有血管神经痛,夜间加剧,病肌张力降低甚至萎缩,脱离工作后症状消失,但易复发。

(6) 视觉器官过度紧张。从事精密仪器加工、排版校对等作业以后,往往出现急性症状,如眼痛,头痛,眼睛充血、流泪、调节障碍、眼睛浮肿等。

(7) 胼胝。可见于四肢或躯干,由于经常和工具或其他物体发生压迫和摩擦,引起局部皮肤反复充血,使表皮发生层细胞增殖及其上层细胞角质化。手和脚的胼胝有时能引起剧烈疼痛,广泛的手掌或指掌面的胼胝化,则能限制手的活动,影响其感觉灵敏度。

(8) 滑囊炎。主要是由于长期强烈的压迫和摩擦所致,很多工种可以导致滑囊炎,人体的许多部位(如肩、膝、上臂等)都可能发生,职业性滑囊炎多为慢性的,一般轻微,仅有轻度局部疼痛、肿胀,功能改变不大。

8. 劳动时引发疾患的有效预防

分析劳动过程疾患产生的原因,采取相应的防护措施,可以有效地减少或防止该类疾患的发生。

(1) 工效学调查分析。一种作业可以引起哪些损伤或疾患,首先要进行工效学调查,了解损伤的范围、程度以及与作业的关系,同时调查作业环境中可能存在的不良因素,分析人在作业过程中的负荷、节奏、姿势、持续时间以及人机界面是否合理、正确等。对于确认与作业有关的损伤或疾患,根据工效学的基本原理,分析其产生的原因,有针对性地采取防护措施。

(2) 采取正确的作业姿势。作业中要尽量避免不良的作业姿势,如将躺卧在地上修理汽车改为站在地沟内修理,既便于操作,又可以减少上肢的紧张。在站姿或坐姿状态下工作,要注意使身体各部位处于自然状态,或者工作台或座椅设计避免倾斜或过度弯曲。此外,在生产允许的情况下,可以适当变换操作姿势。

(3) 改善人机界面。显示器和控制器的设计和使用应符合安全人机工程的有关原理。同样,工作台的高低、工件的放置位置等,要有利于作业人员的使用和保持良好的姿势。尽量使用可调节高度的工作台,不同身高的人可以根据自身情况,将其调节到合适位置。比如汽车装配,使用平面的流水线,不同工序的工人需要采取不同的姿势进行零部件的安装,有的需要将手举得很高甚至爬到高处,有的则需要蹲或跪着操作。改成立体装配线以后,待装配的汽车在传送过程中不断发生高低变化,工人可以始终保持合适的姿势,双手在舒适方便的操作位置进行操作。此外,对于坐姿作业的人员,座椅是"机"的重要部分,为了适合不同的人使用并方便操作,座椅应该具有高低调节和旋转调节的功能,同时具有合适的腰部支撑,如果座椅不能降低到适当高度,那么应使用脚垫。

(4) 避免和减少负重作业。负重是造成肌肉骨骼损伤的重要原因之一,因此在有条件的情况下,应尽量减少作业过程中的负荷,如采取机械化、自动化生产。对需要负重的作业(如搬运),应当制定有关规定,将搬运物体的质量限定在安全范围之内。手持工具如果超过一定质量,使用时应有支撑或采取悬吊的方式。除了搬运重物,经常采用推或拉方式运输物体的作业,除了限制质量,作业人员需注意作业姿势和用力方式。

(5)减少压迫和摩擦。使用合适的工具或控制器,特别是抓握部位的尺寸、外形和材料均要适合手的特点,避免局部受力过大。对于经常产生摩擦或需要反复运动的部位,如手和手腕,可使用个人防护用品加以保护。

(6)作业人员的选择和培训。根据某些作业的特点和要求,确定录用标准,如人体尺寸、体力、动作协调能力、反应速度、文化程度、心理素质等。经过这样选择的员工更合适从事该项作业,既可缩短培训时间,又能较好地胜任工作。

对作业人员采用模拟、强化的训练方法,按照标准、经济的操作方式对其进行培训。这种培训方式还可以使培训内容密集化,缩短培训时间,如培训化学工业生产控制中心的工作人员,采用模拟方法,能够使工作人员在较短时间内掌握生产中可能出现的管道破裂、爆炸、火灾等各种意外情况及处理办法。

培训还应增强个体对职业环境的适应能力,应先充分了解个体特征,针对不同情况进行职业指导或就业技术培训,帮助其克服物质、精神和社会上的困难或障碍,鼓励个体主动适应或调节职业环境,创造条件以改善人与环境的协调性。

(7)优化劳动组织。组织生产劳动时,对作业人员的劳动定额要适当,定额太低,影响劳动效率,定额太高则容易危害人体健康。劳动过程中需要保持一定的节奏,节奏过快会造成紧张,节奏太慢也容易产生疲劳。同时应注意满足作业者心理需求,提高自主性和责任感,促进职业意识,充分发挥职业技能。对于需要轮班的作业,合理组织和安排轮班时间和顺序,有利于机体的适应,可以减轻疲劳,提高出勤率,减少工伤事故的发生。

(8)改善作业环境。为了防止劳动过程中引起的损伤或疾病,一方面要控制作业环境中的各种有害因素,另一方面要努力创造良好的生产环境,如适宜的温度、湿度、照度和色彩等,这既有利于作业人员的健康,还可以提高劳动效率。

(9)健康促进。开展健康教育和健康促进活动,增强个体应对劳动过程中不良因素的能力。

小提示

预防滑囊炎安全须知

(1)加强劳动保护,养成劳作后用温水洗手的习惯。休息是解决任何关节疼痛的首要方法。如果疼痛的部位在手肘或肩膀,那么建议将手臂自由地摆动,以缓解疼痛。

(2)由于尖头欧版鞋鞋面较窄,长期穿这种鞋,双脚受到挤压、摩擦,易造成女性患滑囊炎、拇外翻畸形等疾病。

(3)应预防跪位工作者的髌前滑囊炎、瘦弱的老年妇女久坐后发生坐骨结节滑囊炎。

7.3　粉尘与常触的毒物

案　例

陕西一小镇某村是"尘肺病"村，至 2016 年 1 月，被查出的 100 多个尘肺病人中，已有 30 多人去世。这是一个尘肺病典型案例。

起因是 20 世纪 90 年代后，部分村民自发前往矿区务工，长期接触粉尘却没有采取有效防护措施。医疗专家组在普查和义诊中发现，当地农民对于尘肺病的危害及防治知识一无所知，得了病后认为"无法治疗"，很多患者只是苦熬，失去了最佳治疗时机。

分析：尘肺病是指在职业活动中吸入生产性粉尘而引起的以肺组织弥漫性纤维化为主的全身性疾病，是我国目前发病率最高、危害最严重的职业病种，以矽肺、煤工尘肺、石棉肺、水泥尘肺等最为常见。尘肺病起病缓慢，一般接触一年或几年后才发病，早期无明显症状，难以发现。随着病变发生，逐渐出现咳嗽、咳痰、胸痛、呼吸困难，并伴有喘息、咯血、全身乏力等症状。对于粉尘作业劳动者，防尘口罩有着"防火墙"的作用。

猜谜底

1. 良人执戟明光里（四字安全生产用语）
2. 斗室不闻窗外事（职业卫生设施）

7-6　谜底

在我们的日常活动中，尘毒污染随处可见，一些职业工作场所尤甚。据不完全统计，我国约有 1 200 万家企业存在职业病危害，尘肺病危害占 9 成。

1. 粉尘对人体的危害及其理化影响因素

（1）粉尘对人体的危害。生产性粉尘进入人体后，根据其性质、沉积的部位和数量不同，可引起不同的病变。

① 尘肺。长期吸入粉尘可引起尘肺，是生产性粉尘引起的最主要的危害。

② 粉尘沉着症。吸入某些金属粉尘，如铁、钡、锡等，达到一定量时，可在 X 线照片上显现边缘清晰的肺部点状阴影，脱离接触后，病变少有进展，且可逐渐消退，对人体危害较小。

③ 有机粉尘引起变态性病变。某些有机粉尘可引起间质性肺炎或外源性过敏性肺泡炎以及过敏性鼻炎、皮炎、湿疹或支气管哮喘，如接触发霉的稻草、羽毛等。

④ 呼吸系统肿瘤。有些粉尘已确定为致癌物，如放射性粉尘、石棉、镍、铬、砷等。

7-7 案例
汞污染引发
的中毒事故

⑤ 局部作用。粉尘作用于呼吸道黏膜,被其阻留,若时间过长会形成肥大性改变,甚至会引起其萎缩性改变。经常接触粉尘还可引起皮肤、耳、眼的疾病。粉尘堵塞皮脂腺,使皮肤干燥,引起粉刺、毛囊炎、脓皮病等。金属和磨料粉尘可引起眼角膜损伤,导致角膜混浊。沥青在日光下可引起光感性皮炎。

⑥ 中毒作用。吸入铅、砷、锰等有毒粉尘,能在支气管和肺泡壁上溶解后吸收,引起中毒表现。

(2) 粉尘危害的理化影响因素。粉尘的理化特性不同,对人体的危害性质和程度也不相同。影响粉尘危害的理化因素如下。

① 粉尘的化学成分。作业场所空气中粉尘的化学成分及其在空气中的浓度是直接决定其对人体危害性质和严重程度的重要因素。化学性质不同,粉尘对人体可引起炎症、肺纤维化、中毒、过敏和肿瘤等。如含有游离二氧化硅的粉尘,可引起矽肺;石棉尘可引起石棉肺;而棉、麻、牧草、谷物、茶等粉尘,可引起呼吸道炎症和变态反应等肺部疾患。

② 粉尘浓度和接触时间。同一种粉尘,在作业环境中浓度越高,暴露时间越长,对人体危害越严重。故为保护粉尘作业工人的身体健康,应对车间空气中生产性粉尘的最高容许浓度作具体的规定。

③ 粉尘分散度。分散度指物质被粉碎的程度,以粉尘粒径大小的数量或质量组成百分率来表示。粉尘粒子分散度越高,由于质量轻,在空气中飘浮的时间越长,沉降速度越慢,被人体吸收的机会就越多。分散度越高,单位体积总表面积越大,对人体危害也越大。

④ 粉尘的硬度。坚硬且外形尖锐的尘粒可能引起呼吸道黏膜机械损伤。

⑤ 粉尘的溶解度。粉尘溶解度高低与其对人体危害有关。溶解度高的粉尘常在呼吸道溶解吸收,而溶解度低的粉尘在呼吸道不能溶解,往往能进入肺泡部位,在体内持续作用,如石英尘。一般来说,有毒粉尘如铅等,溶解度越高,对人体毒害作用越强;相对无毒粉尘(如面粉),溶解度越高作用越弱。

⑥ 粉尘的荷电性。物质在粉碎过程和流动中互相摩擦或吸附空气中的离子而带电。一般来说,荷电性的颗粒在呼吸道内易被阻留,危害大。

⑦ 粉尘的爆炸性。某些高分散度的粉尘,如煤尘、面粉、铅、锌等粉尘,有爆炸性。一旦发生爆炸,可导致重大人员伤亡和财产损失的安全生产事故。

2. 生产性粉尘的控制和防护

(1) 粉尘的卫生控制标准。人体具有很强的保护性防御功能,当生产性粉尘随吸气进入呼吸道时,直径大于10微米的粉尘大部分被阻留在鼻腔、咽部和气管黏膜上。直径在5~10微米的粉尘可进入各级小支气管,并沉积和黏着在小支气管黏膜上。小于5微米的粉尘可进入肺泡内。进入肺泡内的粉尘,其中一部分随呼吸排出体外,一部分由于气管黏膜的纤毛上皮运动,伴随黏液,通过咳痰反射排出体外,另一部分细小粉尘被巨噬细胞吞噬后,随淋巴管流入肺间质及肺门淋巴结。

但长期吸入高浓度粉尘,当其量超过人体正常的防御功能时,就会引起一系列危害反应,其中危害最严重的是尘肺。为此,必须指定粉尘浓度的卫生控制标准。《工业企业设计卫生标准》对车间空气中和居住区大气中有害物质,特别是粉尘的最高允许浓度等进行了规定。例如,车间空气中一般粉尘的最高允许浓度为 10 毫克/立方米,含 10% 以上游离二氧化硅的粉尘则为 2 毫克/立方米。其中所谓粉尘最高允许浓度,是工人工作地点空气中含尘浓度不应超过的数值。工作地点是指工人在生产过程中经常或定期停留的地点。

（2）生产性粉尘的控制和防护对策。我国政府对粉尘控制工作一直给予高度重视,企业在控制粉尘危害、预防尘肺发生方面,结合国情做了不少行之有效的工作,也取得了很丰富的经验,将防、降尘措施概括为"革、水、风、密、护、管、查、教"的八字方针,对我国控制粉尘危害具有指导作用。其中,革,即工艺改革和技术革新,这是消除粉尘危害的根本途径;水,即湿式作业,可防止粉尘飞扬,降低环境粉尘浓度;风,加强通风及抽风措施,常在密闭、半密闭产尘源的基础上,采用局部抽出式机械通风,将工作面的含尘空气抽出,并可同时采用局部送入式机械通风,将新鲜空气送入工作面;密,将产尘源密闭,对产生粉尘的设备,尽可能密闭,并与排风相结合,经除尘处理后再排入大气;护,即个人防护;管,维修管理;查,定期检查环境空气中粉尘浓度以及接触者的定期体格检查;教,加强宣传教育。以此为指导,可采用一些具体措施对粉尘进行控制和防护。

3. 影响毒物对机体作用的因素

毒物可以经呼吸道、消化道和皮肤等途径进入人体,对人体的各器官系统的危害形式多样。但接触生产性毒物在一定程度内,机体不一定受到损害,即毒物导致机体中毒是有条件的,而中毒的程度与特点取决于诸多因素。

（1）毒物本身的特性。

① 毒物的化学结构决定毒物在体内可能参与和干扰的生理生化过程,因而对决定毒物的毒性大小和毒性作用特点有很大影响。

② 毒物的溶解度、分散度、挥发度等物理特性与毒物的毒性有密切的关系。如氧化铅分散度大,又易溶于血清,故较其他铅化物毒性大。乙二醇、氟乙酰胺毒性大但不易挥发,不易经呼吸道及皮肤被吸入,但可经消化道进入机体,可迅速引起中毒。

（2）毒物的浓度、剂量与接触时间。毒物的毒性作用与其剂量密切相关,空气中毒物浓度高、接触时间长,则进入体内的剂量大,发生中毒的概率大。因此,降低生产环境中的毒物浓度,缩短接触时间,减少毒物进入体内的剂量是预防职业中毒的重要环节。

（3）毒物的联合作用。生产环境中常会同时存在多种毒物,两种或两种以上毒物对机体的相互作用称为联合作用。应用国家标准对生产环境进行卫生学评价时,必须考虑毒物的相加及相乘作用。此外,还应注意到生产性毒物与生活性毒物的联合作用,如酒精可增加苯胺、硝基苯的毒性作用。

（4）生产环境和劳动强度。生产环境中的物理因素与毒物的联合作用日益受到重视。在高温或低温环境中毒物的毒性作用比在常温条件下大,如高温环境可增强氯酚的毒害作用,也可增加皮肤对硫、磷的吸收。紫外线、噪声和振动可增加某些毒物的毒害作用。体力劳动强度大时,机体的呼吸、循环加快,可加速毒物的吸收;重体力劳动时,机体耗氧量增加,使机体对导致缺氧的毒物更为敏感。

（5）个体状态。接触同一剂量的毒物，不同的个体可出现迥然不同的反应。造成这种差别的因素很多，如健康状况、年龄、性别、生理变化、营养和免疫状况等。肝、肾病患者，由于其解毒、排泄功能受损，易发生中毒；未成年人，由于各器官、系统的发育及功能不够成熟，对某些毒物的敏感性可能增强；在怀孕期，铅、汞等毒物可由母体进入胎儿体内，影响胎儿的正常发育或导致流产、早产；免疫功能降低或营养不良，对某些毒物的抵抗能力减弱等。

4. 危险化学品的主要危害

化学工业品种类繁多，与各行各业的生产密切相关，是许多行业不可缺少的原料。化学工业主要有基础化工、农药化肥、石油化工、染料油漆、医药试剂、感光材料、各种助剂等行业。化学工业生产过程，还常常具有高温、高压、易燃、易爆及易腐蚀等特点，这就构成了化工生产及产品对人体的危害的特点。

（1）急性和慢性中毒。由于化工生产高温、高压、易燃、易爆的特点，急性事故及急性中毒的发生率较其他行业多，还常涉及非职业人群。如火灾和泄漏事故会污染四周的空气，使大批人中毒。慢性中毒的远期影响也已经引起人们的重视。

（2）损害脏器。化学物可以侵害人体的各个器官，有的是定位的，有的是多系统侵害。刺激性毒物常引起呼吸系统损害，严重时发生肺水肿；氰化物、砷、硫化氢、一氧化碳、醋酸铵、有机氟等易引起中毒性休克；砷、锑、钡、有机汞、三氯乙烷、四氯化碳等易引起中毒性心肌炎；亲肝的毒物很多，典型的有黄磷、四氯化碳、三硝基甲苯、三硝基氯苯等引起肝损伤；中毒性肾损伤可由重金属盐造成损伤，也可由某些毒物通过缺氧、脱水等造成损伤；窒息性气体、刺激性气体以及亲神经的毒物均可引起中毒性脑水肿；苯的慢性中毒主要损害血液系统，表现为白细胞、血小板减少、贫血，严重时出现再生障碍性贫血；汞、铅、锰等可引起严重的中枢神经损害。由于化学物种类繁多，在此不再一一叙述。

（3）致癌作用。近年来，化工系统职业性肿瘤流行病学调查的报告较多，如橡胶行业的恶性肿瘤发病率较高，分析认为可能与防老化剂有关；石油行业的恶性肿瘤也高于当地居民，且以消化系统的肿瘤为高；染料行业的联苯胺引起膀胱瘤已被公认；塑料行业的氯乙烯引起肝血管瘤，氟塑料疑可对人致癌；油漆涂料行业肠癌、肝癌患者增多等。

5. 铅中毒及其预防

铅是常见的工业毒物。接触铅的行业和工种有印刷、蓄电池、玻璃、陶瓷、塑料、油漆、化工、造船、电焊等，铅矿的开采和冶炼也接触大量的铅。其含铅产品也同样有一定的危害。

铅及其化合物主要以粉尘、烟或蒸气的形式经呼吸道进入人体，其次是消化道，如果在生产中长期吸入大量的铅蒸气或微细粉尘，血液中铅含量就会超过正常范围，引起铅中毒。

铅中毒有急性和慢性中毒。急性中毒主要是由于服用大量铅化合物所致，目前较少见。慢性中毒早期常感乏力、口内金属味、肌肉关节酸痛等，随后可出现神经衰弱综合征、食欲不振、腹部隐痛、便秘等。病情加重时，出现四肢远端麻木，触觉、痛觉减退等神经炎表现，伴有握力减退。少数患者在牙龈边缘有蓝色"铅线"。重度中毒者可出现肌肉活动障碍。腹绞痛是铅中毒的典型症状,多发生于脐周部,也可发生在上腹部或下腹部。发作时腹软、无压痛点,挤压腹部时疼痛可以减轻,面色发白,全身冷汗。每次发作可持续几分钟到几十分钟。

预防铅中毒关键在于使车间空气中铅的浓度达到卫生标准的要求。应采取如下措施:用无毒或低毒物代替铅,如印刷时用锌代替铅制板,用钛白代替铅白制油漆等;改革工艺,使生产过程机械化、自动化、密闭化,减少手工操作,如用机械化浇铸代替手工,安装吸尘排气罩,回收净化铅尘等。

铅作业的工人应穿工作服、戴过滤式防烟尘口罩,严禁在车间进食,饭前应洗手,下班前应淋浴,坚持湿式清扫。定期监测车间空气中铅的浓度、检修设备。定期进行健康检查。患有神经系统、贫血、高血压、肝、肾疾病的人不宜从事铅作业,怀孕及哺乳期的妇女应暂时调离铅作业工种。

6. 一氧化碳中毒及其防治原则

一氧化碳为无色、无味、无刺激性的气体,几乎不溶于水,易溶于氨水,且易燃易爆,其在空气中爆炸极限为 $12.5\% \sim 74.2\%$。含碳物质的不完全燃烧过程均可产生一氧化碳。生产中接触一氧化碳的作业不下 70 种,主要有冶金工业中的炼焦、炼钢、炼铁等;爆破作业;机械制造工业中的铸造、锻造车间;化学工业中用一氧化碳做原料制造光气、甲醇、甲醛、甲酸、丙酮、合成氨,用煤重油或天然气制取氮肥等工业;耐火材料、玻璃、陶瓷、建筑材料等工业使用的窑炉、煤气发生炉等。家庭燃气、汽车尾气、抽烟等都有一定含量的一氧化碳排出。

一氧化碳中毒的表现如下。

(1) 急性中毒。轻度中毒时会出现剧烈的头痛、头昏、四肢无力、恶心、呕吐,或出现轻度至中度意识障碍;中度中毒除上述症状外,出现浅至中度昏迷,经抢救恢复后无明显并发症;重度中毒出现深昏迷或去大脑皮层状态,可并发脑水肿、休克或严重的心肌损害、肺水肿、呼吸衰竭、上消化道出血等症状。

(2) 慢性影响。长期接触低浓度一氧化碳是否可引起慢性中毒尚无定论。可能会出现神经系统症状,如头痛、头晕、耳鸣、无力、记忆力减退、睡眠障碍等。

一氧化碳中毒的治疗重点是纠正脑缺氧。要迅速将患者移离现场,根据中毒程度采取合适的给氧方法,积极防治并发症及预防迟发性脑病。预防一氧化碳中毒,应设立一氧化碳报警器;防止管道漏气;生产场所加强通风;加强个体防护,普及自救、互救知识;进入危险区工作时,应戴防毒面具。

7. 农药种类及其危害

农药是指用于消灭、控制农作物的害虫、病菌、鼠类、杂草、有害于动植物和调节植物生长的各种药物,包括提高药物效力的辅助剂、增效剂等。农药使用范围很广,林业、畜牧、卫生部门也需要应用。农药的种类繁多,按其主要用途可分为杀虫剂、杀螨剂、杀菌剂、杀软体动物剂、杀线虫剂、杀鼠剂、除草剂、脱叶剂、植物生长调节剂等。其中以杀虫剂品种最多,用量最大。我们日常食用的蔬菜、水果等也可能含有微量农药成分。

各种农药的毒性相差悬殊,有些制剂,如微生物杀虫剂、抗生素等,实际无毒或基本无毒,大部分品种为中毒或低毒,也有些品种为剧毒或高毒。农药急性中毒主要取决于其急性毒性,慢性危害还包括蓄积毒性和远期作用,如致癌、生殖发育毒性、免疫功能损害等。职业性农药中毒主要发生在农药厂工人及施用农药的人员中。在农药生产过程中尤其在出料、分装和检修时,车间空气中农药的浓度较高,皮肤接触与污染机会较多,易引起中毒。在施用农药过程中,在配料、喷洒及检修施药工具时,衣服、皮肤可被农药沾染,特别是在田间下风喷药、拌种及在仓库内熏蒸,可吸入农药雾滴、蒸气或粉尘。在装卸、运输、供销、保管过程中,如管理和防护不足,也可引起中毒。

由于害虫对农药抗药性增加,为改善杀虫药效,近年来常使用两种或两种以上的农药混合剂。混配农药的职业卫生问题日益受到各方面的关注。混配农药的毒性大多呈相加作用,少数可为协同作用。因此,混配农药对人、畜的危害性增大。

小提示

预防镉中毒的安全须知

(1)改善生产环境,冶炼和使用镉的生产车间应装有排除镉烟尘的通风道,生产过程应密闭化。

(2)在高温切割和焊接镀镉金属板时,工人必须戴防毒面具,必须在通风良好的室外环境并在上风向操作。

(3)不在车间内吃饭、抽烟,下班后应换工作服、洗手;发生食入镉中毒应除去毒物,卧床休息,饮食流质物;腹痛时用阿托品;呕吐剧烈应适量补液。

7.4 物理因素职业病损

案 例

30多岁的赵先生在一家单位从事电焊工作,后来他到另外一家单位上班。上班前,赵先生在体检中发现,他患有噪声性耳聋,这是一种职业病。此时,赵先生才意识到,自己听力下降竟是电焊噪声惹的祸。赵先生向医护人员介绍,他从事电焊工作四五年,近一段时间,他的听力下降,看电视的时候需要调到最大音量,甚至打电话时有时都听不太清楚对方说的话。

分析:噪声性耳聋,是由于听觉长期遭受噪声影响,而发生缓慢的、进行性的感音性耳聋,早期表现为听觉疲劳,离开噪声环境后可以逐渐恢复,久之则难以恢复,终致耳聋。主要临床表现包括耳鸣、耳聋、头痛、头晕,有的伴有失眠、脑涨感等。对于职业性噪声聋,关键在于预防。比如用人单位,要组织接触噪声的劳动者,按照规定做好上岗前、在岗期间、离岗时职业健康体检。对于劳动者而言,应自觉佩戴耳罩等劳保用品,如果怀疑自身有职业性噪声聋,那么应到相关机构进行健康检查。

1. 物理因素的特点

生产和工作环境中,存在着许多物理性因素。目前生产中经常接触的物理因素有:气象条件,如气温、气湿、气流、气压;噪声和振动;电磁辐射,如 X 射线、γ 射线、紫外线、可见光、红外线、激光、微波和射频辐射等。这些物理因素可能引起中暑、手臂振动病、电光性皮炎和电光性眼炎等职业病及职业有关疾病。与化学因素相比,物理因素具有以下特点。

(1) 自然存在。作业场所常见的物理因素,多数在自然界中均有存在。正常情况下,有些因素不但对人体无害,反而是人体生理活动或从事生产劳动所必需的,如气温、可见光等。

(2) 参数特定。每一种物理因素都具有特定的物理参数,如表示气温的温度,振动的频率、速度、加速度,电磁辐射单位面积(或体积)的能量或强度等。物理因素对人体是否造成危害以及危害的程度是由这些参数决定的。

7-8 案例
物理因素职
业病损事故

(3) 来源明确。作业场所中存在的物理因素一般有明确的来源,称作"源"。当产生物理因素的"源"处于工作状态时,作业环境中存在这种因素,可以造成环境污染,影响人体健康。一旦"源"停止工作,则作业场所相应的物理因素即不复存在,如噪声、电磁辐射等。

(4) 强度不均。作业场所空间中物理因素的强度一般不是均匀的,多以该因素产生"源"为中心,向四周传播,其强度一般随距离增加呈指数关系衰减。如果在传播的途中遇有障碍,则可产生反射、折射、绕射等现象,从而改变这类因素在空间的分布特点。

(5) 作用不对称。许多情况下,物理因素对人体的危害程度与物理参数不呈直线相关关系,常表现为在某一范围内是无害的,高于或低于这一范围对人体会产生不良影响,而且影响的部位和表现可能完全不同。比如气温,正常气温对人体来说是必需的、有益的,高温则引起中暑,低温可引起冻伤或冻僵;又比如高气压可引起减压病,低气压则引起高山病等。某些物理因素,除了研究其不良影响或危害,还研究"适宜"范围,如合适温度、合理照明等,以便创造良好的工作环境。

对物理因素的预防,在各个环节都有可行、有效的方法。在技术措施中,加强对"源"的控制显得十分重要,如辐射源、声源和热源的屏蔽。通过各种措施,将某种因素控制在某一限度或正常范围内。如果条件允许,使其保持在适宜范围则更好。除了某些放射性物质进入人体可以产生内照射,绝大多数物理因素在脱离接触后体内没有该种因素的残留,因此物理因素对人体所造成的伤害或疾病的治疗一般不需要采用"驱除"或"排出"有害因素的治疗方法,主要是针对人体的病变特点和程度采取相应治疗措施。目前,对于许多物理因素引起的严重损伤,尚缺乏有效治疗措施,对于物理因素的职业危害,主要应加强预防措施。由于物理因素向外传播的方向和途径容易确定,在传播过程中加以控制也能收到较好的效果。如果采用技术方法不能有效控制有害因素,采取个人防护措施也是切实可行的方法,如防护服、防护眼镜或眼罩、耳塞或耳罩等。

随着生产发展和技术进步,生产劳动和工作中接触的物理因素越来越多,其中有些因素在一般生产过程中虽然接触过,但由于强度小,对人体健康不产生明显影响,不引起人们的注意,如超声、次声、工频电磁场等。此外,对于生产场所和工作环境中新出现的能够危害人体健康的物理因素,需要及时加以研究解决。

2. 生产环境的气象条件及影响

生产环境的气象条件又称微小气候,主要包括气温、气湿、气流和辐射热。它既受大气的气象条件影响,可因季节或地区的不同而不同;又受生产设备、厂房结构、生产过程、热源分布以及人体活动等影响,因此即使在同一车间的不同工作地点,气候条件也可以有很大差别。

(1)气温。生产场所的气温除了受大气温度的影响,还受太阳照射及生产场所热源的影响。太阳辐射可使厂房屋顶和墙壁加热,车间内各种熔炉、锅炉、化学反应釜、被加热的物体,以及机器摩擦和转动产热等,都可以通过辐射使周围物体加热,从而扩大了加热空气面积。此外,人体活动散发的热也可对工作场所气温产生影响。人在劳动时,因为所从事作业的轻重不同,也会散发不同热量。

(2)气湿。生产过程对生产环境的气湿影响很大。敞开液面的水分蒸发或蒸气放散可以使生产环境的湿度增加,如造纸、电镀、印染、缫丝等。生产环境的气湿用相对湿度表示,相对湿度在80%以上为高湿,低于30%为低湿。冬季在高温车间,当大气中含湿度低时,可以见到低气湿现象。

(3)气流。生产环境的气流一方面受外界风力的影响,另一方面与生产场所的热源分布和通风设备有关。热源可以使空气加热而上升,室外的冷空气从厂房门窗和下部空隙进入室内,造成空气对流。室内外温差越大,产生的气流越强。

(4)热辐射。热辐射是指电磁波中能产生热效应的辐射线,主要是红外线及一部分可见光。红外线不能直接加热空气,但可使受到辐射的物体温度升高而成为二次辐射源。太阳及生产环境中的各种熔炉、开放火焰、熔化的金属等热源均能产生大量热辐射。

3. 高温作业时的中暑及其分级处理

高温作业时,人体可出现一系列生理功能改变。主要是体温调节、水盐代谢、循环系统、消化系统、神经系统、泌尿系统等方面的适应性变化。但如温度超过一定限度,则会对人体产生不良影响。其中最严重的是引发中暑。

中暑是高温环境下发生的一类疾病的总称。中暑的发生与周围环境温度有密切关系,一般当气温超过人体表面温度时,即有发生中暑的可能。但高温不是唯一的致病因素,生产场所的其他气象条件,如湿度、气流和热辐射,也与中暑有直接关系。中暑按发病机理可分为热射病、日射病、热衰竭和热痉挛四种类型。

(1)热射病。这是由于机体产热和受热超过散热,引起体内蓄热,使体温调节功能发生障碍,体温升高发生的。发病前常感觉头痛、头昏、全身乏力、恶心、呕吐等。热射病一般发病急骤,突然昏迷,开始大量出汗,后期出现"无汗",体温可达40℃以上,皮肤干热发红,此病是中暑中较常见的一种,也是最严重的一种,如果抢救不及时,就很容易导致死亡。

（2）日射病。多发生于夏季露天作业或有强烈热辐射的高温车间，是由于太阳或热辐射作用于无防护的头部，使颅内组织受热引起脑膜及脑组织充血水肿。其症状为头痛、头晕、眼花、耳鸣、恶心、呕吐、兴奋不安或意识丧失。体温可不升或略有升高。

（3）热衰竭。又称热晕厥或热虚脱。一般认为是由于周围毛细血管的扩张及大量失水造成循环血量减少，脑部供血不足所致。表现为头晕、头痛、恶心、呕吐、面色苍白、皮肤湿冷、多汗，体温一般不升高，脉搏细弱，严重者发生晕厥。

（4）热痉挛。高温作业时，由于大量出汗，引起缺水、缺盐而发生肌肉痉挛、疼痛。痉挛常发生在四肢、咀嚼肌及腹肌等经常活动的肌肉，尤以腓肠肌为最多。患者神志清醒，体温正常，发作时影响工作。

实际上在发生中暑的过程中，以上四种类型难以明显区分开。

具体的防暑降温规定可查看 2012 年 6 月 29 日原国家安全生产监督管理总局、原卫生部、人力资源和社会保障部印发的《防暑降温措施管理办法》。

4. 低温作业时的冻伤及其预防

低温作业是指在寒冷季节从事室外及室内无采暖的工作，或在冷藏设备等低温条件下的作业。低温是一种不良气象条件。在低温环境中，机体散热加快，引起身体各系统一系列生理变化，可以造成局部性或全身性损伤，如冻伤或冻僵，甚至引起死亡。

身体局部的冷损伤称为冻伤。冻伤是由于受低温作用，局部皮肤和组织温度下降明显，组织胶质结构被破坏或细胞胶体发生变化，出现暗紫色缺氧、浮肿、麻木、疼痛或失去知觉。冻伤好发部位是手、足、耳、鼻以及面颊等。导致局部组织过冷，一般需要 $-10\,℃$ 以下的温度。当湿度或气流速度较大时，发生冻伤的温度可能还要高一些。冻伤通常分为三度：一度冻伤局部出现红肿；二度冻伤局部出现水泡及周围红肿；三度冻伤表现为局部组织坏死、脱落，严重者可以影响整个肢体并引起坏疽。

冻僵是全身性冷损伤的结果。冻僵不一定需要极低的温度，尤其是在体弱、营养不良、过度劳累等情况下，在寒冷季节室温较低时即可发生。如果在低温环境中时间较长，机体散热过多，体温下降到 $30\,℃$ 时，即可出现感觉迟钝。肌肉张力减退、麻痹、失去痛觉，进一步发展则意识不清或发生幻觉，瞳孔散大，脉搏细弱，呈假死状态。直肠温度保持在 $30\,℃$ 时的假死经抢救可以恢复。

防止冻伤的常规措施有如下几种。

（1）做好采暖和保暖工作。应当按照国家有关规定，在工作场所设置必要的采暖设备，冬季室内作业车间温度最好不低于 $15\,℃$。露天作业，应在工作地点附近设立取暖室，以供工人轮流休息和取暖之用。

（2）注意个人防护。在低温环境中工作时，应穿戴导热性小、吸湿性强的防寒服装、鞋靴、手套、帽子等。在潮湿环境中劳动时，应穿戴橡胶长靴或橡胶围裙等防湿用品。工作前后涂擦防护油膏也有一定保护作用。必须使低温作业工人在就业前掌握防寒知识，养成良好的卫生习惯。

（3）卫生保健措施。加强耐寒锻炼，能够提高肌体对低温的适应能力，是防止低温危害的有效方法之一。故经常洗冷水浴或用冷水擦身，较短时间的寒冷刺激结合体育锻炼,均可提高对寒冷的适应。低温作业工人应增加脂肪、蛋白质和维生素的食物,以提供较多的能量和提高对寒冷的耐受性。建立合理的劳动制度,尽量避免在低温环境中一次停留时间过长或在没有特殊防护的情况下,在低温环境中睡眠。对于低温作业人员应定期体检,年老、体弱及有心血管、肝、肾等疾病患者,应避免从事低温作业。

　　5. 生产性噪声对人体的不良影响及其卫生标准

　　根据物理学的观点,各种不同频率不同强度的声音杂乱地无规律地组合,波形呈无规则变化的声音称为噪声,如机器的轰鸣等。从生理学的观点来看,凡是使人厌倦的、不需要的声音都是噪声。比如对于正在睡觉或学习和思考问题的人来说,即使是音乐,也会使人感到厌烦而成为噪声。在生产过程中产生的一切声音都称为生产性噪声,尽管其来源多样,但根据持续时间和出现的形态,可分为连续性噪声和间断性噪声、稳态噪声和非稳态噪声或脉冲噪声等。声音持续时间小于 0.5 秒,间隔时间大于 1 秒,声压变化大于 40 分贝的称为脉冲噪声,如锻锤、冲压、射击等。声压波动小于 5 分贝的称为稳态噪声,如一般环境噪声、高速空调噪声、电锯、机床运转噪声等。声压变化较大的则称为非稳态噪声,如道路噪声、火车通过的噪声、锻造机械的噪声、铆枪的噪声等。生产性噪声一般声级比较高,且多为中高频噪声,常与振动等不良因素联合作用于人体,危害更大。

　　噪声对人体的影响是全身性的,多方面的。噪声的困扰妨碍正常的工作和休息。在噪声环境中工作,容易感觉疲乏、烦躁,注意力不集中、反应迟钝、准确性降低,作业能力和效率直接受到影响。如电话交换台的噪声从 40 分贝提高到 50 分贝,错误率增加将近 50%。由于噪声掩盖了作业场所的危险信号或警报,往往造成工伤事故的发生。长期接触强烈噪声会对人体听力系统、神经系统,甚至消化系统和心血管系统产生有害影响。噪声对人体的这种全身性危害通常统称为“噪声病”。

　　长期接触较强的噪声,听觉系统会发生从生理性反应到病理性改变的过程,即由听觉适应、听觉疲劳发展到噪声性耳聋。

　　(1) 听觉适应。短时间暴露在噪声环境中,会感觉声音刺耳、不适和耳鸣,出现听觉器官的敏感性下降,此时检查听力,听阈提高 10 分贝以上,但离开噪声环境几分钟后,很快恢复正常,这种现象称为听觉适应。听觉适应是人体的一种保护性生理反应。

　　(2) 听觉疲劳。听觉适应是有一定限度的。较长时间或反复接触一定强度的噪声,听力明显下降,听阈提高 15 分贝甚至 30 分贝以上。离开噪声环境后,需要几小时甚至十几小时才能完成恢复正常,这种听觉器官机能明显改变的现象称为听觉疲劳。听觉疲劳是可以恢复的功能性改变,恢复时间的长短,因接触噪声强度和时间的长短不同而异。

　　(3) 噪声性耳聋。在听觉疲劳的基础上,如果没有采取保护措施,继续接触强烈的噪声,听觉系统的感音器官发生退行性改变,听力损失不能完全恢复,成为永久性听阈位移。根据听力受损的过程,永久性听阈位移又分为听力损伤和噪声性耳聋。

　　听力损伤是噪声性耳聋的早期表现。在其初期,患者主观上无耳聋感觉,但听力检查时,表现为以 4 000 赫兹为中心的高频音听觉受到损害,出现听阈上升,听力下降,而低频段未受影响,不妨碍谈话,听力损伤者主诉头晕、失眠、易倦和耳鸣。噪声性耳聋是听力损伤的进一步发展,此时语言听力受到严重损害,主观感觉耳聋,患者有明显的耳鸣。

噪声性耳聋是一种职业病。

噪声能够对人体产生不良影响,应制定合理的卫生标准对其进行控制,这是防止噪声危害的重要措施之一。我国公布实施的《工业企业噪声卫生标准》规定,工人工作地点噪声许可标准为 85 分贝(A)(每天 8 小时暴露),现有企业暂时达不到这一标准的,可以放宽到 90 分贝(A)。另规定接触噪声不足 8 小时的工作,噪声标准可相应放宽,即接触时间减半容许放宽 3 分贝(A),但无论接触时间多短,噪声强度最大不得超过 115 分贝(A)。

这个标准实施以来,对我国噪声控制起了积极作用,是保证广大职工不受噪声危害的重要依据。

6. 电磁辐射对人体的危害及预防

(1) 电磁辐射及其分类。电磁辐射以电磁波的形式在空间向四周传播,它具有波的一般特征,常用频率和波长两个物理量来衡量。电磁辐射的生物学作用性质,主要取决于辐射能的大小。一般波长越短,频率越高,辐射的量子能量越大,生物学作用也越强。根据电磁波能否引起生物组织发生电离作用,可将电磁辐射分为电离辐射和非电离辐射。

① 电离辐射包括由射线装置或放射性同位素产生的 X 射线、α 射线、β 射线、γ 射线以及中子,此外还有不常接触到的质子、裂变碎片和重核等。

② 非电离辐射包括紫外线、可见光、红外线、激光和射频辐射等。波长 100～400 纳米的电磁波称为紫外线,太阳是极强的紫外线辐射源,在生产环境中,凡是物体的温度达 1 200℃以上时,辐射光谱中即可出现紫外线。波长 0.76～1 000 微米的电磁波称为红外线,也称热射线。辐射线的温度越高,其辐射的红外线波长越短。自然界的红外辐射以太阳为最强。在生产环境中,加热金属、熔融玻璃强发光体等都是红外辐射源。

(2) 电离辐射对人体的危害。电离辐射以外照射和内照射两种方式作用于人体。外照射的特点是只要脱离或远离辐射源,辐射作用即停止。内照射系由于放射性核素经呼吸道、消化道、皮肤和注射途径进入人体后,对机体产生作用。

人体受到一定剂量的电离辐射照射后,可以产生各种对健康有害的生物效应。常表现为急、慢性放射病。急性放射病是在短时间内大剂量辐射作用于人体而引起的。全身照射超过 100 拉德时引起急性放射病,局部急性照射可产生局部急性损伤。如暂时性或永久性不育、白细胞暂时减少、造血障碍、皮肤溃疡、发育停滞等。急性放射损伤平时非常少见,只在从事核工业和放射治疗时,由于偶然事故而发生,或在核武器袭击下发生。慢性放射病是在较长时间内接受一定剂量的辐射而引起的。全身长期接受超容许剂量的慢性照射可引起慢性照射病;局部接受超剂量的慢性照射可产生慢性损伤,如慢性皮肤损伤、造血障碍、生育力受损、白内障等。慢性损伤常见于放射工作职业人群,以神经衰弱综合征为主,伴有造血系统或脏器功能改变,常见白细胞减少。放射性疾病已被定为职业病,并制定有相应的国家诊断标准。

值得特别注意的是,胚胎和胎儿对辐射比较敏感。在胚胎植入前期受照,可使出生前死亡率升高;在器官形成期受照,可使畸形率升高;在胎儿期受照,小头症、智力迟钝等发育障碍的出现率增高。因此对育龄妇女和孕妇,在电离辐射防护上都有特殊的要求。

辐射的远期随机效应表现为辐射可能致癌和可能造成遗传损伤。在受到照射的人群中,白血病、肺癌、甲状腺癌、乳腺癌、骨癌等各种癌症的发生率随受照射剂量增加而增高。辐射可能使生殖细胞的基因突变和染色体畸变,使受照者的后代中各种遗传疾病的发生率增高。

对电离辐射的危害进行防护,可参照我国放射性防护的有关标准要求。

(3)射频辐射对人体健康的影响及预防。接触射频辐射的工种主要有:高频感应加热,如高频热处理、焊接、冶炼;半导体材料加工等,使用频率多为300千赫～3兆赫。高频介质加热,如塑料制品热合,木材、棉纱、纸张、食品的烘干,使用频率一般在10～30兆赫。微波主要用于雷达导航、探测、通信、电视及核物理研究等,频率在3～300吉赫的微波加热应用近年来发展较快,用于食品加工、医学理疗、家庭烹调、木材纸张、药材、皮革的干燥等。

强度较大的无线电波对机体的主要作用,是引起中枢神经和植物神经系统的机能障碍。主要症状为神经衰弱综合征,以头昏、乏力、睡眠障碍、记忆力减退最常见。较具有特征的是植物神经功能紊乱,如心动过缓、血压下降,但在大强度影响的后阶段,有的则相反呈心动过速、血压波动及高血压倾向。常有月经周期紊乱、性欲减退等症状,但未见影响生育功能。微波接触者常有神经衰弱症状,其眼部晶状体正常老化过程会加速。一般来说,射频辐射对机体的作用主要是机能性改变,停止接触数周后症状可减轻或消失。

实践证明,对射频辐射的防护,最重要的是对电磁场辐射源进行屏蔽,其次是加大操作距离,缩短工作时间及加强个人防护。

① 场源屏蔽。利用可能的方法,将电磁能量限制在规定的空间内,阻止其传播扩散。

② 远距离操作。在屏蔽辐射源有困难时,可采用自动或半自动的远距离操作,在场源周围设有明显标志,禁止人员靠近。

③ 个人防护。在难以采取其他措施时,短时间作业可穿戴专用的防护衣帽和眼镜。

④ 卫生标准。我国的《电磁环境控制限值》(GB 8702—2014)对电场强度和磁场强度分别作出规定:

高频辐射(频率100千赫～30兆赫)的电场强度为40伏/米,磁场强度为0.1安/米。

7. 不良照明对人体的影响

良好的照明应包括在工作面上有足够而适宜的照度,保持照明稳定、均匀,工作面上的亮度与周围环境亮度保持适当比例,阴影适中,避免眩光,设有保证安全的照明措施(如安全照明、事故照明等)。不良照明条件则会使视力减退、引起疲劳、降低工作效率,甚至造成差错与事故。

目前不少企业都存在不良照明问题,却没能引起足够的重视。许多学者认为,不良照明特别是照度过低和不均匀,可增加近视率,尤其对于正处在成长发育的未成年人,表现得更为明显,而且近视率随工龄而增加。由于照明不好,需要反复努力辨认,易造成视觉疲劳、工作效率降低。眼睛疲劳的自觉症状有:感到眼睛乏累、羞明、眼痛、视力模糊、流泪、充血等,疲劳还会引起视力下降、眼胀、头痛以及其他疾病。许多事故统计资料表明,事故原因虽然是多方面的,但不良照明是其主要原因之一。

此外,不良照明还会影响人的情绪,降低人的兴奋性与积极性,照度过低或眩光都会使人感到不愉快,容易疲劳,从而也影响工作效率。眩光严重时不仅能使观察物体的能力失去或降低,还可造成流泪、疼痛、眼睑痉挛等不适感,甚至发生视神经炎或视网膜炎等。长期在照明不良的场所工作,可以发生一种特殊的职业性眼病——眼球震颤。其主要症状是眼球急速地不随意地上下、左右或回旋式的震颤,并经常伴有视力减退、头痛、头晕、羞明等症状。

小提示

九招预防"职业性中暑"

第一招:用人单位的主要负责人对本单位的防暑降温工作全面负责。用人单位应当根据国家有关规定,合理布局生产现场,改进生产工艺和操作流程,采用良好的隔热、通风、降温措施,保证工作场所符合国家职业卫生标准要求。

第二招:高温天气期间,用人单位应根据生产特点和具体条件,采取合理安排工作时间、轮换作业、适当增加高温工作环境下劳动者的休息时间和降低劳动强度、减少高温时段室外作业等措施。

第三招:用人单位应为劳动者提供符合要求的个人防护用品,并督促和指导劳动者正确使用。

第四招:用人单位应对劳动者进行上岗前职业卫生培训和在岗期间的定期职业卫生培训,普及高温防护、中暑急救等职业卫生知识。

第五招:用人单位应为高温作业、高温天气作业的劳动者供给足够的、符合卫生标准的防暑降温饮料及必需的药品。

第六招:用人单位应在高温工作环境设立休息场所。休息场所应设有座椅,保持通风良好或配有防暑降温设施。

第七招:用人单位须制定高温中暑应急预案,定期进行应急演习,并根据从事高温作业和高温天气作业的劳动者数量及作业条件等情况,配备应急救援人员和足量的急救药品。

第八招:劳动者出现中暑症状时,用人单位应当立即采取救助措施,使其迅速脱离高温环境,到通风阴凉处休息,供给防暑降温饮料,并采取必要的对症处理措施;病情严重者,用人单位应当及时送医疗卫生机构治疗。

第九招:用人单位安排劳动者在35℃以上高温天气从事室外露天作业以及不能采取有效措施将工作场所温度降低到33℃以下的,应当向劳动者发放高温津贴,并纳入工资总额。

7.5 办公室的职业健康

1. 办公室工作环境及其对人的影响

办公室的工作环境主要指办公室的硬件环境建设,包括空气环境、视觉环境、声音环境、电磁辐射、空间布局等多种要素,它们对办公人员的身心健康均有重要的影响。

(1) 办公室的空气环境。空气环境的好坏,会直接对办公人员的行为和心理产生影响。其中温度和空气清洁度是两个主要的影响因素。

① 温度。可分为周围温度和有效温度。周围温度是指周围环境或大气的温度,是实际的客观温度;有效温度是指个体对周围温度的知觉,是个体的主观感受,它是通过湿度和温度共同作用带给人的舒适水平来测量的。办公室的温度最好控制在个体的有效温度上下,冬季一般在 16～24℃,夏季在 22～28℃。

② 空气的清洁度。表示空气的新鲜程度和洁净程度的物理指标。空气的新鲜程度指空气中氧的比例是否正常。空气质量的好坏是影响人们身心健康的一个重要因素。如果室内空气受到污染,严重时会影响人们的工作效率、记忆力和反应灵活度。因此,办公室内必须每日定时打开门窗、开启排风扇或空调以调节室内空气,并保持室内空气的含氧量和清洁度。

(2) 办公室的视觉环境。办公室视觉环境主要包括光照环境和色彩环境两个方面。

① 光照能够增加人的行为唤醒水平,使人更愿意做出利他行为。办公空间的光照环境质量与光线的投射形式、光线的照度分布及灯具的配置有直接关系。灯光不足会造成视觉疲劳、恶心、头痛、忧郁、郁闷等行为反应;此外,人在日光灯下与太阳光下的工作效率有明显不同。日光灯对人体的危害主要是频闪效应,强烈的频闪会伤害人的视力,特别是当电网供电电压变低或不稳定,环境温度低,日光灯的灯管老化时,这种闪烁就更为严重,极容易导致人视觉疲劳。此外,日光灯也含有较多的紫外线成分,也影响人的眼睛。因此,创造舒适的办公室光照环境应该充分利用自然光线,并设计出适宜的人工照明,办公室应该有窗户,并且要使光照充分。

② 颜色的感染力和吸引力极强,可对人的情绪、情感、心理活动和工作行为产生直接影响。绿色和蓝色是令人平静的颜色,能够起到心理镇静剂的作用。办公室人员的工作压力极大,因此,在办公桌上摆放一些绿色植物或蓝色物品等可以对缓解压力起到一定作用。粉红色给人温柔舒适的感觉,具有息怒、放松及镇定的功效,办公楼中的休息室可以采用这种颜色。一般来说,根据不同的工作性质,办公室可采取相应的配色方案。如研究、思考问题的办公室宜用冷色,会议室、会客室宜用暖色。

(3) 办公室的声音环境。办公空间的声源通常分为以下三类:办公设备、人员活动、外界声响。在一个装备比较现代化的办公室里,其噪声源可能很多,如电脑主机、空调、传真机、打印机以及不时响起的电话铃声、工作人员的走动与交谈等,虽然声音不大,但是却在上班期间与工作人员相伴始终,不可避免。

办公空间的声源控制水平应有一定范围,过高或过低都使人不舒服。办公空间声音环境的主要问题是控制过高的噪声。但绝对没有噪声也会伤害人的神经系统。有测试表明,在隔绝外界一切声音的情况下,一段时间后测试者会出现烦乱、空虚、害怕的感觉。在开放式的办公室里工作,微量的噪声也会导致工作压力增加甚至危害健康。噪声对人的不利影响包括:引起头痛、恶心、易怒、焦虑、阳痿、情绪烦躁甚至神经衰弱等症状。在噪声环境中,个体知觉会感到控制感减弱,以及产生无助感。此外,噪声的环境使人的注意力变弱,不能注意到旁人的需求,因此助人或利他行为减少。

为了减弱办公室里的噪声,可在其中安装声音掩蔽系统和采用吸音材料等。如在天花板中设置用来掩蔽声音的扩音器,这种扩音器会发出工作人员感知不到的宽带域音作为掩蔽音,可有效地消除周围噪声对个人带来的影响。此外,吸音地毯、吸音壁毯及吸音天花板等,也能有效地消除噪声。降低办公空间的噪声,将有利于员工安心、高效地工作,还有利于避免员工出现情绪过分紧张、神经衰弱、耳鸣、心律不齐等不适症状。

(4)办公室里的电磁辐射。电磁辐射是指电力和电子设备中直接放射传播到空间的非电离辐射波,它是一种复合的电磁波,以相互垂直的电场和磁场随时间的变化而传递能量。人体生命活动包含一系列的生物电活动,这些生物电对环境的电磁波非常敏感,因此,电磁辐射可以对人体造成影响和损害。

根据世界卫生组织、国际非电离辐射防护委员会等权威部门提供的翔实数据,电磁辐射对 11 大类职业人群存在潜在危害,包括:普遍使用计算机网络和机群的金融证券行业、通过机房和演播室向外发射大量电磁波的广播电视行业、IT 行业、电磁波强度很大的电力和通信行业、民航、铁路、采用高频理疗设备的医疗行业、大量使用仪器仪表设备的科研行业、采用高中低频和微波电气设备的工业、现代化办公设备相当普及的行业等。

电磁辐射几乎无处不在,通信线路、各种电力设备、电子设备、家用电器等都是电磁波产生的辐射源。在日常生活中,微波炉、计算机、电视机、空调、手机等,都会产生辐射,其中微波炉、手机以高频辐射为主,电视机、空调、计算机等以低频辐射为主。

特别值得注意的是,不同品牌的手机在待机和拨打时产生的低频辐射不尽相同。不过在待机状态下,差异不大,在主叫和被叫状态下,也基本在相同的区域内浮动。

因此,细数办公室中的电磁辐射源,主要有如下设备:计算机主机和显示器、音箱、键盘和鼠标、大型强弱电交换机设备、复印机、打印机、传真机、手机、空调等。过量的电磁辐射会对人体生殖系统、神经系统和免疫系统造成直接伤害。因此,身处在办公室里的工作人员,应注意电磁辐射的危害,积极采用预防和应对措施。

(5)办公室的空间布局。现在办公室多采取开放式办公室的布置,即所有员工都在一间没有严密隔墙的大房间工作,用各种帘、幕、屏风或花木充当屏障,没有任何视觉或听觉上的私密性。如果空间密度较大,就会给人拥挤的感觉,严重影响工作效率和心理健康。高密度会阻碍人们的信息加工能力,导致任务不能顺利完成,还会导致个体消极的情感状态。因此,全开放式的办公室在一定程度上会对工作效率和心理健康水平产生不利的影响,故在开放式办公室的空间设计中应适当增加私密性。

除了办公室空间的布局要人性化,办公桌、办公椅的设计、设置也要符合人机工程学原则。如桌子、椅子的高度应符合人体尺寸和舒适性要求,桌椅的摆放应符合脑力劳动的特点,办公桌上的文件摆放也应适当。平时应注意将自己的座椅调整到舒适状态,并坚持以正确的姿势端坐。尽量使工作范围有足够的空间,频繁使身体有所伸展或经常搁置文件来简单活动。办公室的人机工程学设计对预防肌肉骨骼劳损疾病十分重要。

2. 办公室的空气污染及空调病

(1) 办公室内的空气污染源及其对人体的危害。为了保证办公室空气的洁净度,应该分析办公室空气污染的原因,以便采取有效措施积极应对。办公室的空气污染有多重来源。

① 装饰材料和办公家具。办公空间装饰材料和家具中存在着氡(Rn-222)、甲醛、氨、苯和总挥发性有机化合物(TVOC)等污染物,它们会持续不断地释放到办公空间,严重污染室内空气,对人体健康造成危害。

② 办公用具的使用过程。在办公用具的使用过程中可能会产生臭氧、可吸入颗粒物等空气污染物质。臭氧常温常压下为无色、有特殊臭味的气体,具有强氧化作用,能与任何生物组织反应,当臭氧被吸入呼吸道时,就会与呼吸道中的细胞、流体和组织很快反应,导致肺功能减弱和组织损伤。在办公室,几乎所有的设备都会产生臭氧,特别是复印机和打印机,而它们使用频繁再加上通风不好,会加大空气中臭氧的含量。电脑显示器生产原料中存在大量对人体有害的物质,在高温作用下向周围扩散,对人的呼吸、神经和循环系统产生伤害。可吸入颗粒物为大气中直径小于 10 微米可通过呼吸道进入人体的颗粒物,对人体健康有危害作用。在办公空间中使用打印机、复印机,墨盒硒鼓会散发出粉尘,纸张在使用中产生的大量纸屑、尘螨,空调使用中带入的污染物,都会对人体产生损害。

③ 室外环境中有害物质。室外的灰尘、汽车尾气等通过门窗缝隙进入室内。例如颗粒物、二氧化硫、二氧化氮、多环芳烃以及其他有害气体。加之全球气候环境条件日趋恶化,工业化发展带来的城市垃圾越来越多,这些气体在通风条件差的情况下与室内污染物混合,使得空气质量更加恶劣。

④ 人体自身的排泄物。室内人员的呼气和汗液等会产生氨。氨是一种无色气体,有强烈的刺激气味。人吸入过量氨气会表现为急性轻度中毒:咽干、咽痛、声音嘶哑、咳嗽、咳痰,胸闷及轻度头痛,头晕、乏力,支气管炎和支气管周围炎。我国室内空气质量标准中对氨的限量为 0.20 毫克/立方米。此外,办公室人员若在公共办公区域吸烟,会直接加重办公室的空气污染。

⑤ 其他。办公室空调运行时往往需要门窗紧闭,造成通风不畅。此时,空气中的浮尘、烟气、体味、病毒、细菌,会使室内乌烟瘴气,必然造成空气污浊,病菌也必然进入呼吸系统引发流行性疾病的传播。有的办公室里因人来人往所带入的大气污染物及各种微生物、粉尘都附着在空气中和键盘、鼠标、座位、桌面物体上,计算机长期反复使用日积月累必然导致疾病传播。研究表明,计算机的键盘、显示器、鼠标共存在 240 种不同的微生

物和包括链球菌在内的 2 000 多种病菌,可以导致伤风、肠胃病、皮肤病、耳道发炎、肺炎等疾病。

（2）空调病及其预防。为了保持舒适的环境,办公室往往会配备空调。空调设备在运行中,由于受使用条件的限制,往往造成空调室内新鲜空气供给不足,加之空调设备的污染,微生物繁殖增多,室内装修建材散发有机物、臭味等,在通风不良的情况下,导致室内空气质量恶化,使人感到极不舒适,而患空调病。

"空调病"又称"空调综合征",指的是长期处在空调环境下而出现的头晕、头痛、面部神经痛、胸闷、腰肢疼痛无力、全身发冷以及细菌性感染所导致的一系列病症。其表现因个体差异有所不同。常常表现在呼吸道上,较轻时表现为咳嗽、流涕等类似感冒的病征。较重时则会表现为肺炎,如不及时治疗就会持续呈现发热、干咳、打寒战,严重者出现呼吸衰竭而死亡。空调病还会表现在对神经系统的伤害上,能够引起人的大脑神经失衡,导致头昏目眩、记忆力减退等。此外,还表现为关节受损、疼痛,脖子生硬,腰背疼痛,手脚麻木、冰凉等。而且空调病往往是多种症状并发的复合疾病。

之所以会产生空调病,室内的密闭环境（导致空气流通不畅）和空调本身的内部环境（容易滋长各种细菌、霉菌）是主要原因。要有效地预防空调病,可以从以下几个方面入手。

① 必须注意通风,每天应定时开窗,关闭空调,增气换气,且最好每两周打扫空调机一次。

② 舒适又不影响健康的室温,夏季应该是 22～28℃,冬季是 16～24℃,室内外温度差以不超过 5℃为宜。睡眠时还应再高 1～2℃。即使天气再热,室温也不宜调到 22℃以下。

③ 不要让通风口的冷风直接吹在身上,大汗淋漓时最好不要直接吹冷风,这样降温太快,很容易发病。工作场所留意穿着,应达到空调环境中的保暖需求。

④ 不在室内抽烟。空调房间一般都较密闭,这使室内空气混浊,细菌含量增加,二氧化碳等有害气体浓度增高,而对人们有益的负离子浓度将会降低,如果在室内有人抽烟,将加剧室内空气的恶化。在这样的环境中久待必然会头晕目眩。

⑤ 应经常保持皮肤的清洁卫生,这是由于经常出入空调环境、冷热突变,皮肤附着的细菌容易阻塞在汗腺或皮脂腺内,引起感染化脓,故应常常洗澡,以保持皮肤清洁。

⑥ 采用优质空气离子发生器装入空调系统,或利用"空气离子挂线法"使办公室内的空气电离,增加空气中的负离子数,从而使室内细菌和可吸入颗粒的总数降低,提高空气净化度。也可以增置除湿剂,防止细菌滋生。

⑦ 进行保健锻炼,增强自身对空调环境变化的抵抗能力和适应能力。通常,生活或工作在气象条件不断变化的环境中的人（例如经常出入高温车间或冷库的工人）,患感冒的概率要比在正常环境下工作的人小得多。因此,如果利用空调的有效调温作用,人为地制造办公室内多变的环境,使人的生理体温调节机制不断地处于"紧张状态",那么生理调节能力可以逐渐适应温度的急剧变化,从而提高了人体的自我保护能力,不至于经常感冒或患其他室内病症。

⑧ 出现感冒发热、肺炎、口眼㖞斜时,要及时请医生诊断治疗。

3. 办公室空气污染的监测和防治

(1) 室内空气质量监测标准和方法。我国《室内空气质量标准》(GB/T 18883—2002)规定的空气质量标准见表7-1。

表 7-1　《室内空气质量标准》(GB/T 18883—2002)规定的空气质量标准

参　数	单　位	标准值	备　注
温度	℃	22～28	夏季空调
		16～24	冬季采暖
相对湿度	%	40～80	夏季空调
		30～60	冬季采暖
空气流速	m/s	0.30	夏季空调
		0.20	冬季采暖
新风量	$m^3/(h \cdot 人)$	30	
二氧化硫	mg/m^3	0.50	1小时均值
二氧化氮	mg/m^3	0.24	1小时均值
一氧化碳	mg/m^3	10.00	1小时均值
二氧化碳	%	0.10	日平均值
氨	mg/m^3	0.20	1小时均值
臭氧	mg/m^3	0.16	1小时均值
甲醛	mg/m^3	0.10	1小时均值
苯	mg/m^3	0.11	1小时均值
甲苯	mg/m^3	0.20	1小时均值
二甲苯	mg/m^3	0.20	1小时均值
苯并芘	mg/m^3	1.00	日平均值
可吸入颗粒物 PM_{10}	mg/m^3	0.15	日平均值
总挥发性有机物(TVOC)	mg/m^3	0.60	8小时平均值
菌落总数	cfu/m^3	2 500	依据仪器定
氡	Bq/m^3	400	年平均值

备注:新风量要求≥标准值;除温度和相对湿度外,其他参数要求≤标准值

相关标准还有《民用建筑工程室内环境污染控制标准》(GB 50325—2020)。

(2) 室内空气污染防治对策。

① 建筑装修造成污染的防治。办公室的装修不同于普通室内装修,首先应该在装修前合理设计,减少附加装修材料的使用,尽量采用环保材料。在使用前应保证有害物质得到充分释放。做好办公室的清洁卫生,定时打开门窗通风换气,扩散室内各种有毒

有害气体。

② 办公设备造成污染的防治。复印机、传真机等污染严重的办公设备,不应放在长期有人办公的室内,应放置在通风较好的独立房间或隔断玻璃室内,把污染源和人群隔离开来。

③ 保持室内良好的通风环境。通风可有效降低室内空气污染物的浓度。因此选择办公室应保证它的通风条件,如条件不符合要求,应在办公室内设置换气口或安置换气空调,增加办公室内的空气流通。

④ 据相应检测标准和法规对办公室空气进行定期检测。目前对办公室空气质量的检测依照的是现有的室内空气标准,由于办公室空气环境的特殊性,应有其特定的检测标准和相应法规,并依此对空气质量做定期检查,了解污染状况,并及时采取处理措施,为办公室工作人员提供健康保障。

⑤ 种植花卉、劳逸结合。种植花卉植物可以吸收室内空气中的有害物质,达到净化空气的目的。此外,工作休息时,可到室外舒展一下身体,做做深呼吸,经常参加体育活动,养成良好的习惯。

4. 计算机综合征的概念、产生原因及预防

计算机目前是办公室人员不可或缺的工作设备,很多人甚至整个工作日都在计算机前工作。在其为我们带来便利的同时,也产生了一种新的职业伤害——计算机综合征。其一般症状主要表现为:眼睛发干或头痛,视力下降,咽部发干、疼痛,咳嗽,手腕、手臂酸痛,肩膀肌肉紧张、麻木等,人们精神上烦躁,易疲劳,注意力难以集中。

(1)计算机综合征产生的原因。这种计算机综合征产生的原因主要有如下几个方面。

① 室内空气混浊。由于计算机机房一般为封闭式结构,并使用空调系统,室内空气流通缓慢,时间一长空气就混浊起来,而且室内较干燥。长时间在这样的环境中工作,就会产生咽部干痛、咳嗽等症状。

② 工作台、座椅不适合操作者身材。虽然计算机工作台是专业设计的,并有与之相配的座椅,但是不一定很适合所有操作者的身材条件。当操作者长时间工作时,手臂及关节一直于悬空状态,造成手臂肌肉和关节酸痛,另外,座椅的软靠背也使一些操作者的坐姿不正确,造成腰部肌肉酸痛。

③ 输入设备——键盘和鼠标。计算机键盘和鼠标在最初设计时,只注意到了其输入数据的方便程度,而忽略了键盘的键位不合理、鼠标在外形上不称手等问题,因而若长时间使用会造成操作者手腕麻木或手腕关节扭曲、肩部酸痛等诸多病症。

④ 计算机显示器。美国全国职业保健与安全研究所的一项调查证明,每天在计算机前工作 3 小时以上的人中,90% 的人眼睛有问题。表现症状为眼睛发干或者头疼、烦躁、疲劳、注意力难以集中等,即典型的干眼症。其主要原因在于操作者在计算机前工作时,眼睛长时间盯着一个地方——显示器,并受到显示器持续发出的高亮度光线的刺激。由于显示器技术的发展和进步,来自显示器的辐射已甚微,不会对操作者的身体造成什么影响。

(2)计算机综合征的预防。计算机综合征的有效预防措施如下:

① 改善工作环境和工作条件。在有空调系统的计算机房内配置一台空气净化器，不仅可以过滤吸附空气中绝大部分的粉尘粒子，对空气中的病毒细菌也有一定的杀伤作用，同时还能产生负离子类的再生空气，强化室内的净化效果。

适时打开门窗进行通风换气也十分有效。选择可调节的计算机工作台和座椅，使操作者可以根据自己的身高和体形来调节工作台和座椅的高低位置，营造出一个属于个人的舒适空间。

② 选择融入"人性化"设计和高科技的输入输出设备。根据人体工程学原理设计的"人性化"键盘有很多款式，例如，有的在构造上把传统键盘分成左右两个部分，并且由前向后分开成 25°角，中央处向左右两侧倾斜与台面呈 10°角，这些角度使操作者的手心和前臂轴心自然成一直角，从而减小各种应力的作用；键盘的下侧设有圆弧状的矽胶枕托，操作者手腕可以垫在上面操作；并使手腕高度有一个小幅调节区间。这些独特的设计，有助于舒缓由于使用普通键盘手与前臂造成的压力，而使手腕与前臂保持一贯的自然姿势，使键盘的操作更轻松、更科学。

同样，符合人体工程学的新型鼠标在外形设计上参照了人手掌的握合方式，因此与操作者的手掌吻合较好，使手部在操作鼠标时能得到必要的放松，从而得到有效的保护。

新型显示器现在都具有高频扫描、防眩光、防静电和低辐射、低功耗等性能，条件许可的话，可以选用最新一代的液晶平板显示器，它不仅可以避免电磁辐射对人体的影响，而且其图像更加柔和逼真，极大地改善了操作者的视觉条件和视觉效果，减少对眼睛的刺激。

（3）操作者的自我保健。操作者在工作和生活中还应当注重自我保健，不要长时间工作和熬夜，工作一段时间后，应离开计算机活动一下，舒展身体放松四肢，让眼睛得到休息；平时要多吃鱼油，注意补充维生素 A。另外显示器应在操作者的视线之下，且不要在黑暗中操作计算机。

由于办公室人员长期和计算机接触，再加上平时运动量少，计算机综合征的危害不可小觑。我们在享受计算机带来的高工作效率和富有情趣生活的同时，应时刻注意自我保健和安全防护，避免不经意中计算机带来的"温柔"伤害。

5. 办公室颈椎病的概念、类型及其预防

颈椎病就是颈椎间盘退行性病变及颈椎骨质增生，刺激或压迫了邻近的脊髓、神经根、血管及交感神经，并由此产生颈、肩、上肢一系列表现的疾病。具体来说，病人可能有脖子发僵、发硬、疼痛、颈部活动受限、肩背部沉重、肌肉变硬、上肢无力、手指麻木、肢体皮肤感觉减退、手里握物有时不自觉地落下等表现；有些病人还会出现下肢僵硬，似乎不听指挥，或下肢绵软，有如在棉花上行走；另一些病人甚至可能有头痛、头晕、视力减退、耳鸣、恶心等异常感觉；更有少数病人出现大小便失控、性功能障碍，甚至四肢瘫痪，这些都是颈椎病的范畴。

颈椎病是常见的办公室职业性疾病，从事财会、写作、编校、打字、文秘等职业的人易患颈椎病，这些人由于长期低头伏案工作，使颈椎长时间处于屈曲位或某些特定体位，不仅使颈椎间盘内的压力增高，而且也使颈部肌肉长期处于非协调受力状态，颈后部肌肉和韧带易受牵拉劳损,椎体前缘相互磨损、增生,再加上扭转、侧屈过度,更进一步导致损伤,易发生颈椎病。

（1）办公室颈椎病的类型。根据受损组织和结构的不同,颈椎病主要可为如下四类。

① 颈肌型。病变为颈肩肌群软组织损伤、气血郁滞。主诉头、颈、肩疼痛等异常感觉,并伴有相应的压痛点。特征是颈部僵硬、不舒服、疼痛,以及活动不灵活,这也是最常见的一种类型。

② 神经根型。病变为椎间孔变窄致颈脊神经受压、多见于第 4～7 节颈椎。病人的手掌或手臂麻木、疼痛、握力减弱,有时连拿杯都觉得没有力,病情严重时,整夜疼痛难以入睡。

③ 椎动脉型。病变是由于骨刺、血管变异或病变导致供血不足。病人的症状是偏头痛、头晕,或者胸闷、胸痛。每次眩晕发作都和颈项转动有关。

④ 交感神经型。病变是由于各种颈部病变激惹了神经根、关节囊或项韧带上的交感神经末梢。临床表现为头晕、眼花、耳鸣、手麻、心动过速、心前区疼痛等一系列交感神经症状。

（2）办公室颈椎病的预防。办公室人员预防颈椎病,可以从下述五个方面做起。

① 防止颈椎的损伤。做好劳动、运动、工作前的准备活动,防止颈椎和其他部位的损伤,如从事体育、武打等职业的人和上体育课的学生,在运动之前要做好充分的准备活动,这样可使关节、肌肉充分地舒展、协调,并使得人体的应激能力与之相适应,从而防止运动中损伤。

② 从姿势预防颈椎病。首先要从平时的坐姿、站姿、走姿、睡姿开始,从姿势上预防颈椎病。

坐姿:臀部要充分接触椅面,双肩后展,脊柱正直,两足着地。敲字时头部略微前倾,两肩之间的连线与桌沿平行,前胸不受压迫,使头、颈、肩、胸保持微微绷紧的正常生理曲线。将桌椅调到与自己身高比例合适的最佳状态,桌面最好倾斜 $10°～30°$。

站姿:应收腹挺胸,双肩撑开并稍向后展;双手微微收拢,自然下垂;下颌微微收紧,目光平视;后腰收紧,骨盆上提,腿部肌肉绷紧、膝盖内侧夹紧,使脊柱保持正常生理曲线;从侧面看,耳、肩髁、膝与踝应位于一条垂线,有一种在微微绷紧中轻松自如的感觉。

走姿:双脚尽量走在一条直线上,走时脚跟先着地、脚掌后着地,并且胯部随之产生一种韵律般的轻微扭动,双手微微向身后甩,如行云流水,风度翩翩。

睡姿:选好枕头,以中间低、两端高的元宝枕为佳,有利于保持颈椎前凸的生理体位。睡时以右侧卧为宜,应是侧卧时自耳到同侧的肩外缘的高度,以保持颈部的固有位置。仰卧时,枕头放在头与肩部之间,从而使颈椎的生理前凸与床面之间的凹陷正好得以填塞。

③ 防止颈部受风受寒。风寒常导致肌肉痉挛、僵硬,从而造成落枕、颈椎小关节紊乱和肌肉纤维组织炎。积极治疗颈部的外伤、感染、结核、淋巴结炎和椎间盘炎等疾病,也是预防颈椎病的重要一环。

④ 保持良好的精神状态。研究表明,多愁善感、脾气暴躁的人易患神经衰弱,神经衰弱会影响骨关节及肌肉休息,长此以往,颈肩部容易疼痛。所以一定要注意保持健康、快乐、平和的心情,让自己远离颈椎疾病。

⑤ 合理搭配饮食。合理搭配,不可单一偏食;应以富含钙、蛋白质、维生素 B、维生素 C 和维生素 E 的饮食为主;饮食有度,不要经常饥饱失常;不要经常吃生冷和过热的食物;应戒烟、酒。

6. 办公室人员的肠胃病及其预防

办公室工作人员由于平时工作比较紧张,生活节奏加快,精神负担重,生活不规律,故最容易患胃肠道疾病。其中主要是功能性消化不良、肠易激综合征和消化性溃疡等三类,这三类疾病均与办公室人员的工作生活状态有密切联系。因为人的情绪对胃肠的影响很大。像功能性消化不良及肠易激综合征,就和焦虑、抑郁等异常的心理因素有直接关系,消化性溃疡也有显著的情绪障碍表现。有研究表明,情绪越急躁的人越容易患这种疾病。其中的机制可以用巴甫洛夫的条件反射理论来进行解释。根据该理论,人的大脑皮层是人类思想和行为的最高调节机构,负责调节人的中枢神经,对躯体疾病特别是内脏疾病有很重要的作用。而人体的内外感受器官在强烈情绪的刺激下会使大脑皮层过度兴奋,让人感到疲劳、衰竭,于是皮层发出了抑制信号,这可能引起植物神经的功能性紊乱,胃及十二指肠壁的平滑肌和血管就会痉挛、收缩,使胃肠组织供血不足,营养供应发生障碍,这时胃及十二指肠黏膜的抵抗力减弱,不适的感觉就会出现。而这种疼痛反过来又会反射回大脑皮层,加重皮层的功能性障碍,形成恶性循环。所以,性情急躁、容易焦虑的人在工作紧张的情况下很容易得上功能性消化不良、肠易激综合征和消化性溃疡。另外,男性、有家族病史、经常上夜班或三班倒的人、O 型血和抽烟的人都要特别注意。

工作繁忙的办公室工作人员如果自己不注意调养肠胃,天天重复不良的生活习惯来伤害自己,那么久而久之,这些“胃肠职业性疾病”将很难治好。高脂肪的食物会抑制胃排空,增加胃食管反流,所以每天的摄入量最好控制在适度的范围内,吃太多会不容易消化,直接给肠胃造成损伤。胃口不好的人要养成良好的饮食习惯,绝不能饥一顿饱一顿。同时少吃产气的食品,比如奶制品、大豆、豆角、卷心菜、洋葱等。葡萄汁、苹果汁和梨汁有可能引起腹泻。高纤维质的食物,如魔芋可以促进胃肠蠕动,是良好的肠胃动力提供者。有一些人会对含乳糖的食物吸收不良,还有一些谷类、麦面类、奶制品和果糖等会使胃肠症状发作或加重。办公室工作人员应该了解自己的肠胃功能情况,采取适合于自己的饮食结构。如果得了胃病需要治疗,除了常备胃药,还可以用椒面粥、糖酒鸡蛋、茴香粳米粥等食疗方法来缓解胃病症状。

7. 办公室人员其他职业性疾病及其预防

(1) 鼠标手及其预防。人在使用鼠标时,腕关节背屈 45°～55°,这就会牵拉腕管内的肌腱使其处于高张力状态,加上手掌根部支撑在桌面会压迫腕管。手指的反复运动容易使肌腱、神经来回摩擦,容易引起大拇指、食指、中指出现疼痛、麻木、肿胀感,还会出现腕关节肿胀、手部精细动作不灵活、无力等。反复机械地集中活动一两个手指,会拉伤手腕的韧带,导致周围神经损伤或受压迫。

预防鼠标手,应每工作一小时就要做一些握拳、捏指等放松手的动作。电脑桌上的键盘和鼠标的高度,最好低于坐着时的肘部高度,使用鼠标时,手臂不要悬空。要尽量靠臂力移动鼠标,不要过于用力敲打键盘及鼠标的按键。

(2)干眼症及其预防。计算机是现代办公不可缺少的一个工具,长时间地盯着计算机屏幕,就会对人的眼睛造成损伤。近距离用眼容易造成视物模糊、复视、文字跳跃走动,眼困倦,甚至眼睑沉重、对光敏感及眼球和眼眶周围酸痛或疼痛、眼干、异物感、流泪等。

为了有效预防干眼症,除了良好的照明设计,工作时,灯光应从侧面照射,光强要适当;每隔一个小时就要休息 10 分钟,看看窗外的绿色;每天坚持做两次眼保健操。在饮食方面,不妨有意识地选择一些保护眼睛的食物,如各种动物的肝脏、牛奶、羊奶、奶油、小米、核桃、胡萝卜、青菜、菠菜、大白菜、番茄、枸杞等。

(3)手机肘及其预防。办公室中患"手机肘"的人大多是平时接打手机、发送短信的时间超过 4 个小时的人。"手机肘"早期表现为肘关节疲惫麻木、疼痛,胳膊有时抬不起来。症状较重者为持续性疼痛,手臂无力,甚至持物会掉落,在前臂旋转向前伸时,也常因疼痛而活动受限。

为了有效预防该类疾病,打电话时应尽量使用耳机,或尝试"左右开弓"地打电话。打完电话后应进行适当的活动,还可以用毛巾热敷以缓解肌肉紧张。

(4)应激反应综合征及其预防。这是当前很多办公室人员所患的一种与心理状态有关的疾病。表现为经常失眠,做噩梦,记忆力开始下降,心情变得烦躁不安,多疑、孤独,动辄发火,对工作产生厌倦感等。其患病原因不仅与现代社会的快节奏有关,更与长期反复出现的心理紧张有关。如因怕被解聘、怕被淘汰、怕不受重视而承受的心理负担,不得不承受的工作压力、生活压力等。此外,可能还有家庭纠葛和自我期望过高等原因。

要对该类疾病进行有效预防,应在心理上做好自我疏导和调节。首先要充分认识到现代社会的高效率必然带来高竞争和高挑战性,对于由此产生的某些负面影响要有足够的心理准备,免得临时惊慌失措,加重压力。同时心态要保持正常,乐观豁达,不为小事斤斤计较,不为逆境心事重重。要善于适应环境变化,保持内心的安宁等。

小提示

远离颈椎病的小窍门

从平时的坐姿、站姿、走姿、睡姿开始,从姿势上预防颈椎病。长时间伏案低头工作或长期以前倾坐姿工作的职业人群,应注意通过伸展活动等方式缓解肌肉紧张,避免颈椎病、肩周炎和腰背痛的发生。在伏案工作时,需注意保持正确坐姿,上身挺直;调整椅子的高低,使双脚刚好平踩在地面上。长时间使用电脑的,工作时电脑的仰角应与使用者的视线相对,不宜过分低头或抬头,建议每隔 1~2 小时休息一段时间,向远处眺望,活动腰部和颈部,做眼保健操和工间操。

游泳、放风筝等是预防颈椎病的好方法。游泳是一项全身运动,上肢、颈项部、腹部及下肢的肌肉"全体"参与,能有效促进全身肌肉的血液循环。放风筝时挺胸抬头,左顾右盼,可以保持颈椎、脊柱的肌张力,增强颈椎的、脊柱的代偿功能。

7.6　有害因素评价控制

为了有效降低职业危害,应对工作场所的职业性有害因素进行危害程度评价,以便采取有针对性的对策措施对其进行控制。职业性有害因素的评价和控制是依据我国已颁布的有关劳动卫生标准和法规来进行的。

1. 我国有关劳动卫生的标准及法律法规

(1) 劳动卫生标准。劳动卫生标准是国家的一项技术法规,是劳动卫生立法的组成部分,是预防职业危害的重要环节,也是进行卫生监督工作的重要依据。劳动卫生标准是为保护劳动者健康,针对劳动条件中有关卫生要求而制定的标准。它包括以下内容。

① 劳动生理卫生标准。包括体力劳动强度分级、劳动强度生理负荷限值、女性职工体力搬运负荷量限值等。

② 生产环境气象卫生标准。包括高温作业分级、高温作业气象卫生标准、气象条件卫生标准、井下气象条件卫生标准、车间采暖卫生标准、空调作业室空气离子卫生标准等。

③ 工业企业噪声卫生标准。包括局部振动卫生标准、高频电磁场与微波辐射卫生标准、放射卫生防护基本标准等。

④ 车间空气中有害物质最高允许浓度的卫生标准和分级标准等。

此外,与劳动卫生标准相关的还有职业病诊断及处理标准等。

《工业企业设计卫生标准》(GBZ 1—2010)是我国现行的重要卫生标准。标准中对生产环境的卫生要求作出了比较详细的规定,其中有厂址选择、厂区内布置及厂房建筑的卫生要求;车间防尘、防毒的卫生要求,并规定了车间空气中有害物质的最高允许浓度;车间防暑、防寒、防湿的卫生要求,并制定了车间内工作地点夏季气温的规定和车间夏季空调温度的规定;对车间辅助用室,包括生产卫生用室、生活用室、妇女卫生用室及医疗卫生机构的卫生要求等。上述规定是新建、扩建、改建工业企业的依据。

我国的劳动卫生标准分为国家标准、部颁标准、地方标准三级。国家标准是对保障人民健康,促进经济、技术发展有重大意义,在全国范围内必须统一执行的标准,是我国标准的主体。部颁标准是指全国某个专业系统范围内应该统一执行的标准。地方标准是指尚未制定国家标准和部颁标准,但根据地区特殊需要而由地区制定的标准。

(2) 我国已颁布的主要职业卫生法律法规。这些法规有以下几类。

① 基本法规类。主要有《中华人民共和国宪法》《中华人民共和国刑法》《中华人民

共和国矿山安全法》《中华人民共和国消防法》《中华人民共和国劳动法》《中华人民共和国职业病防治法》《中华人民共和国尘肺病防治条例》《使用有毒物品作业场所劳动保护条例》等,这些法律法规中都有关于劳动安全卫生方面的若干规定,特别是后四种法规更有对职业卫生方面的详细规定。

② 卫生部规章。主要有《职业卫生技术服务机构管理办法》《职业病危害因素分类目录》《建设项目职业病危害评价规范》《职业性接触毒物危害程度分级》《国家职业卫生标准管理办法》《职业健康监护管理办法》《职业病诊断与鉴定管理办法》《职业病危害项目申报管理办法》《职业病危害事故调查处理办法》等。这些部令规章分别对职业卫生的管理、评价及职业病的有关处理等方面进行了比较详细的规定。

③ 各种职业卫生技术规范。如《工业企业建设项目卫生预评价规范》《工业企业设计卫生标准》《工业企业噪声卫生标准》《工业企业建设项目卫生预评价规范》《卫生防疫工作手册：劳动卫生分册》等。

④ 职业卫生地方法规。

2. 职业危害因素评价的概念及类别

职业危害因素评价是利用现代采样与检验仪器设备,按照《中华人民共和国职业病防治法》及国家职业卫生标准要求,对生产过程中产生的职业性危害因素进行检验、识别与鉴定,调查职业危害因素对接触人群健康产生的健康损害,评价工作场所作业环境、劳动条件的职业卫生质量,为制定国家职业卫生标准、职业病诊断标准和卫生防护措施、改善不良劳动条件、预防控制职业病、保障劳动者健康提供科学依据。职业危害因素评价的首要任务是识别、评价、预测和控制工作场所、劳动过程、劳动条件中存在的职业危害因素,以防止其对劳动者健康的损害。

由于工作场所中职业危害因素种类繁多,各种危害因素浓度(强度)及其在时间、空间的分布又常有变动,这主要取决于生产过程、操作方式及外界环境条件。此外,劳动者接触职业危害因素通常只是在劳动时间内接触,而且在一个工作班内,可能不是连续不断地接触这些危害因素。因此,在同一工厂中,不同工作场所或不同工种的工人所接触的危害因素、接触水平及其所受危害程度各有不同,需要对职业危害因素进行细致的评价。《工业企业设计卫生标准》《工作场所有害因素职业接触限值》等国家标准,是职业危害因素评价的主要依据。

危害因素评价主要有如下类型。

(1) 化学毒物及粉尘接触水平评价。作业环境中职业危害因素接触水平的评估,是职业危害因素评价的重要组成部分。目前,多采用定点采样所测得的空气中有害物质浓度的平均值及其波动范围作为评价指标。平均值的计算与表达随测定值的分布特征而异,通常可用算术平均数、几何平均数、中位数等表示。进行化学毒物与生产性粉尘的接触水平评价,一定要深刻理解国标《工作场所有害因素职业接触限值》及其正确使用说明,以便正确运用与评价。

(2) 物理因素接触水平评价。职业性物理因素大都是以能量的方式作用于肌体,这就决定了其对肌体损伤程度与人体接受的总能量值有关,使得其卫生标准与化学因素卫生标准的内涵有着本质的区别。目前化学因素卫生标准在我国应用的是最高容许浓度、时间加权平均容许浓度和短时间接触容许浓度，而物理因素对人体的影响和与职业病危害因素的接触时间有直接关系，可以理解为是时间加权平均能量值。这在监测评价工作中应该注意，否则难以得出正确的评价结论。我国目前已公布了噪声、振动、紫外辐射、电磁辐射暴露限值和激光辐射等物理因素卫生标准，其评价指标和方法多不相同，可参见相关的职业卫生标准。

（3）职业危害因素的危害程度评价。职业危害因素的危害程度评价是依据科学的综合毒理学测试、环境监测、健康监护和流行病学调查研究资料，对危害因素的危害作用，进行定性和定量的评价和认定，估算和推断该种危害因素在多大剂量、何种条件下，可能对接触者健康造成损害，并估测在一般接触条件下，可能对接触者健康造成损害的概率和程度，为预防对策提供依据。

（4）职业危害因素分级评价。为加强职业卫生管理和防尘、防毒、防暑降温工作的开展，职业病危害因素分级评价依照国家公布的粉尘、毒物、高温工人危害程度的分级标准进行。这是应用于当前职业病危害评价工作中的指导性文件。

3. 我国职业卫生防治管理方针及体制

（1）职业卫生防治管理的方针。除了对生产场所职业性有害因素进行正确评价，还应采取相应的管理对策对危害因素进行控制。我国的职业卫生防治管理工作的方针是"预防为主、防治结合，实施分类管理、综合治理"。

① 预防为主。所谓预防为主，就是在整个职业病防治过程中，要把预防措施作为根本措施和首要环节放在先导地位，控制职业病危害源头，并在一切职业活动中尽可能控制和消除职业病危害因素的产生，使工作场所职业卫生防护符合国家职业卫生标准和要求。坚持预防为主的措施，主要有以下几方面：职业病危害的源头控制；职业病危害的特殊管理；职业病危害项目申报制度；依靠科技进步，研制、开发、推广、应用有利于职业病防治和保护劳动者健康的新技术、新工艺、新材料，提高职业病防治科学水平；企业职业卫生管理，要严格遵守职业病危害因素检测及评价制度、职业卫生管理制度，建立健全职业病事故应急救援预案等；劳动者有职业卫生权力保障，要落实劳动者的知情权、职业健康检查、职业健康监护、职业健康教育、职业卫生培训，未成年人、孕妇、哺乳期的女职工和职业禁忌者的职业健康特殊保护等；国家实行职业卫生监督制度；社会监督与民主管理等。

② 防治结合。职业病防治坚持预防为主、防治结合的方针，必须正确处理"防"与"治"的关系，既不能轻"防"重"治"，不"防"只"治"，也不能只"防"不"治"，更不能把"防""治"对立或相互分离。防治结合意义体现在三个方面：预防为主，控制职业病危害源头，最大限度地减少和避免"治"的负担与代价；"治"，不只是对职业病的诊断治疗，更主要的是对职业病危害的治理；对已经造成或者可能造成职业病危害后果的工作场所，做到"防"中有"治"，"治"中有"防"，以"治"促"防"，通过"防"解决"治"的问题。所谓"防"中有"治"，就是按照国家职业卫生标准和卫生要求，一方面对造成职业病危害的工作场所进行治理，控制和消除职业病危害因素；另一方面及早地对接触职业病危害因素的职工组织职业健康检查，安排职业病人的诊断治疗。所谓"治"中有"防"，如通过职业健康检查

和对职业病的病因学诊断分析,找出其致病危害原因,分析发病机制、发病规律、总结预防工作经验与教训,进而对作业场所的职业病危害因素的种类、性质、危害程度和职业卫生管理上的问题作出分析诊断,并提出控制和消除职业病危害的治理对策和有效措施。

③ 分类管理、综合治理。由于职业病危害因素的种类繁多,危害的性质、途径和程度千差万别,造成的职业病危害十分复杂,因此,需要对职业病危害实行分类管理、综合治理。

分类管理是指按职业病危害因素的种类、性质、毒性、危害程度及对人体健康造成的损害后果确定类别,采取不同的管理方法。具体内容有:建设项目分类管理,职业病危害项目申报制度,对从事放射、高毒等作业实行特殊管理,职业病的分类和目录。综合治理是指在职业病防治活动中采取的一切有效的管理和技术措施,如立法、行政、经济、科技、民主管理和社会监督等,并将其纳入法制化统一监督管理的轨道。对职业病危害所进行的治理,包括政府的规划管理、卫生行政部门的统一监督管理、有关部门在各自的职责范围内分工监督管理、企业自律管理、职业卫生技术服务、工会组织的督促与协助、职工的民主监督等。

(2) 我国现阶段实行的职业安全卫生管理体制。当前,我国实行企业负责、行业管理、国家监察和群众监督的职业安全卫生管理体制。

企业负责就是企业在其经营活动中必须对本企业职业安全卫生负全面责任,企业法定代表人是职业安全卫生的第一责任人。具体说,企业应自觉贯彻"安全第一,预防为主"的方针,必须遵守职业安全卫生的法律、法规和标准,根据国家有关规定,制定本企业职业安全卫生规章制度;必须设置安全机构,配备安全管理人员对企业的职业安全卫生工作进行有效管理。企业还应负责提供符合国家安全生产要求的工作场所、生产设施,加强对有毒有害、易燃易爆等危险品和特种设备的管理,要对从事危险物品管理和操作的人员进行严格培训。

行业管理职能主要体现在行业主管部门根据国家有关的方针政策、法规和标准,对行业安全工作进行管理和检查,通过计划、组织、协调、指导和监督检查,加强对行业所属企业及归口管理的企业的职业安全卫生工作的管理,防止和控制伤亡事故和职业病。一些特殊行业在某种程度上还将对安全生产工作行使监督职权。

国家监察是指根据国家法规对职业安全卫生工作进行监察,具有相对的独立性、公正性和权威性。职业安全卫生监察部门对企业履行安全生产职责和执行职业安全卫生法律、法规情况依法进行监督检查,对不遵守国家职业安全卫生法律、法规、标准的企业,要下达监察通知书,作出限期整改和停产整顿的决定,必要时,可提请当地人民政府或行业主管部门关闭企业。劳动行政主管部门要建立健全职业安全卫生监察机构,设置专职监察员。监察员要经常深入企业检查职业安全卫生法律、法规、标准的落实情况,消灭事故隐患。

群众监督是职业安全卫生工作不可缺少的重要环节。在新的经济体制下,不仅各级工会,而且社会团体、民主党派、新闻单位等也应对职业安全卫生起监督作用。这是保障职工的合法权益、保障职工生命安全健康和国家财产不受损失的重要保证。工会监督是群众监督的主要方面,是依据《中华人民共和国工会法》和国家有关法律法规对职业安全卫生工作进行的监督。在社会主义市场经济体制建立过程中,要加大群众监督检查的力度,全心全意依靠职工群众做好职业安全卫生工作,支持工会依法维护职工的安全健康,维护职工的合法权益。工会应充分发挥自身优势和群众监督检查网络作用,履行群众监督检查职责,发动职工群众查隐患、堵漏洞、保安全,教育职工遵章守纪,使国家的职业安全卫生方针、政策、法律法规落实到企业、班组和个人。

> ## 小提示
>
> ### 哪些岗位的人员需要去做职业病体检
>
> （1）工作中存在有害化学因素的。汞、锰、镉、砷、甲醇以及汽油等化学物,都是一些有害的化学因素,工作中接触这些化学因素的人员,需要定期去做针对职业病的体检。
>
> （2）在有粉尘的环境中工作的。工作中有游离二氧化硅粉尘、石棉粉尘以及其他粉尘的人员,若长期在这样的环境中工作,身体很容易出现尘肺等各种问题,需要及早去做有关职业病的体检。
>
> （3）接触有有害物理因素的。一些物理因素,如噪声、高温、高气压、紫外线以及微波,对我们的身体健康都有着不小的损害。经常接触到这些有害物理因素的人员,应定期或不定期地去做职业病的体检。
>
> （4）接触有害生物因素的。像布鲁菌属、炭疽芽孢杆菌这些生物因素,对我们的身体健康是有危害的,经常接触这些生物因素的人员,也该时不时地去做职业病的体检。
>
> 除了工作在以上岗位的人员,特殊作业(如电工、结核病防治、高处作业、职业机动车驾驶、高原作业以及航空等)岗位的人员,也要定期或不定期地做有关职业病的体检,这样才能达到更好地保护身体的目的。

---------------------------------- ◎ 小   结 ◎ ----------------------------------

本章介绍了职业卫生的基本概念,劳动过程中人体的生理、心理变化和适应及相关职业性疾患,粉尘及常见生产性毒物对人体的危害及预防,物理因素引起的职业性病损及其预防,办公室的职业危害及其预防,职业性有害因素的评价管理及有关法律法规依据等知识。

---------------------------------- ◎ 思考与练习 ◎ ----------------------------------

1. 什么是职业性病损?
2. 职业病有什么特点?我国法定的职业病有哪些种类?
3. 脑力劳动时的生理变化有哪些?其职业卫生学要求是什么?
4. 如何合理安排休息以便有效消除疲劳和恢复作业能力?
5. 试阐述生产性粉尘进入人体的途径及对人体的危害?

6. 在生产过程中如何对粉尘危害进行有效预防？

7. 什么是铅中毒？如何预防？

8. 如何预防一氧化碳中毒？

9. 高温作业的职业卫生要求是什么？

10. 噪声的危害有哪些？如何有效防止？

11. 射频辐射对人体有哪些不良影响？如何预防？

12. 什么是计算机综合征？如何预防？

13. 从职业卫生的角度来看,该如何做一名身心俱佳的白领工作人员呢？

14. 请结合下面的漫画思考：当前我国职业卫生的现实问题有哪些？请结合实际展开讨论。

15. 请指出下面漫画中所谓安全措施存在的问题,并结合现实情况开展讨论。

综合练习一

我国将每年4月的最后一周至5月1日国际劳动节定为全国《中华人民共和国职业病防治法》宣传周。2021年4月25日—5月1日是全国第19个《中华人民共和国职业病防治法》宣传周,主题是"共创健康中国,共享职业健康"。

请围绕"共创健康中国,共享职业健康"主题,突出职业卫生、放射卫生以及工作场所新冠肺炎疫情防控等主题元素,完成一份宣传海报或视频。

综合练习二

小张是一个长期久坐在办公室的文秘,工作好几年了,白天上班时大多数时间里都是坐着的,对着电脑、空调。最近一个月,他总觉得颈椎很酸痛,易感冒,坐久了脖子很僵硬,有点痛。到医院就诊,医生诊断为神经根型颈椎病。

1. 请分析小张出现上述问题的原因。
2. 结合办公室的职业健康,讨论办公室人员该如何预防颈椎病、空调病。

-------------------------------- ◯ **阅读材料** ◯ --------------------------------

新形势下安全人的工作会怎么变

安全一定是以预防为主的。新形势下安全人的工作总体上还是不会改变的,也不应该改变。而局部产生微调是可能和需要的。

2018年,在国务院机构改革方案说明中,明确提出"将国家安全生产监督管理总局的职责"整合到应急管理部,并没有说要改变国家安监总局的职责。在国家组建应急管理部之后,由于行政的作用,涉及应急的业务也会得到相应的加强,这是不言而喻的。

这些年中国的安全生产形势发生了根本性的好转,是生产安全事故和伤亡人数减少最快的时期。一二十年来安全生产绩效显著,说明已有的安全生产方针政策是正确的,安全人的工作是富有成效的,那么有什么理由要作出大的改变呢?

既然这些年来国家安监总局的业绩突出,为什么还要撤销合并呢?其实生产安全仅仅是所谓大安全的一个主要部分,如果从大安全的视角和国家精简机构的需要看,则比较好理解了,承担生产安全、交通安全、煤矿安全、公安消防、地质灾害、水旱灾害、草原防火、森林防火、抗震救灾等职责的应急管理部也是正部级部门,而单单一项生产安全就不太可能占一个正部级的位置。

安全人的业务更应该面向社会需求和市场。安全是每一个人的需要,安全工作应该对下而不是唯上。安全行业已经独立为一个不可或缺的社会行业,安全人不应该由于国家一个机构的变化就不知所措和失去自我。安全人只有面向社会需求,才能立于不败之地。

国家的安全生产监管监察人才仍然是非常需要的,他们主要指各级安全生产监管机构和执法机构的工作人员,他们的综合素质、业务能力、工作作风等,更需要有较大幅度的提升。

安全生产科技人才,他们仍然一如既往地在安全生产科技、职业危害预防控制和安全生产应急救援等领域开展原有的安全科技研发、推广工作和作出突出贡献。

企业安全生产管理人才量大面广,他们仍然战斗在广大企业安全生产领域,他们的安全组织能力、安全管理水平、安全专业技术等需要提高,以适应企业安全生产管理岗位上的各种安全管理专职工作,他们将一如既往地在基层发挥重要的安全管理作用。

安全生产高技能人才,如特种作业人员中的安全技师、安全技工及相应的人员,以及在安全生产应急救援岗位上的专职安全管理、技术和作业人员,他们将一如既往地在安全一线发挥重要的作用。

安全生产专业服务人才,他们仍然在安全生产及职业卫生评价、咨询、检测检验、培训、宣传教育等专业服务机构中发挥其重要作用。

在安全人才培养方面,相信以后的安全工程专业和消防工程专业,安全科学与工程学科的内涵和外延、研究对象、学科基础、专业领域等同样不会有什么变化。至于应急管理专业,可能有所发展,但不会发展太快,应急管理人才的市场需求是不大的。

(资料来源:吴超教授博客)

第8章 职业安全

学习目标

1. 了解和掌握基本的安全原理;
2. 深入了解电气设备、机械设备以及常见特种设备在使用过程中的安全技术要求;
3. 深入了解常见公共安全设施等方面的职业安全知识。

对于每一个毕业后将走向社会独立谋生的大学生来说,掌握足够的专业安全文化基础知识对以后漫长的职业生涯来说是非常重要的。上一章讲述的职业卫生基础知识只是专业安全文化知识的一半,本章将介绍其另一半——职业安全基础知识。

8.1 安全原理

案 例

2020年9月28日,某鞭炮烟花厂发生一起爆炸事故,造成2人死亡、1人受伤。经调查,事故原因为:该鞭炮烟花厂主要负责人周某组织不具备专业资质和安全技能的当地村民,在未认真检查混药机内是否残留药物、未采取可靠的安全防范措施的情况下,使用木制板车转运,向运输货车车厢移装。混药机内残余药物散落在货车车厢底板上,混药机部件及车厢底板摩擦起火,继而引起混药机内残余药物爆炸。

分析:① 某鞭炮烟花厂主要负责人的法律、安全意识淡薄,未按规范操作。②《中华人民共和国安全生产法》规定,生产经营单位从业人员在作业过程中,应当严格遵守本单位的安全生产规章制度和操作规程。当地村民在不具备专业资质和安全技能的情况下,仅凭借自身的生活经验去判断所从事工作的危险程度,作业时图省事,也因多次"无伤害"而存在侥幸心理,以致酿成大祸。

猜谜底

1. 暗疾尚在潜伏期(词语)　　2. 互相让道安全行车(成语)

3. 厂内停车靠边一点(一字)

8-1　谜底

当前,我国每年发生的安全生产事故发生率仍然较高,安全生产形势不容乐观,按理,趋福避祸是人类的本能,我们每个人日常生活中都愿意躲避危险、保全自己,发生安全事故是我们极不愿意看到的。勤于思考的同学们不禁会问:这些为数众多的安全事故究竟是如何发生的? 安全生产事故的发生和发展规律是怎样的? 能否利用这些规律防控事故的发生? 不错,这一系列的问题正是人们在安全原理的研究领域中不断探讨的。作为一名大学生,除了养成良好的注意安全习惯,更重要的应是了解发生事故背后的原因、模式和规律,以便在将来的安全生产中发挥积极的作用。

8.1.1　事故、事故后果及海因里希法则

事故是指人们在为实现某一意图或目的而采取行动的过程中,突然发生了违背人的意志的情况,致使人的行动暂时停止或永久性停止的事件,简单地说,事故就是干扰一个有计划活动的意外或不希望发生的事件。

事故和事故后果是互为因果的两件事情:由于事故的发生产生了某种事故后果。但是在日常生产、生活中,人们往往把事故和事故后果看作一件事件,这是不正确的。之所以产生这种认识,是因为事故的后果,特别是给人们带来严重伤害或损失的后果,给人的印象非常深刻,相应地注意了带来某种后果的事故;相反,当事故带来的后果非常轻微,没有引起人们注意的时候,相应地人们也就忽略了事故。

从上述事故的定义可见,事故一般有如下四种结果:① 人受到伤害,物也受到损失。例如锅炉发生爆炸,使在场或附近的人受伤,锅炉损毁。② 人受到伤害,而物没有损失。例如人从高空坠落而致使坠落者受伤害,而物没有损失。③ 人没有伤害,物遭到损失。例如电气火灾,引起厂房、设备等受损,而人员因安全撤离而未受到伤害。④ 人没有伤害,物没有损失,只有时间和间接的经济损失。例如在生产作业中,突然停电而使生产作业暂时停止,人和物都没有受到伤害和损失(指直接损失)。

以上四种情况中前两种情况的事故常称为伤亡事故,后两种情况的事故称为一般事故,或称为无伤害事故。值得注意的是:无论是伤亡事故还是一般事故,总是有损失存在的。事故发生总是影响人们行为的继续,这就从时间上给人们造成了损失,从而致使间接的经济损失发生。另外,事故的结果具有时间上的偶然性,同样类型的事故,虽然有时未造成伤亡,但到底会不会造成伤害,是一个难以预测的问题。所以,在企业安全管理工作中,无论是伤亡事故还是无伤害的一般事故都应该引起重视。

关于事故发生的频率及其严重程度之间的关系,美国的海因里希(W. H. Heinrich)早在 20 世纪 30 年代就对其进行了研究,得出了著名的"海因里希法则"。海因里希调查

了 5 000 多起工业伤害事故案例中事故发生后人员受到伤害的情况。例如,某机械师企图徒手把皮带挂到正在旋转的皮带轮上,由于他站在摇晃的梯子上,没有工具,且穿了一件袖口宽大的衣服,结果被皮带轮绞入而死亡。调查表明,该机械师多年来一直用这种方法挂皮带,其手下的工人均佩服他技艺高超。查阅 4 年中的就诊记录,发现他曾被擦伤手臂 33 次。估计严重伤害、轻微伤害和无伤害的比例为 1∶33∶1 200。类似地,对其他伤害事故案例进行了详细地调查研究,根据对调查结果的统计处理得出结论:在同一个人发生的 330 起同种事故中,300 起事故没有造成伤害,29 起造成了轻微伤害,1 起造成了严重伤害,即事故后果分别为严重伤害、轻微伤害和无伤害的事故次数之比为1∶29∶300。这一比例被称为海因里希法则,它反映了事故发生频率与事故后果严重度之间的一般规律,即事故发生后带来严重伤害的情况是很少的,造成轻微伤害的情况稍多,而事故后无伤害的情况是大量的。

海因里希法则提醒我们,某人在遭受严重伤害之前,可能已经经历了数百次没有带来严重伤害的事故。在无伤害或轻微伤害的背后,隐藏着与造成严重伤害相同的因果因素。在事故预防工作中,避免严重伤害应该在发生轻微伤害或无伤害事故时就分析其发生原因,尽早采取恰当对策防止事故发生,而不是在发生了严重伤害之后才追究其原因,采取改进措施。

8.1.2 事故的特点及发展阶段

1. 事故的特点

事故的发生有其固有的特点,具体如下。

(1) 事故的因果性。所谓因果就是两种现象的关联性。事故的起因是指事故和其他事物相联系的一种形式。事故是相互联系的诸原因的结果。事故这一现象都和其他现象有着直接的或间接的联系。在这一关系上看来是"因"的现象,在另一关系上却会以"果"出现,反之亦然。因果关系有继承性,即第一阶段的结果往往是第二阶段的原因。

给人造成直接伤害的原因(或物体)是比较容易掌握的,这是由于它所产生的某种后果显而易见。然而,要寻找出究竟是因何种原因、又是经过何种过程而造成这样的结果,却非易事,因为有种种因素同时存在,并且它们之间存在某种关系。因此,在制定预防措施时,应尽最大努力掌握造成事故的直接和间接的原因,深入剖析其根源,防止同类事故重演。

(2) 事故的偶然性、必然性和规律性。从本质上讲,伤亡事故属于在一定条件下可能发生,也可能不发生的随机事件。事故的发生包含着偶然因素。事故的偶然性是客观存在的,与我们是否明了现象的原因全不相干。事故是由于某种不安全因素的客观存在,随时间进程产生某些意外情况而显现出的一种现象。因它或多或少地含有偶然的本质,故不易发现它所有的规律。

但在一定范畴内,用一定的科学仪器或手段,却可以找出近似的规律,从外部和表面上的联系,找到内部的决定性的主要关系。如应用偶然性定律,采用概率论与数理统计的分析方法,收集尽可能多的事例进行统计处理,就可能找出事故发生过程中带根本性的问题。这就是从偶然性中找出必然性,认识事故发生的规律性,把事故消除在萌芽状态之中,变不安全条件为安全条件,化险为夷。这也就是防患于未然、预防为主的科学意义。

科学的安全管理就是从事故的合乎规律的发展中去认识它,改造它,达到安全生产的目的。

(3) 事故的潜在性、再现性、预测性和复杂性。事故往往是突然发生的。然而导致事故发生的因素,即"隐患或潜在危险"是早就存在的,只是未被发现或未受到重视而已。随着时间的推移,一旦条件成熟,就会显现而酿成事故,这就是事故的潜在性。

事故一经发生,就成为过去。时间一去不复返,完全相同的事故不会再次显现。然而没有真正地了解事故发生的原因,并采取有效措施去消除这些原因,就会再次出现类似的事故。人们应当致力于消除这种事故的再现性,这是能够做到的。

人们根据对过去事故所积累的经验和知识,以及对事故规律的认识,并使用科学的方法和手段,可以对未来可能发生的事故进行预测。事故预测就是在认识事故发生规律的基础上,充分了解、掌握各种可能导致事故发生的危险因素以及它们的因果关系,推断它们发展演变的状况和可能产生的后果。事故预测的目的在于识别和控制危险,预先采取对策,最大限度地减少事故发生的可能性。

事故的发生取决于人、物和环境的关系,具有极大的复杂性。

2. 事故的发展阶段

事故有其发生、发展和消除的过程。事故的发展,一般可归纳为三个阶段,即孕育阶段、生长阶段和损失阶段,各阶段都具有自己的特点。

8.1.3　事故发生的原因、模式及规律

1. 事故发生的原因

在生产实际中,事故发生的原因是多方面的,但归纳起来有四个方面的原因。

(1) 人的不安全行为(man)。

(2) 机器的不安全状态(machinery)。

(3) 环境的不安全条件(medium)。

(4) 管理上的缺陷(management)。

以上四个方面的原因通常称作"4M"问题或"4M"因素。其中前三项属于直接原因,第四项属于间接原因。在生产实际中有时将"机器的不安全状态"和"环境的不安全条件"合称为"物的不安全状态"。

2. 事故发生的模式

事故模式是对事故发生、发展过程及发生机理的概括和描述。常用的事故模式如下。

(1) 多米诺骨牌理论。该理论认为,一种可防止的伤亡事故的发生,不是一个孤立的事件,尽管事故发生可能在某一瞬间,却是一系列互为因果的原因事件相继发生的结果。这一相继发生的过程涉及遗传及社会环境、人的缺点、人的不安全行为或物的不安

全状态、事故或伤害等五个要素,每一个要素相当于一块多米诺骨牌。如果将这些骨牌按先后顺序排成一列,事故的发生就相当于其中的前一块骨牌倒下,从而影响后一块骨牌也倒下,依此类推,如此连锁反应,直到骨牌全部倒下。由此,有效预防事故,就是防止人的不安全行为,消除物的不安全状态,中断事故连锁的进程。

(2)人为失误论。该理论从人的特性与机器性能和环境状态之间是否匹配和协调的观点出发,认为机械和环境的信息不断地通过人的感官反映到大脑,人若能正确地认识、理解、判断、作出正确决策并采取行动,就能化险为夷,避免事故和伤亡;反之,如果人未能察觉、认识所面临的危险,或判断不准确而未采取正确的行动,就会发生事故和伤亡。因此,事故发生都与人的不安全行为有关,人为失误是事故的主要致因。

(3)能量失控释放理论。该理论认为,任何生产过程都是能量在生产系统中流动传递的过程,如果由于某种原因失去了对能量的控制,就会发生能量违背人的意志的意外释放或逸出,使进行中的活动中止而发生事故。如果事故时意外释放的能量作用于人体,并且能量的作用超过人体的承受能力,则将造成人员伤害;如果意外释放的能量作用于设备、建筑物、物体等,并且能量的作用超过它们的抵抗能力,则将造成设备、建筑物、物体的损坏。因此,任何造成伤害和损失的事故都是由能量传递失控引起的。

(4)综合论。该理论认为,事故是由社会因素、管理因素和生产中的危险因素被偶然事件触发造成的。

3. 事故发生的规律

事故的发生是完全符合客观规律的。通过长期同事故作斗争的经验,人们已经总结了若干事故发生的规律,如事故致因理论、事故模型分析、事故发生的统计学规律等。

事故是偶然发生的事件,不可能预知何时、何地、何人会发生事故,但是,可以从事故中发现,事故的发生是有其前因后果的。透过事故因果分析,可以总结出事故发生规律,用以指导以后事故的预防和控制,这就是事故致因理论和事故模型分析的作用。通过事故的统计分析,可以预测事故发生的概率(即可能性),进而评价系统的危险性大小。

8.1.4　事故预防及其原理

事故预防就是根据事故模式理论,分析事故的致因及相互关系,采取有效的防范措施,消除事故致因,从而避免事故发生。

1. 事故预防的两个方面

事故预防两个方面的内容如下:

(1)对重复性事故的预防。即对已发生事故的分析,寻求事故发生的原因及其相互关系,提出防范类似事故重复发生的措施,避免此类事故再次发生。

(2)对预计可能出现事故的预防。此类事故预防主要是对可能将要发生的事故进行预测,即要查出由哪些危险因素组合,并对可能导致什么类型事故进行研究,模拟事故发生过程,提出消除危险因素的办法,避免事故发生。

2. 事故预防的原理

预防事故发生有如下五种基本原理。

（1）可能预防的原理。工伤事故是人祸，与天灾不同，人祸是可以预防的，要想防止事故发生，应立足于防患于未然。因而，对工伤事故不能只考虑事故发生后的对策，必须把重点放在事故发生之前的预防对策。安全工程学把防患于未然作为重点，安全管理强调以预防为主的方针，正是基于事故是可能预防的这一原则。

在事故原因的调查报告中，常有"事故原因是不可抗拒"的记载。所谓不可抗拒，只能对天灾可言，作为人祸的事故，通过实施有效的对策，事故是完全可以避免的，是可以防患于未然的，是可以预防的。

（2）偶然损失的原理。工伤事故的概念，包含着两层意思：一是发生了意外事件；二是因事故而产生的损失。事故与损失之间存在着下列法则：一个事故的后果产生的损失大小或损失种类由偶然性决定。反复发生的同种类事故，并不一定造成相同的损失。

也有在发生事故时并未发生损失，无损失的事故，称为险肇事故。即便是像这样避免了损失的危险事件，如再次发生，会不会发生损失，损失又有多大，只能由偶然性决定，而不能预测。因此，为了防止发生大的损失，唯一的办法是防止事故再次发生。

（3）继发原因的原理。事故与原因是必然的关系，事故与损失是偶然的关系。继发原因的原理，就是因果继承性。

"损失"是事故后果；造成事故的直接原因是事故前时间最近的一次原因，又称近因；造成直接原因的原因叫间接原因，又称二次原因；造成间接原因的更深远的原因叫基础原因，又称远因。企业内部管理缺欠、行业和主管部门在政策、法令、制度上的缺陷以及学校教育、社会、历史上的原因，可列为基础原因。由基础原因继发间接原因，再继发到直接原因。直接原因又可分为人的原因和物的原因。人与物相互继发均可能发生事故。

所以，预防事故必须从直接原因追踪到基础原因；防止危险源继发成事故就必须控制危险源，并对其加强安全管理。

（4）选择对策的原理。针对原因分析中造成事故的三个最重要的原因：技术原因、教育原因、管理原因，可采取相应防止对策：① 技术的对策；② 教育的对策；③ 法制的对策。通常把技术（engineering）、教育（education）、法制（enforcement）对策，称为"3E对策"，它们被认为是防止事故的三根支柱。近三十年里，许多安全界专家也把安全文化缺失当作第四大原因，把安全文化建设当作对策提出来。

预防事故发生最适当的对策是在原因分析的基础上得出来的，以间接原因及基础原因为对象的对策是根本的对策。采取对策越迅速、越及时而且越确切落实，事故发生的概率越小。

（5）危险因素防护原理。

请注意把握以下 10 个原则。

① 消灭潜在危险原则。用高新技术消除劳动环境中的危险和有害因素，从而保证系统的最大可能的安全性和可靠性，最大限度地防护危险因素。

② 降低危险因素水平（值）的原则。当不能根除危险因素时，应采取措施降低危险和有害因素的数量，如加强个体防护、降低粉尘、毒物的个人吸入量。

③ 距离防护原则。生产中的危险和有害因素的作用,依照与距离有关的某种规律而减弱。如防护放射性等致电离辐射,防护噪声,防止爆破冲击波等均应用增大安全距离的方法以减弱其危害。工作过程自动化、遥控工作,使作业人员远离危险区域就是应用距离防护原则的安全方向。

④ 时间防护原则。这一原则是使人处在危险和有害因素作用的环境中的时间缩短到安全限度之内。

⑤ 屏蔽原则。指在危险和有害因素作用的范围内设置屏障,防护危险和有害因素对人的侵袭。屏蔽分为机械的、光电的、吸收的(如铅板吸收放射线)等。

⑥ 坚固原则。这是指提高结构强度,增大安全系数。

⑦ 薄弱环节原则。这是指利用薄弱元件,使它在危险因素尚未达到危险值之前已预先破坏,例如保险丝、安全阀、爆破片等。

⑧ 不与接近原则。这是指人不落入危险和有害因素作用的地带,或者在人操作的地带中消除危险物的落入,例如安全栏杆、安全网等。

⑨ 闭锁原则。这是指以某种方式保证一些元件强制发生相关作用,以保证安全操作。例如防爆电气设备,当防爆性能破坏时则自行切断电源。

⑩ 取代操作人员的原则。这是指在特殊或严重危险条件下,用机器人去代替人操作。

8.1.5 物的不安全状态和人的不安全行为

我国《企业职工伤亡事故分类标准》(GB 6441—86)中对物的不安全状态和人的不安全行为作出了详细的规定。

1. 物的不安全状态

(1) 防护、保险、信号等装置缺乏或有缺陷。

① 无防护。无防护罩;无安全保险装置;无报警装置;无安全标志;无护栏或护栏损坏;(电气)未接地;绝缘不良;局部通风机无消音系统,噪声大;危房内作业;未安装防止"跑车"的挡车器或挡车栏;其他。

② 防护不当。防护罩未在适应位置;防护装置调整不当;坑道掘进、隧道开凿支撑不当;防爆装置不当;采伐、集材作业安全距离不够;爆破作业隐蔽所有缺陷;电气装置带电部分裸露;其他。

(2) 设备、设施、工具附件有缺陷。

① 设计不当,结构不合安全要求。通道门遮挡视线;制动装置有缺欠;安全间距不够;拦车网有缺欠;工件有锋利毛刺、毛边;设施上有锋利倒棱;其他。

② 强度不够。机械强度不够;绝缘强度不够;起吊重物的绳索不合乎安全要求。

③ 设备在非正常状态下运行。设备带"病"运转;超负荷运转;其他。

④ 维修、调整不良。设备失修;地面不平;保养不当、设备失灵;其他。

(3) 个人防护用品、用具缺少或有缺陷。

个人防护用品、用具包括防护服、手套、护目镜及面罩、呼吸器官护具、听力护具、安全带、安全帽、安全鞋等。个人防护用品、用具缺少,指无个人防护用品、用具;缺陷指所用防护用品、用具不符合安全要求。

（4）生产（施工）场地环境不良。

① 照明光线不良。光照强度不足；作业场地烟雾尘弥漫，视物不清；光线过强。

② 通风不良。无通风；通风系统效率低；风流短路；停电、停风时进行爆破作业；瓦斯排放未达到安全浓度就爆破；瓦斯超限；其他。

③ 作业场所狭窄。

④ 作业场所杂乱。工具、制品、材料堆放不安全；采伐时未开安全道；迎门树、坐殿树、搭挂树未做处理；其他。

⑤ 交通线路的配置不安全。

⑥ 操作工序设计或配置不安全。

⑦ 地面滑。地面有油或其他液体；冰雪覆盖；地面有其他易滑物。

⑧ 贮存方法不安全。

⑨ 环境温度、湿度不当。

2. 人的不安全行为

人的不安全行为主要包括以下 13 种：

（1）操作错误，忽视安全，忽视警告。未经许可开动、关停、移动机器；开动、关停机器时未给信号、开关未锁紧，造成意外转动、通电或泄漏等；忘记关闭设备；忽视警告标志和警告信号；操作错误（指按钮、阀门、扳手、把柄等的操作）；奔跑作业、供料或送料速度过快；机械超速运转；违章驾驶机动车；酒后作业；客货混载；冲压机作业时，手伸进冲压模；工件紧固不牢；用压缩空气吹铁屑；其他。

（2）安全装置失效。拆除安全装置、安全装置堵塞使安全装置失去作用；调整的错误使安全装置失效；其他。

（3）使用不安全设备。临时使用不牢固的设施；使用无安全装置的设备；其他。

（4）手代替工具操作。用手代替手动工具；用手清除切屑；不用夹具固定；用手拿工件进行机加工。

（5）物体（指成品、半成品、材料、工具、切屑和生产用品等）存放不当。

（6）冒险进入危险场所。冒险进入涵洞，接近漏料处（无安全设施）；采伐、集材、运材、装车时，未离危险区；未经安全监察人员允许进入油罐或井中；未"敲帮问顶"开始作业；冒进信号，调车场超速上下车；易燃易爆场合明火；私自搭乘矿车；在绞车道行走，未及时瞭望。

（7）攀、坐不安全装置（如平台护栏、汽车挡板、吊车吊钩）。

（8）在起吊物下作业、停留。

（9）机器运转时进行加油、修理、检查、调整、焊接、清扫等工作。

（10）有分散注意力行为。

（11）在必须使用个人防护用品用具的作业或场合中，忽视其使用。未戴护目镜或面罩；未戴防护手套；未穿安全鞋；未戴安全帽；未佩戴呼吸护具；未佩戴安全带；未戴工作帽；其他。

（12）不安全装束。在有旋转零部件的设备旁作业时穿过于肥大的服装；操纵带有旋转零部件的设备时戴手套；其他。

（13）对易燃、易爆等危险物品处理错误。

小提示

灰犀牛事件

古根海姆学者奖获得者米歇尔·渥克撰写的《灰犀牛：如何应对大概率危机》一书让"灰犀牛"为世界所知。类似"黑天鹅"事件比喻小概率且影响巨大的事件，"灰犀牛"事件则比喻大概率且影响巨大的潜在危机。

灰犀牛体型笨重、反应迟缓，你能看见它在远处，却毫不在意，一旦它向你狂奔而来，定会让你猝不及防，直接被扑倒在地。它并不神秘，却更危险。可以说，"灰犀牛"事件是一种大概率危机，在社会各个领域不断上演。很多危机事件，与其说是"黑天鹅"事件，其实更像是"灰犀牛"事件，在爆发前已有迹象，但却被忽视。

8.2 电气安全

案例

某职业院校校中厂地下室有一电气设备，该设备一次电源线使用二芯绕线，缆线长度为 10.5 米；接头处没有用绝缘橡皮包布包扎，绝缘处磨损，电源线裸露；安装在该设备上的漏电开关内的拉杆脱落，漏电开关失灵。某工程公司在该地下室施工中，王某等 3 名抹灰工将该电气设备移至新操作点，移动过程中王某触电死亡。

分析：① 直接原因：电气设备漏电，一次电源线使用了二芯绕线；接头处没有用绝缘橡皮包布包扎，绝缘处磨损，电源线裸露；安装在该设备上的漏电开关失灵。这些均能导致王某触电。② 间接原因：违章操作，移动电器设备未切断电源；操作人员不是专业电工，私自移动电气设备；施工队安全监管不严，工人安全意识不强；企业的管理人员未能定期检查电气设备，以至于不能及时发现安全隐患。

猜谜底

1. 钱塘江筑坝（安全用语）   2. 无限小（电气安全术语）

3. 收报之后怒冲冲（事故用语）

8-2 谜底

有一则防触电的顺口溜，大家记住它会对安全用电大有益处：

电缆密如蜘蛛网，严防触电保安全；非机电工莫胡弄，设备要用专人管；机电人员责任大，杜绝跑电和漏电；带电作业不允许，停电检修先试验；高压设备若检修，停电还要搞放电；如若慌忙抓住它，电容放电命就完；万一有人已触电，千万不要用手牵；人体本身能传电，谁拽就把谁来粘；遇事莫要慌失措，最短时间断电源；电源开关距离远，干燥木棒挑一边；万不得已情况下，干绳圈拉也可办；人若触电要抢救，人工呼吸做几遍；如果触电较严重，迅速跑步送医院。

8.2.1 电气致人伤亡的原因分析

1. 电气致人伤亡的主要原因

电气可能对人体构成多种伤害。例如，电流通过人体，人体直接接受电流能量将遭到电击；电能转换为热能作用于人体，致使人体受到烧伤或灼伤；人体在电磁波照射下，吸收电磁场的能量也会受到伤害；等等。在诸多伤害中，电流通过人体是导致人身伤亡的最基本原因。

数十至数百毫安的小电流通过人体而使人致命的最危险、最主要的原因是引起心室颤动（心室纤维性颤动）、麻痹和中止呼吸。电休克虽然也可能导致死亡，但其危险性比引起心室颤动要小得多。当人体遭受电击时，如果有电流通过心脏，可能直接作用于心肌，引起心室颤动；如果没有电流通过心脏，也可能经中枢神经系统反射作用于心肌，引起心室颤动。当发生心室颤动时，心脏每分钟颤动1 000次以上，而且没有规则，血液实际上中止循环，大脑和全身迅速缺氧，伤情将急剧变化。心脏发生心室颤动时，如不能及时抢救，心脏将很快停止跳动，导致死亡。

当人体遭受电击时，如有电流作用于胸肌，将使胸肌发生痉挛，使人感到呼吸困难。电流越大，感觉越明显。如作用时间较长，将发生憋气、窒息等呼吸障碍。窒息后，意识、感觉、生理反射相继消失，直至呼吸停止。稍后，即发生心室颤动或心脏停止跳动，导致死亡。在这种情况下，心室颤动或心脏停止跳动不是由电流通过心脏引起的，而是由肌体缺氧和中枢神经系统反射引起的。

电休克是肌体受到电流的强烈刺激，发生强烈的神经系统反射，使血液循环、呼吸及其他新陈代谢都发生障碍，以致神经系统受到抑制，出现血压急剧下降、脉搏减弱、呼吸衰竭、神志昏迷的现象。电休克状态可以延续数十分钟到数天。其后果可能是得到有效的治疗而痊愈，也可能是由于重要生命机能完全消失而死亡。

2. 对人体造成伤害的电流

直流电流、高频电流、冲击电流对人体都有伤害作用。

直流电最小感知电流男性约为5.2毫安，女性约为3.5毫安。平均的摆脱电流男性约为76毫安，女性约为51毫安。可能引起心室颤动的电流，通电时间0.03秒时约为1 300毫安；3秒时约为500毫安。

电流频率不同，对人体的伤害程度也不同。25～300赫兹的交流电流对人体伤害最严重。1 000赫兹以上，伤害程度明显减轻，但高压高频电也有致命的危险。例如，

10 000 赫兹高频交流电感知电流,男性约为 12 毫安;女性约为 8 毫安。平均摆脱电流,男性约为 75 毫安;女性约为 50 毫安。可能引起心室颤动的电流,通电时间 0.03 秒时约为 1 100 毫安;3 秒时约为 500 毫安。

雷电和静电都能产生冲击电流。冲击电流能引起强烈的肌肉收缩,给人以冲击的感觉。冲击电流对人体的伤害程度与冲击放电能量有关。数十至 100 微秒的冲击电流使人有感觉的最小值为数十毫安,甚至 100 安的冲击电流也不一定引起心室颤动使人致命。当人体电阻为 1 000 欧姆时,可以认为冲击电流引起心室颤动的界限是 27 瓦·秒。

8.2.2　电击和电伤的概念

电击是电流通过人体内部,破坏人的心脏、神经系统、肺部的正常工作造成的伤害。由于人体触及带电的导线、漏电设备的外壳或其他带电体,以及由于雷击或电容放电,都可能导致电击。电伤是电流的热效应、化学效应或机械效应对人体造成的局部伤害,包括电弧烧伤、烫伤、电烙印、皮肤金属化、电气机械性伤害、电光眼等不同形式的伤害。

电击和电伤会引起人体的一系列生理反应。电流通过人体,会引起麻感、针刺感、压迫感、打击感、痉挛、疼痛、呼吸困难、血压升高、昏迷、心律不齐、心室颤动等症状。电流对人体的作用主要表现为生物学效应,包括复杂的理化过程。电流的生物学效应表现为使人体产生刺激和兴奋行为,使人体活的组织发生变异,从一种状态变为另外一种状态。电流通过肌肉组织,引起肌肉收缩。电流对肌体除直接起作用外,还可能通过中枢神经系统起作用。由于电流引起细胞运动,产生脉冲形式的神经兴奋波,当这种兴奋波迅速地传到中枢神经系统时,中枢神经系统即发出不同的指令,使人体各部位作出相应的反应。因此,当人体触及带电体时,有些没有电流通过的部分也可能受到刺激,发生强烈的反应。而且,当中枢神经的兴奋波很强烈时,人体可能出现不适当的反应,重要器官的工作可能受到破坏。在肌体上,特别是肌肉和神经系统,有微弱的生物电存在,如果引入局外电源,微弱的生物电的正常工作规律将被破坏,人体也将受到不同程度的伤害。电流通过人体还有热作用。电流所经过的血管、神经、心脏、大脑等器官,可使其热量增加而导致功能障碍。电流通过人体,还会引起肌体内液体物质发生离解、分解而导致破坏。电流通过人体,还会使肌体各种组织产生蒸气,乃至发生剥离、断裂等严重破坏。

8.2.3　帮助触电者脱离电源的方法及急救原则

1. 帮助触电者脱离电源的方法

人触电以后,可能由于痉挛或失去知觉等原因而紧抓带电体,不能自行摆脱电源。这时,使触电者尽快脱离电源是抢救触电者的首要措施。在实践过程中,应根据具体情况,以快为原则,选择采用合适的方法。

对于低压触电事故,可采用下列方法使触电者脱离电源。

(1) 如果触电地点附近有电源开关或电源插销,可立即拉开开关或拔出插销,断开电源。但应注意到拉线开关和平开关只能控制一根线,有可能切断零线而没有断开电源。

(2) 如果触电地点附近没有电源开关或电源插销,可用有绝缘柄的电工钳或有干燥木柄的斧头切断电线,断开电源,或用干木板等绝缘物插到触电者身下,以隔断电流。

(3) 当电线搭落在触电者身上或被压在身下时,可用干燥的衣服、手套、绳索、木板、木棒等绝缘物作为工具,拉开触电者或拉开电线,使触电者脱离电源。

(4) 如果触电者的衣服是干燥的,又没有紧缠在身上,可以用一只手抓住他的衣服,将其拉离电源。但因触电者的身体是带电的,其鞋的绝缘性也可能遭到破坏。救护人不得接触触电者的皮肤,也不能抓他的鞋。

对于高压触电事故,可采用下列方法使触电者脱离电源。

(1) 立即通知有关部门断电。

(2) 戴上绝缘手套,穿上绝缘靴,用相应电压等级的绝缘工具按顺序拉开开关。

(3) 抛掷裸金属线使线路短路接地,迫使保护装置动作,断开电源。注意抛掷金属线之前,先将金属线的一端可靠接地,然后抛掷另一端;注意抛掷的一端不可触及触电者和其他人。

以上方法在具体实施过程中,应特别注意以下问题。

(1) 救护人不可直接用手或其他金属及潮湿的物体作为救护工具,而必须使用适当的绝缘工具。救护人最好用一只手操作,以防自己触电。

(2) 防止触电者脱离电源后可能的摔伤,特别是当触电者在高处时,应考虑防摔措施。即使触电者在平地,也要注意触电者倒下的方向,注意防摔。

(3) 如果事故发生在夜间,应迅速解决临时照明问题,以利于抢救,并避免扩大事故。

2. 触电急救的基本原则

触电急救的基本原则是动作迅速、方法正确。当通过人体的电流较小时,仅产生麻感,对机体影响不大。当通过人体的电流增大,但小于摆脱电流时,虽可能受到强烈打击,但尚能自己摆脱电源,伤害可能不严重。当通过人体的电流进一步增大,接近或达到致命电流时,触电人会出现神经麻痹、呼吸中断、心脏跳动停止等征象,外表上呈现昏迷不醒的状态。这时,不应该认为是死亡,而应该看作假死,应进行迅速而持久的抢救。有触电者经 4 小时或更长时间的人工呼吸而得救的事例。有资料指出,从触电后 3 分钟开始救治者,90% 有良好效果;从触电后 6 分钟开始救治者,10% 有良好效果;而从触电后 12 分钟开始救治者,救活的可能性很小。由此可知,快速抢救是非常重要的。

必须采用正确的急救方法。施行人工呼吸和胸外心脏按压的抢救工作要坚持不断,切不可轻率停止,运送触电者去医院的途中也不能中止抢救。在抢救过程中,如果发现触电者皮肤由紫变红,瞳孔由大变小,则说明抢救取得了效果;如果发现触电者嘴唇稍有开、合,或眼皮活动,或喉咙有吞咽的动作,则应注意其是否有自主心脏跳动和自主呼吸。触电者能自主呼吸时,即可停止人工呼吸。如果人工呼吸停止后,触电者仍不能自主呼吸,则应立即再做人工呼吸。在急救过程中,如果触电者身上出现尸斑或身体僵冷,经医生作出无法救活的诊断后方可停止抢救。

应当特别注意，当触电者的心脏还在跳动时，不得注射肾上腺素。

8.2.4　发生触电事故后的对症急救

当触电者脱离电源后，应根据触电者的具体情况，迅速对症救护。现场应用的主要救护方法是人工呼吸法和胸外心脏按压法。

对于需要救治的触电者，大体按以下三种情况分别处理。

（1）如果触电者伤势不重、神志清醒，但有些心慌、四肢发麻、全身无力，或者触电者在触电过程中曾一度昏迷，但已经清醒过来，应使触电者安静休息，不要走动。严密观察并请医生前来诊治或送往医院。

（2）如果触电者伤势较重，已失去知觉，但还有心脏跳动和呼吸，则应使触电者舒适、安静地平卧，保持周围空气流通，解开他的衣服以利呼吸。如天气寒冷，要注意保温，并速请医生诊治或送往医院。如果发现触电者呼吸困难、微弱，或发生痉挛，则应随时准备当心脏跳动停止或呼吸停止时立即进行进一步的抢救。

（3）如果触电者伤势严重，心脏跳动停止或呼吸停止，或两者都已停止，则应立即施行人工呼吸和胸外心脏按压，并请医生诊治或送往医院。

人工呼吸是在触电者呼吸停止后应用的急救方法。各种人工呼吸法中，以口对口（鼻）人工呼吸法效果最好，而且简单易学，容易掌握。施行人工呼吸前，应迅速将触电者身上妨碍呼吸的衣领、上衣、裤带等解开，并迅速取出触电者口腔内妨碍呼吸的食物、脱落的假牙、血块、黏液等，以免堵塞呼吸道。做口对口（鼻）人工呼吸时，应使触电者仰卧，并使其头部充分后仰（可用一只手托在触电者颈后），使其鼻孔朝上，以利呼吸道畅通。口对口（鼻）人工呼吸法操作步骤如下。

（1）使触电者口鼻紧闭，救护人深吸一口气后紧贴触电者的口（或鼻），向内吹气，为时约2秒钟。

（2）吹气完毕，立即离开触电者的口（或鼻），并松开触电者的鼻孔（或嘴唇），使其自行呼气，为时约3秒钟。

触电者如系儿童，只可小口吹气，以免肺泡破裂。如发现触电者胃部充气鼓胀，则可一面用手轻轻加压于其上腹部，一面继续吹气和换气。如果无法使触电者把口张开，则可改用口对鼻人工呼吸法。

8.2.5　常见电工绝缘安全用具

绝缘安全用具包括绝缘杆、绝缘夹钳、绝缘手套、绝缘靴、绝缘垫和绝缘站台。绝缘安全用具分为基本安全用具和辅助安全用具。前者的绝缘强度能长时间承受电气设备的工作电压，能直接用来操作带电设备；后者的绝缘强度不足以承受电气设备的工作电压，只能加强基本安全用具的保安作用。具体介绍如下：

1. 绝缘杆和绝缘夹钳

绝缘杆和绝缘夹钳都是绝缘基本安全用具。绝缘夹钳只能用于35千伏以下的电气操作。绝缘杆和绝缘夹钳都由工作部分、绝缘部分和握手部分组成。握手部分和绝缘部分用浸过绝缘漆的木材、硬塑料、胶木或玻璃钢制成,其间有护环分开。配备不同工作部分的绝缘杆,可用来操作高压隔离开关,操作跌落式保险器,安装和拆除临时接地线,安装和拆除避雷器,以及进行测量和试验等项工作。绝缘夹钳主要用来拆除和安装熔断器及其他类似工作。考虑到电力系统内部过电压的可能性,绝缘杆和绝缘夹钳的绝缘部分和握手部分的最小长度应符合要求。绝缘杆工作部分金属钩的长度,在满足工作要求的情况下,不宜超过 8 厘米,以免操作时造成相间短路或接地短路。

2. 绝缘手套和绝缘靴

绝缘手套和绝缘靴用橡胶制成。二者都作为辅助安全用具,但绝缘手套可作为低压工作的基本安全用具,绝缘靴可作为防护跨步电压的基本安全用具。绝缘手套的长度至少应超过手腕 10 厘米。

3. 绝缘垫和绝缘站台

绝缘垫和绝缘站台只作为辅助安全用具。绝缘垫用厚度 5 毫米以上、表面有防滑条纹的橡胶制成,其最小尺寸不宜小于 0.8 米×0.8 米。绝缘站台用木板或木条制成。相邻板条之间的距离不得大于 2.5 厘米,以免鞋跟陷入;站台不得有金属零件;台面板用支持绝缘子与地面绝缘,支持绝缘子高度不得小于 10 厘米;台面板边缘不得伸出绝缘子之外,以免站台翻倾,人员摔倒。绝缘站台最小尺寸不宜小于 0.8 米×0.8 米,但为了便于移动和检查,最大尺寸也不宜超过 1.5 米×1.0 米。

8.2.6　电气安全的管理和组织措施

1. 电气安全的管理

所有接触电气作业的工作人员都应服从接电工作监护制度。它是保证接电工作人员人身安全及操作正确的主要措施。监护人的职责是保证工作人员在工作中的安全,其监护的内容是:部分停电时,监护所有工作人员的活动范围,使其与带电设备保持规定的安全距离;带电作业时,监护所有工作人员的活动范围,使其与接地部分保持安全距离;监护所有工作人员的工具使用是否正确,工作位置是否安全,以及操作方法是否正确等;在工作中,监护人因故离开工作现场时,必须另行指定监护人,并告知工作人员,使监护工作不致间断;监护人发现工作人员中有不正确的动作或违反规程的做法时,应及时提出纠正,必要时可责令其停止工作,并立即向上级报告;所有工作人员(包括工作负责人)不准单独留在室内或室外变、配电所高压设备区内,以免发生意外触电或电弧烧伤。

监护人在执行监护时,不应兼做其他工作,但在以下条件下监护人可以参加班组的工作:① 全部停电时;② 在变、配电所内部停电时,只有在安全措施可靠、工作人员集中在一个地点、工作人员连同监护人不超过三人时;③ 所有室内外带电部分均有可靠的安全遮栏足以防止触电的可能,不致误碰导电部分的情况下。

2. 电气安全的组织措施

电气安全组织管理措施的内容很多,可以归纳为以下几个方面。

（1）管理机构和人员。电工是特殊工种，又是危险工种，不安全因素较多。同时，随着生产的发展，电气化程度不断提高，用电量迅速增加，专业电工日益增多，而且分散在各部门。因此，电气安全管理工作十分重要。为了做好电气安全管理工作，要求技术部门应当有专人负责电气安全工作，动力部门或电力部门也应有专人负责用电安全工作。

（2）规章制度。各项规章制度是人们从长期生产实践中总结出来的，是保障安全、促进生产的有效手段。安全操作规程、电气安装规程，运行管理和维修制度及其他规章制度都与安全有直接的关系。

（3）电气安全检查。电气设备长期带缺陷运行、电气工作人员违章操作是发生电气事故的重要原因。为了及时发现和排除隐患，应教育所有电气工作人员严格执行安全操作规程，而且必须建立并严格执行一套科学的、完善的电气安全检查制度。

（4）电气安全教育。为了确保各单位内部电气设备安全、经济、合理地运行，必须加强电工及相关作业人员的管理、培训和考核，提高工作人员的电气作业技术水平和电气安全水平。

（5）安全资料。安全资料是做好安全工作的重要依据。一些技术资料对于安全工作也是十分必要的，应注意收集和保存。为了工作和检查方便，应建立高压系统图、低压布线图、全厂架空线路和电缆线路布置图等其他图形资料。对重要设备应单独建立资料。每次检修和试验记录应作为资料保存，以便核对。设备事故和人身事故的记录也应作为资料保存。

小提示

什么是海上风电

海上风电是未来清洁能源新方向。由于陆地上可开发的风资源越来越少，全球风电场建设已出现从陆地向近海发展的趋势。与陆地风电相比，海上风电风能资源的能量效益比陆地风电场高 20%～40%，还具有不占地、风速高、沙尘少、电量大、运行稳定以及粉尘零排放等优势，同时能够减少机组的磨损，延长风力发电机组的使用寿命，适合大规模开发。例如，浙江沿海安装 1.5 MW 风机，每年陆上可发电 1 800～2 000 小时，海上则可以达到 2 000～2 300 小时，海上风电一年能多发电 45 万 kW·h。

8.3 机械安全

案 例

某高职院校一位男生在铣床实习即将结束时，指导教师要求学生停车清理工作现场,但该同学工作积极性高,想再赶一件活。当用两把三面刃铣刀自动走刀铣一个铜件台阶时,本应用毛刷清除碎切屑,但该同学心急求快,用戴着手套的手去拨抹切屑,手套连同手一起被绞了进去。虽然指导教师及时切断了电源,但该同学的中指已被切掉1厘米,造成了终身遗憾。

分析:① 该同学未按照指导教师要求进行实习,自身安全意识淡薄。② 在工作中违反了"严禁戴手套操作"和"严禁用手清除切屑"等安全操作规程,造成了不该发生的人身伤害事故。

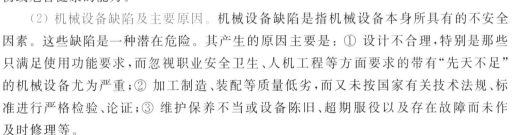

猜谜底

1. 暑期无事故(物理名词)
2. 烽火台上起狼烟(消防用语)
3. 不按曲谱弹琴(四字用语)
4. 交通检查站(物理名词)

8-3 谜底

关于机械安全,有人总结出操作机械的"十忌":一忌盲目操作,不懂装懂;二忌马虎操作,粗心大意;三忌急速操作,忙中出错;四忌忙乱操作,顾此失彼;五忌自顾操作,不顾相关;六忌心慈手软,扩大事端;七忌程序不清,次序颠倒;八忌单一操作,监护不力;九忌有章不循,胡干蛮干;十忌不分主次、轻重缓急。机械设备随处可见,请同学们密切注意机械安全。

1. 机械安全的几个概念

(1) 机械的安全性。这是指机械在使用说明书规定的预定使用条件下(有时在使用说明书中给定的期限内)执行其功能和在运输、安装、调整、维修、拆卸和处理时不产生损伤或危害健康的能力。

8-4 案例
工地实习中的机械伤害事故

(2) 机械设备缺陷及主要原因。机械设备缺陷是指机械设备本身所具有的不安全因素。这些缺陷是一种潜在危险。其产生的原因主要是:① 设计不合理,特别是那些只满足使用功能要求,而忽视职业安全卫生、人机工程等方面要求的带有"先天不足"的机械设备尤为严重;② 加工制造、装配等质量低劣,而又未按国家有关技术法规、标准进行严格检验、论证;③ 维护保养不当或设备陈旧、超期服役以及存在故障而未作及时修理等。

(3) 金属疲劳。金属疲劳是指在交变应力作用下,金属材料发生的破坏现象。机械零件在交变应力作用下,经过一段时间后,在局部高应力区形成微小裂纹,再由微小裂纹逐渐扩展以致断裂。疲劳破坏具有在时间上的突发性,在位置上的局部性及对环境和缺陷的敏感性等特点,故疲劳破坏常不易被及时发现且易于造成事故。应力幅值、平均应力大小和循环次数是影响金属疲劳的三个主要因素。

(4) 机械产品的使用寿命。这是指机械产品在按设计者或制造者规定的使用条件下,保持安全工作能力的期限。其中包括进行必要的维修保养所占的时间。机械产品超过了使用寿命,再继续使用已不安全,存在着某种事故隐患。

(5) 备用设计。备用设计也称冗余设计。为了保证设备的可靠性,某些关键的零部件或装置,在设计时按两台(套)以上配备(如冶金行业连铸连轧机的冷却系统),当一台(套)出现故障时,可自动转换到另一台(套),接替使用。

2. 机械设备的主要危险及其消除措施

(1)机械设备主要危险的类型。机械设备主要危险有以下九大类。

① 机械危险:包括挤压、剪切、切割或切断、缠绕、引入或卷入、冲击、刺伤或扎伤、摩擦或磨损、高压流体喷射或抛射等危险。

② 电的危险:包括直接或间接触电、趋近高压带电体、静电所造成的危险等。

③ 热(冷)的危险:烧伤、烫伤的危险,热辐射或其他现象引起的熔化粒子喷射和化学效应的危险,冷的环境对健康损伤的危险等。

④ 由噪声引起的危险:包括听力损伤、生理异常危险等。

⑤ 由振动产生的危险:如由手持机械导致神经病变和血脉失调的危险、全身振动的危险等。

⑥ 由低频无线频率、微波、红外线、可见光、紫外线,各种高能粒子射线、电子或粒子束、激光、辐射对人身体健康和环境损害的危险。

⑦ 由机械加工、使用和它的构成材料和物质产生的危险。

⑧ 在机械设计中由于忽略了人体工程学原理而产生的危险。

⑨ 以上各种类型危险的组合危险。

(2)机械设备危险的消除措施。要有效地消除机械设备的危险,可以从以下几个方面入手。

① 首先从设备的结构、适用环境去分析其危险存在的可能,进行风险分析和评估。

② 从设计角度上尽可能减少风险。

③ 对于通过设计不能适当地避免或充分限制的危险,应采用安全防护装置(防护装置、安全装置)对人们加以防护。

④ 通过使用说明书及相关资料规定机器的预定用途,并应包括保证安全和正确使用机器的各项说明、警示、提示、禁止的信息,对专业和(或)非专业的使用者都起到指导作用,同时还得对采取上述措施后的附加风险采取措施来加以克服。

⑤ 对于用户而言,也要进行培训和提供必要的个人防护,建立必要的安全监督制度。

3. 机械的安全功能及安全认证规定

(1)机械的安全功能。机械的安全功能是指机械及其零部件的某些功能是专门为保证安全而设计的,它通常分为主要安全功能和辅助安全功能两大类。

① 主要安全功能:指这种功能出现故障时会立即增加伤害风险的机械功能。主要安全功能又分为特定安全功能和相关安全功能两种。

a. 特定安全功能:通过预期达到特定安全的主要安全功能。例如:防止机器的意外起动的功能(这种功能一般都是通过与防护装置联用的连锁装置来实现),单循环功能,双手操纵功能。

b. 相关安全功能:除特定安全功能以外的主要安全功能。例如:机器进行设定时,通过旁路(或抑制)安全装置(使其不起作用),对危险机构的手动控制功能,保持机械在安全运行限制中的速度或温度控制的功能等。

② 辅助安全功能:指这种功能出现故障时不会立即产生或增加危险,而会降低安全程度的机器功能。作为辅助安全功能的明显例子有:对某种主要安全功能的自动监控功能。但自动监控功能发生故障是不会马上产生危险的,因为主要安全功能还能起作用,除非主要安全功能也同时出现故障。配置辅助安全功能的目的就是:便于主要安全功能出现故障时采取相应的防范措施。若辅助安全功能不起作用了,就等于少了一道防线,降低了安全程度。

(2) 机械设备的安全认证。机械设备的安全认证就是针对委托方申请认证的机械产品,认证机构以相关且适用的强制性标准作为主要技术依据(需要时,含相关技术规范的强制性要求),按照确定的认证基本规范、认证规则与实施程序,证明所申请认证的机械产品的安全性能符合相应强制性标准要求的合格评定活动。根据我国关于产品质量认证的划分规定,机械设备安全认证属于产品安全认证。

随着社会技术经济的不断发展和对人的健康安全、环境保护以及保护消费者利益的日益重视,关于工业产品的安全性问题,世界上多数国家早已在国家的相关立法中将其摆到重要的位置上。《中华人民共和国标准化法》规定:"强制性标准必须执行。""不符合强制性标准的产品、服务不得生产、销售、进口或者提供。""生产、销售、进口产品或者提供服务不符合强制性标准的,依照《中华人民共和国产品质量法》《中华人民共和国进出口商品检验法》《中华人民共和国消费者权益保护法》等法律、行政法规的规定查处,记入信用记录,并依照有关法律、行政法规的规定予以公示;构成犯罪的,依法追究刑事责任。"

4.《生产设备安全卫生设计总则》的意义和基本原则

(1)《生产设备安全卫生设计总则》的意义。由国家质量技术监督局发布的《生产设备安全卫生设计总则》是除空中、水上交通工具,水上设施,电气设备以及核能设备之外的各类生产设备安全卫生设计的基础标准,制定各类生产设备安全卫生设计的专用标准,应符合该标准的规定,并使其具体化。

《生产设备安全卫生设计总则》给生产设备下的定义是:生产设备是在生产过程中,为生产、加工、制造、检验、运输、安装、贮存、维修产品而使用的各种机器、设施、装置和器具。

(2)《生产设备安全卫生设计总则》。《生产设备安全卫生设计总则》在第 4 章中规定了生产设备安全卫生设计的基本原则。

① 生产设备及其零部件,必须有足够的强度、刚度、稳定性和可靠性。在按规定条件制造、运输、贮存、安装和使用时,不得对人员造成危险。

② 生产设备在正常生产和使用过程中,不应向工作场所和大气中排放超过国家标准规定的有害物质,不应产生超过国家标准规定的噪声、振动、辐射和其他污染。对可能产生的有害因素,必须在设计上采取有效措施加以防护。

③ 设计生产设备,应体现人体工程学原则,最大限度地减轻生产设备对操作者的体

力、脑力消耗,以及心理紧张状况。

④ 设计生产设备,应通过下列途径保证其安全卫生。

a. 选择最佳设计方案并进行安全卫生评价。

b. 对可能产生的危险因素和有害因素采取有效防护措施。

c. 在运输、贮存、安装、使用和维修等技术文件中写明安全卫生要求。

⑤ 设计生产设备,当安全技术措施与经济效益发生矛盾时,应优先考虑安全卫生技术上的要求,并应按下列等级顺序选择安全卫生技术措施。

a. 直接安全卫生技术措施——生产设备本身应具有本质安全卫生性能,即保证设备即使在异常情况下,也不会出现任何危险和产生有害作用。

b. 间接安全卫生技术措施——若直接安全技术措施不能实现或不能完全实现,则必须在生产设备总体设计阶段,设计出其效果与主体先进性相当的安全卫生防护装置。安全卫生防护装置的设计、制造任务不应留给用户去承担。

c. 提示性安全卫生技术措施——若直接和间接安全技术措施不能实现或不能完全实现,则应以说明书或在设备上设置标志等适当方式说明安全使用生产设备的条件。

⑥ 生产设备在规定的整个使用期限内,均应满足安全卫生要求。对于可能影响安全操作、控制的零部件、装置等应规定符合产品标准要求的可靠性指标。

5. 生产设备设计时的主要安全要求

《生产设备安全卫生设计总则》第5.3条对生产设备的稳定性要求作出如下规定。

(1) 生产设备不应在振动、风载或其他可预见的外载荷作用下倾覆或产生允许范围外的运动。

(2) 生产设备若通过形体设计和自身的质量分布不能满足或不能完全满足稳定性要求,则必须采取某种安全技术措施,以保证其具有良好的稳定性。

(3) 对有司机驾驶或操纵并有可能发生倾覆的可行驶生产设备,其稳定系数必须大于1并应设计倾覆保护装置。

(4) 若所要求的稳定性必须在安装或使用地点采取特别措施或确定的使用方法才能达到,则应在生产设备上标出,并在使用说明书中详细说明。

(5) 对有抗地震要求的生产设备,应在设计上采取特殊抗震安全卫生措施,并在说明书中明确指出该设备所能达到的抗地震烈度能力及有关要求。

第5.5.1款规定:设计、选用和配置操纵器应与人体操作部分的特性(特别是功能特性),以及控制任务相适应。除应符合《操纵器一般人类工程学要求》国标规定外,还应满足以下要求。

(1) 生产设备关键部位的操纵器,一般应设电气或机械联锁装置。

(2) 对可能出现误动作或被误操作的操纵器,应采取必要的保护措施。

第5.5.2款规定:设计、选用和配置信号与显示器,应适应人的感觉特性并满足以下要求。

(1) 信号和显示器应在安全、清晰、迅速的原则下,根据工艺流程、重要程度和使用频繁程度,配置在人员易看到和易听到的范围内。信号和显示器的性能、形式和数量,应与信息特性相适应。当其数量较多时,应根据其功能和显示的种类分区排列。区与区之间要有明显的界限。

(2)信号和显示器应清晰易辨、准确无误并应消除眩光、频闪效应,与操作者的距离、角度应适宜。

(3)生产设备上易发生故障或危险性较大的区域,必须配置声、光或声、光组合的报警装置。对于事故信号,应能显示故障的位置和种类。对于危险信号,应具有足够强度并与其他信号有明显区别,其强度应明显高于生产设备使用现场其他声、光信号的强度。

第5.6.1款对生产设备的控制和调节装置的要求如下。

(1)控制装置应保证,当动力源发生异常(偶然或人为地切断或变化)时,也不会造成危险。必要时,控制装置应能自动切换到备用动力源和备用设备系统。

(2)自动或半自动控制系统应有必要的保护装置,以防止控制指令紊乱。同时在每台设备上还应辅以能单独操纵的手动控制装置。

(3)对复杂的生产设备和重要的安全系统,应配置自动监控装置。

(4)重要生产设备的控制装置应安装在使操作人员能看到整个设备动作的位置上。对于某些在启动设备时看不见全貌的生产设备,应配置开车预警信号装置。预警信号装置应有足够的报警时间。

(5)控制系统应保证即使系统发生故障或损坏也不致造成危害。系统内关键的元器件、控制阀等均应符合可靠性指标要求。

(6)控制装置和作为安全技术措施的离合器、制动装置或联锁装置,应具有良好的可靠性并符合其产品规定的可靠性指标要求。

(7)调节装置应采用自动联锁装置,以防止误操作和自动调节、自动操纵线(管)路等的误通断。

6. 生产设备配置紧急开关的要求及预防意外启动时的措施

(1)生产设备配置紧急开关的要求。紧急开关,亦称紧急事故开关,是供紧急状态下终止设备危险运行以保障人员和设备安全的一种操纵器。

《生产设备安全卫生设计总则》第5.6.2.1款规定:若存在下列情况的可能性之一,生产设备则必须配置紧急开关。

① 发生事故或出现设备功能紊乱时,不能迅速通过停车开关来终止危险的运行。

② 不能通过一个开关迅速中断若干个能造成危险的运动单元。

③ 由于切断某个单元会导致其他危险。

④ 在操纵台处不能看到所控制的全貌。

第5.6.2.2款和5.6.2.3款对紧急开关设置的要求做了规定。

① 紧急开关必须有足够的数量,应在所有的控制点和给料点都能迅速而无危险地触及。紧急开关的形状应有别于一般开关,其颜色应为红色或有鲜明的红色标记。

② 生产设备由紧急开关停车后,其残余能量可能引起危险时,必须设有与之联动的减缓运行和防逆转装置。必要时,应设有能迅速制动的安全装置。

(2) 预防生产设备的意外启动时的措施。

《生产设备安全卫生设计总则》第5.6.3款作了如下规定。

① 对于在调整、检查、维修时需要察看危险区域或人体局部(手或臂)需要伸进危险区域的生产设备,设计上必须采取防止意外启动措施。

a. 在对危险区域进行防护(如机械式防护)的同时,还应能强制切断设备的启动控制和动力源系统。

b. 在总开关柜上设有多把锁,只有开启全部锁时才能合闸。

c. 控制或联锁元件应直接位于危险区域,并只能由此处启动或停车。

d. 用可拔出的开关钥匙。

e. 设备上具有多种操纵和运转方式的选择器,应可锁闭在按预定的操作方式所选择的位置上。选择器的每一位置,仅能与一个操纵方式或运转方式相对应。

f. 使设备的势能处于最小值。

② 生产设备因意外启动可能危及人身安全时,必须配置起强制作用的安全防护装置,必要时,应配置两种以上互为联锁的安全装置,以防止意外启动。

③ 当动力源因故偶然切断后又重新自动接通时,控制装置应能避免生产设备产生危险运转。

7. 保证生产设备在检查和检修时安全的有关规定

《生产设备安全卫生设计总则》第5.10条从以下几方面对保证生产设备在检查和检修时的安全作出了规定。

(1) 设计生产设备,必须考虑检查和维修的安全性、方便性。必要时,应随设备配备专用检查、维修工具或装置。

(2) 需要进行检查和维修的部位,必须能处于安全状态。需要定期更换的部件,必须保证其装配和拆卸没有危险。

(3) 需进入内部检查、维修的生产设备,特别是缺氧和含有毒介质的设备,必须设有明显的提示操作人员采用安全措施的标志。

(4) 在检查、维修时,对断开动力源之后仍有可能存在残余能量的生产设备,设计上必须保证其能量可被安全释放或消除。

(5) 动力源切断后再重新接通时会对检查、维修人员构成危险的生产设备,必须设有止动联锁控制装置。

> **小提示**
>
> 一般伤口止血法
>
> (1) 一般伤口小的止血法。先用生理盐水(0.9%NaCl溶液)冲洗伤口,涂上红汞水,然后盖上消毒纱布,用绷带较紧地包扎。

（2）加压包扎止血法。用纱布、棉花等做个软垫，放在伤口上，再包扎伤口，以增强压力而达到止血的效果。

（3）止血带止血法。选择弹性好的橡皮管、橡皮带或三角巾、毛巾、带状布条等，若上肢出血，则结扎在上臂上 1/2 处（靠近心脏位置）；若下肢出血，则结扎在大腿上 1/3 处（靠近心脏位置）。结扎时，在止血带与皮肤之间垫上消毒棉纱布。每隔 25～40 分钟放松一次，每次放松 0.5～1 分钟。

8.4　特种设备安全

案　例

2011 年 7 月 16 日，在桂林古东旅游有限公司滑道项目中，工作人员白某和秦某分别上了两台滑道车，白某在前、秦某在后（两车之间有一定距离），白某先开动滑道车下去，在距离站台约 60 m 时，白某突然被后面的车撞了一下，回头发现后面是空车，他立即感觉秦某可能出事了，马上停车并通知在下站台等待他们的工作人员。最后，他们在距白某下车点约 240 m 的弯道处发现秦某，当时秦某脉搏已比较弱，头部出血，竖躺在滑道护栏的走道上。秦某随即被送往最近的卫生院进行抢救，但终因颅脑损伤严重，抢救无效死亡。

分析：① 直接原因是秦某身为安全员却违反规定，乘滑车回下站时未系好安全带，导致在下滑途中通过最小弯道时，身体受离心力作用被抛出轨道、头部撞击滑道护栏，最终因颅脑严重损伤而死亡。② 不能排除秦某在进入弯道前刹车却无法正常减速的情况，这也可能是导致秦某被抛出弯道的另一个重要原因。③ 秦某在事发前未取得过特种设备上岗作业证书，也属违规。

猜谜底

1. 万事俱备借东风（事故名称）　　2. 抱薪救火（化学反应）

3. 碰头会（成语）

8-5　谜底

1. 特种设备的定义及分类

根据《特种设备安全监察条例》（2009 年修正），特种设备是指涉及生命安全、危险性较大的锅炉、压力容器（含气瓶）、压力管道、电梯、起重机械、客运索道、大型游乐设施和场(厂)内专用机动车辆。

特种设备依据其主要工作特点,分为承压类特种设备和机电类特种设备。

(1)承压类特种设备。承压类特种设备是指承载一定压力的密闭设备或管状设备,包括锅炉、压力容器(含气瓶)、压力管道。

① 锅炉:是指利用各种燃料、电能或者其他能源,将所盛装的液体加热到一定的参数,并对外输出热能的设备,其范围规定为:容积大于或者等于30升的承压蒸汽锅炉;出口水压大于或者等于0.1兆帕(表压),且额定功率大于或者等于0.1兆瓦的承压热水锅炉;有机热载体锅炉。

② 压力容器:是指盛装气体或者液体,承载一定压力的密闭设备,其范围规定为最高工作压力大于或者等于0.1兆帕(表压),且压力与容积的乘积大于或者等于2.5兆帕升的气体、液化气体和最高工作温度高于或者等于标准沸点的液体的固定式容器和移动式容器;盛装公称工作压力大于或者等于0.2兆帕(表压),且压力与容积的乘积大于或者等于1.0兆帕升的气体、液化气体和标准沸点等于或者低于60℃液体的气瓶;氧舱等。

③ 压力管道:是指利用一定的压力,用于输送气体或者液体的管状设备,其范围规定为最高工作压力大于或者等于0.1兆帕(表压)的气体、液化气体、蒸汽介质或者可燃、易爆、有毒、有腐蚀性、最高工作温度高于或者等于标准沸点的液体介质,且公称直径大于25毫米的管道。

(2)机电类特种设备。机电类特种设备是指必须由电力牵引或驱动的设备,包括电梯、起重机械、客运索道、大型游乐设施、场(厂)内专用机动车辆。

① 电梯:是指动力驱动,利用沿刚性导轨运行的箱体或者沿固定线路运行的梯级(踏步),进行升降或者平行运送人、货物的机电设备,包括载人(货)电梯、自动扶梯、自动人行道等。

② 起重机械:是指用于垂直升降或者垂直升降并水平移动重物的机电设备,其范围规定为额定起重量大于或者等于0.5吨的升降机;额定起重量大于或者等于1吨,且提升高度大于或者等于2米的起重机和承重形式固定的电动葫芦等。

③ 客运索道:是指动力驱动,利用柔性绳索牵引箱体等运载工具运送人员的机电设备,包括客运架空索道、客运缆车、客运拖牵索道等。

④ 大型游乐设施:是指用于经营目的,承载乘客游乐的设施,其范围规定为设计最大运行线速度大于或者等于2米/秒,或者运行高度距地面高于或者等于2米的载人大型游乐设施。

⑤ 场(厂)内专用机动车辆:是指除道路交通、农用车辆以外仅在工厂厂区、旅游景区、游乐场所等特定区域使用的专用机动车辆。

2. 我国关于特种设备安全的有关规定

我国《特种设备安全监察条例》共8章103条,其内容对特种设备的生产、检测、安装、使用、维修、监督检查等所涉及的安全问题都有比较严格的规定。

第一章总则的第四条规定:"国务院特种设备安全监督管理部门负责全国特种设备

的安全监察工作,县以上地方负责特种设备安全监督管理的部门对本行政区域内特种设备实施安全监察。"

第二章特种设备的生产第十二条规定:"锅炉、压力容器中的气瓶、氧舱和客运索道、大型游乐设施以及高耗能特种设备的设计文件,应当经国务院特种设备安全监督管理部门核准的检验检测机构鉴定,方可用于制造。"第十四条规定:"锅炉、压力容器、电梯、起重机械、客运索道、大型游乐设施及其安全附件、安全保护装置的制造、安装、改造单位,以及压力管道用管子、管件、阀门、法兰、补偿器、安全保护装置等的制造单位和场(厂)内专用机动车辆的制造、改造单位,应当经国务院特种设备安全监督管理部门许可,方可从事相应的活动。"第十六条规定:"锅炉、压力容器、电梯、起重机械、客运索道、大型游乐设施、场(厂)内专用机动车辆的维修单位,应当有与特种设备维修相适应的专业技术人员和技术工人以及必要的检测手段,并经省、自治区、直辖市特种设备安全监督管理部门许可,方可从事相应的维修活动。"

第三章特种设备的使用第二十六条规定:"特种设备使用单位应当建立特种设备安全技术档案。安全技术档案应当包括以下内容:

(一)特种设备的设计文件、制造单位、产品质量合格证明、使用维护说明等文件以及安装技术文件和资料。

(二)特种设备的定期检验和定期自行检查的记录。

(三)特种设备的日常使用状况记录。

(四)特种设备及其安全附件、安全保护装置、测量调控装置及有关附属仪器仪表的日常维护保养记录。

(五)特种设备运行故障和事故记录。

(六)高耗能特种设备的能效测试报告、能耗状况记录以及节能改造技术资料。"

第三章第二十八条规定:"特种设备使用单位应当按照安全技术规范的定期检验要求,在安全检验合格有效期届满前1个月向特种设备检验检测机构提出定期检验要求。检验检测机构接到定期检验要求后,应当按照安全技术规范的要求及时进行安全性能检验和能效测试。未经定期检验或者检验不合格的特种设备,不得继续使用。"第三十三条规定:"电梯、客运索道、大型游乐设施等为公众提供服务的特种设备运营使用单位,应当设置特种设备安全管理机构或者配备专职的安全管理人员;其他特种设备使用单位,应当根据情况设置特种设备安全管理机构或者配备专职、兼职的安全管理人员。"

第四章检验检测第四十四条规定:"从事本条例规定的监督检验、定期检验、型式试验和无损检测的特种设备检验检测人员应当经国务院特种设备安全监督管理部门组织考核合格,取得检验检测人员证书,方可从事检验检测工作。"

3. 压力容器事故的特点、原因及应急预防

(1)压力容器事故特点。

① 压力容器在运行中由于超压、过热,而超出受压元件可以承受的压力,或腐蚀、磨损,而造成受压元件承受能力下降到不能承受正常压力的程度,将发生爆炸、撕裂等事故。

② 压力容器发生爆炸事故后,不但事故设备被毁,而且还波及周围的设备、建筑和人群。其爆炸所直接产生的碎片能飞出数百米远,并能产生巨大的冲击波,其破坏力与杀伤力极大。

③ 压力容器发生爆炸、撕裂等重大事故后,有毒物质的大量外溢会造成人畜中毒的恶性事故;而可燃性物质的大量泄漏,还会引起重大的火灾和二次爆炸事故,后果也十分严重。

（2）压力容器事故发生原因。

① 结构不合理、材质不符合要求、焊接质量不好、受压元件强度不够以及其他设计制造方面的原因。

② 安装不符合技术要求,安全附件规格不对、质量不好,以及其他安装、改造或修理方面的原因。

③ 在运行中超压、超负荷、超温,违反劳动纪律、违章作业、超过检验期限没有进行定期检验、操作人员不懂技术,以及其他运行管理不善方面的原因。

（3）压力容器事故应急措施。

① 压力容器发生超压超温时要马上切断进气阀门;对反应容器要停止进料;对无毒非易燃介质,要打开放空管排气;对于有毒易燃易爆介质要打开放空管,将介质通过接管排至安全地点。

② 如果属超温引起的超压,除采取上述措施外,还要通过水喷淋冷却以降温。

③ 压力容器发生泄漏时,要马上切断进料阀门及泄漏处前端阀门。

④ 压力容器本体泄漏或第一道阀门泄漏时,要根据容器、介质使用专用堵漏技术和堵漏工具进行堵漏。

⑤ 易燃易爆介质泄漏时,要对周边明火进行控制,切断电源,严禁一切用电设备运行,并防止静电产生。

（4）压力容器事故的预防。为防止压力容器发生爆炸、泄漏事故,应采取下列措施。

① 在设计上,应采用合理的结构,如采用全焊透结构、能自由膨胀结构等,避免应力集中、几何突变。针对设备使用情况,选用塑性、韧性较好的材料。强度计算及安全阀排量计算符合标准。

② 制造、修理、安装、改造时,加强焊接管理,提高焊接质量并按规范要求进行热处理和探伤;加强材料管理,避免采用有缺陷的材料或用错钢材、焊接材料。

③ 在压力容器的使用过程中,加强管理,避免操作失误,超温、超压、超负荷运行,失检、失修、安全装置失灵等。

④ 加强检验工作,及时发现缺陷并采取有效措施。

⑤ 在压力容器的使用过程中,发生下列异常现象时,应立即采取紧急措施,停止容器的运行:超温、超压、超负荷时,采取措施后仍不能得到有效控制;压力容器主要受压元件发生裂纹、鼓包、变形等现象;安全附件失效;接管、紧固件损坏,难以保证安全运行;发生火灾、撞击等直接威胁压力容器安全运行的情况;充装过量;压力容器液位超过规定,采取措施仍不能得到有效控制;压力容器与管道发生严重振动,危及安全运行。

机电类特种设备及其安全知识很多,而且部分内容与电气设备及其安全相交叉。本书不予介绍。

> ### 小提示
>
> #### "太空电梯"梦能实现吗
>
> 太空电梯的概念最初出现在 1895 年,由"航天之父"俄国科学家康斯坦丁·齐奥尔科夫斯基提出。它的底端位于地面或平流层之上,顶部直达外太空,所以又名"天梯"。由于它与地球保持相对静止,从而可以用电梯把物品和人运送到太空。与这个概念紧密联系的是地球静止轨道,也就是在地球赤道上空 35 786 千米的高度上,卫星受到的地球引力和它绕地球自转所需要的向心力恰好相等,从而使这个轨道上的卫星,在我们看来是保持静止不动的。为了把太空电梯拉住,需要在地球静止轨道之上放置一个比较重的平衡锤,从而使整体重心保持在静止轨道上。
>
> 然而,无论当时还是今日,都找不到足够好的材料来建造,即便是这个长度的风筝线也达数千吨,更何况是平衡锤,这个量级至少翻倍。人类的航天能力远不能发射如此重的载荷。

8.5 安全设施

 案 例

某电力管理所在新建的 110 kV 架线塔进行线路参数测试,当进行到 C 相线路测绝缘时,在铁塔横担主材内侧角铁上待命的检修班工作人员受令去解开 C 相接地线。当其解开扣于角铁上的安全带,起立并用手去拿身旁已解开的转移防坠保险绳时,因站立不稳,从 18 m 高的高处坠落,所戴安全帽在下坠过程中脱落,致使头部撞在塔基回填土上,受重伤。

分析:① 工作人员在杆塔上作业时,因解开扣于角铁上的安全带,致使失稳从高处坠落,是事故的直接原因。② 作业人员安全意识淡薄,自我保护意识不强。送电管理所工作人员在杆塔上作业,虽然是一项经常性工作,但他对杆上作业的危险性重视不够,以致在高处作业移位时失去安全保护。③ 安全帽及其佩戴方法不符合要求。下颚带没有扎紧系好,以致下坠时安全帽脱落,导致头部直接受外力冲击,加重了脑部的受伤程度。

8-6　谜底

猜谜底

1. 开快车,心不安(《水浒传》中人名)

2. 离婚(电工用语)

3. 指挥车辆停驶(京剧剧目名)

4. 疾患缠身不离岗(劳动保护名词)

本节所涉及的安全设施主要指维护城市公共安全的设施,不同于企事业单位在生产经营活动中为确保安全生产而采用的设施。

1. 安全标志

由安全色、几何图形和图形符号构成的、用以表达特定安全信息的标记称为安全标志。安全标志的作用是引起人们对不安全因素的注意,预防事故发生。安全标志分为禁止标志、警告标志、指令标志和提示标志四类。

国家标准《安全标志及其使用导则》(GB 2894—2008)对安全标志的尺寸、衬底色、制作、设置位置、检查、维修以及各类安全标志的几何图形、标志数目、图形颜色及其补充标志等都作了具体规定。

安全标志的文字说明必须与安全标志同时使用。补充标志应位于安全标志几何图形的下方,文字有横写、竖写两种形式。

(1) 禁止标志。其几何图形是带斜杠的圆环,图形背景为白色,圆环和斜杠为红色,图形符号为黑色。禁止标志有禁止烟火、禁止吸烟、禁止用水灭火、禁止通行、禁止放置易燃物、禁止带火种、禁止启动、禁止转动、禁止跨越、禁止攀登、禁止入内、禁止停留等40个。

(2) 警告标志。其几何图形是正三角形,图形背景是黄色,三角形边框及图形符号均为黑色。警告标志有:注意安全、当心火灾、当心爆炸、当心腐蚀、当心中毒、当心触电、当心机械伤人、当心伤手、当心吊物、当心扎脚、当心落物、当心坠落、当心车辆、当心弧光、当心冒顶、当心塌方、当心坑洞、当心电离辐射、当心裂变物质、当心激光、当心微波、当心滑倒等39个。

(3) 指令标志。这是提醒人们必须遵守的一种标志。几何图形是圆形,背景为蓝色,图形符号为白色。指令标志有:必须戴防护眼镜、必须戴防毒面具、必须戴安全帽、必须戴护耳器、必须戴防护手套、必须穿防护鞋、必须系安全带、必须穿防护服等16个。

(4) 提示标志。这是指示目标方向或场所等的安全标志。提示标志的基本线型是正方形边框。总共包括紧急出口、避险处、应急避难场所、可动火区、击碎板面、急救点、应急电话和紧急医疗站8种。

2. 安全线、对比色、安全色

(1) 安全线。工矿企业中用以划分安全区域与危险区域的分界线为安全线。如厂房内安全通道的标示线、铁路站台上的安全线等均属此列。国家标准《安全色》(GB 2893—2008)规定,安全线用白色,宽度不得小于60毫米。

此外,在职业中毒事故应急救援过程中,也常使用不同颜色的安全线划分危险程度不同的区域。其中红线所划定的区域为危险区;在红区以外由黄线所划定的区域为洗消区;绿线所划分的区域是洗消区以外的安全区域。

（2）对比色。使安全色更加醒目的反衬色称为对比色。它有黑白两种颜色,黄色安全色的对比色为黑色。红、蓝、绿安全色的对比色均为白色。而黑、白两色互为对比色。

黑色用于安全标志的文字、图形符号,警示标志的几何图形和公共信息标志。白色则作为安全标志红、蓝、绿色安全色的背景色,也可用于安全标志的文字和图形符号及安全通道、交通的标线及铁路站台上的安全线等。

红色与白色相间的条纹比单独使用红色更加醒目,表示禁止通行、禁止跨越等,用于公路交通等方面的防护栏杆及隔离墩。

黄色与黑色相间的条纹比单独使用黄色更为醒目,表示要特别注意。用于起重吊钩、剪板机压紧装置、冲床滑块、压铸机的运动板、圆盘送料机的圆盘、低管道及坑口防护栏杆等。

蓝色与白色相间的条纹比单独使用蓝色醒目,用于指示方向,多为交通指导性导向标。

（3）安全色。

① 安全色的定义。安全色是表达安全信息的颜色,表示禁止、警告、指令、提示等意义。应用安全色使人们能够对威胁安全和健康的物体和环境尽快作出反应,以减少事故的发生。

② 安全色的应用。安全色用途广泛,如用于安全标志牌、交通标志牌、防护栏杆及机器上不准乱动的部位等。安全色的应用必须是以表示安全为目的和有规定的颜色范围。安全色应用红、黄、蓝、绿四种,其含义和用途分别如下。

红色表示禁止、停止、消防和危险的意思。禁止、停止和有危险的器件设备或环境涂以红色的标记。如禁止标志、交通禁令标志、消防设备、停止按钮和停车、刹车装置的操纵把手、仪表刻度盘上的极限位置刻度、机器转动部件的裸露部分、液化石油气槽车的条带及文字、危险信号旗等。

黄色表示注意、警告的意思。需警告人们注意的器件、设备或环境涂以黄色标记。如警告标志、交通警告标志、道路交通路面标志、皮带轮及其防护罩的内壁、砂轮机罩的内壁、楼梯的第一级和最后一级的踏步前沿、防护栏杆及警告信号旗等。

蓝色表示指令、必须遵守的规定。如指令标志、交通指示标志等。

绿色表示通行、安全和提供信息的意思。可以通行或安全情况涂以绿色标记。如表示通行、机器启动按钮、安全信号旗等。

③ 国家标准中对安全色的有关规定。国家标准《安全色》(GB 2893—2008)对安全色的含义及用途、照明要求、颜色范围以及检查与维修等均作了具体规定。

3. 防止供电设备致人触电的主要措施

（1）经常对设备进行安全检查,检查有无裸露的带电部分和漏电情况。裸露的带电线头,必须及时用绝缘材料包好。检验时,应使用专用的验电设备,在任何情况下都不要用手去鉴别。

（2）装设保护接地或保护接零。当设备的绝缘材料损坏，击穿其金属外壳时，把外壳上的电压限制在安全范围内，或自动切断绝缘损坏的电气设备。

（3）正确使用各种安全用具，如绝缘棒、绝缘夹钳、绝缘手套、绝缘套鞋、绝缘地毯等。并悬挂各种警告牌，装设必要的信号装置。

（4）安装漏电自动开关。当设备漏电、短路、过载或人身触电时，自动切断电源，对设备和人身起保护作用。

（5）当停电检修时及接通电源前都应采取措施使其他有关人员知道，以免有人正在检修时，其他人合上电闸；或者在接通电源时，其他人员由于不知道而正在作业，造成触电。

4. 我国对建筑防雷的分级要求

国家标准《建筑物防雷设计规范》（GB 50057—2010）规定：建筑物应根据其重要性、使用性质、发生雷电事故的可能性和后果，按防雷要求分为三类。

（1）第一类防雷建筑物。

① 凡制造、使用或贮存火炸药及其制品的危险建筑物，因电火花而引起爆炸、爆轰，会造成巨大破坏和人身伤亡者。

② 具有 0 区或 20 区爆炸危险场所的建筑物。

③ 具有 1 区或 21 区爆炸危险环境的建筑物，因电火花而引起爆炸，会造成巨大破坏和人身伤亡者。

（2）第二类防雷建筑物。

① 国家级重点文物保护的建筑物。

② 国家级的会堂、办公建筑物、大型展览和博览建筑物、大型火车站和飞机场、国宾馆、国家级档案馆、大型城市的重要给水水泵房等特别重要的建筑物。（注：飞机场不含停放飞机的露天场所和跑道。）

③ 国家级计算中心、国际通信枢纽等对国民经济有重要意义的建筑物。

④ 国家特级和甲级大型体育馆。

⑤ 制造、使用或贮存火炸药及其制品的危险建筑物，且电火花不易引起爆炸或不致造成巨大破坏和人身伤亡者。

⑥ 具有 1 区或 21 区爆炸危险场所的建筑物，且电火花不易引起爆炸或不致造成巨大破坏和人身伤亡者。

⑦ 具有 2 区或 22 区爆炸危险场所的建筑物。

⑧ 有爆炸危险的露天钢质封闭气罐。

⑨ 预计雷击次数大于 0.06 次/年的部、省级办公建筑物及其他重要或人员密集的公共建筑物以及火灾危险场所。

⑩ 预计雷击次数大于 0.3 次/年的住宅、办公楼等一般性民用建筑物。

（3）第三类防雷建筑物。

① 省级重点文物保护的建筑物及省级档案馆。

② 预计雷击次数大于或等于 0.01 次/年且小于或等于 0.06 次/年的部、省级办公

建筑物及其他重要或人员密集的公共建筑物以及火灾危险场所。

③ 预计雷击次数大于或等于 0.06 次/年且小于或等于 0.3 次/年的住宅、办公楼等一般性民用建筑物或一般性工业建筑物。

④ 在平均雷暴日大于 15 天/年的地区,高度为 15 米及以上的烟囱、水塔等孤立的高耸建筑物;在平均雷暴日小于或等于 15 天/年的地区,高度为 20 米及以上的烟囱、水塔等孤立的高耸建筑物。

由以上标准可知,城市社区建筑物一般属于第二类或第三类防雷建筑物。

5. 建筑物防雷措施

建筑物是否需要进行防雷保护,应采取哪些防雷措施,要根据建筑物的防雷等级来确定。《建筑物防雷设计规范》做了具体规定。

(1) 各类防雷建筑物应设防直击雷的外部防雷装置,并应采取防闪电电涌侵入的措施。第一类防雷建筑物和第二类防雷建筑物 5~7 款,应采取防闪电感应的措施。

(2) 各类防雷建筑物应设内部防雷装置,并应符合下列规定:

① 在建筑物的地下室或地面层处,以下物体应与防雷装置做防雷等电位连接:a. 建筑物金属体。b. 金属装置。c. 建筑物内系统。d. 进出建筑物的金属管线。

② 除第一条措施外,外部防雷装置与建筑物金属体、金属装置、建筑物内系统之间,应满足间隔距离的要求。

(3) 第二类防雷建筑物 2~4 款应采取防雷击电磁脉冲的措施。其他各类防雷建筑物,当其建筑物内系统所接设备的重要性高,以及所处雷击磁场环境和加于设备的闪电电涌无法满足要求时,也应采取防雷击电磁脉冲的措施。

6. 城市安防监控系统

(1) 视频监控系统。视频监控系统是城市社区公共安全防控的重要设施。它可以实时地掌握城市社区内的各种情况,包括治安、交通、防火等,然后由值班室保安员分析、判断,以正确调度保安力量,及时处理各种有关情况。当发生案件时,它也可以将获得的录像资料回放,以搜索各监控区内的疑点,从而有利于破案。另外,由于在社区内比较重要的部位安设了电子摄像机,可以有效地警告犯罪分子不要轻举妄动,从而减少了犯罪的发生率。

(2) 周边防范报警系统。为了有效防止不法分子翻越围墙进入城市社区内作案,可以采用周边防范报警系统及时向保安监控中心报警,以便采取应对措施。该系统通常由红外对射探头、报警控制器、现场警号、报警监控中心等部件组成,根据不同情况还可以包含红外射灯、摄像机等辅助设备。

(3) 智能门禁系统。智能门禁系统是指对出入大厦、房间人员的合法身份进行电子自动验证以决定是否开门的一种管理系统。它改变了传统意义上的门卫值班概念,使门卫管理自动化,更加安全、可靠,是门卫安全防范领域的重大进步。智能门禁系统通常由主机(门禁控制器)、读卡器(信息采集)和电子门锁组成(联网时可外加电脑和通信转换器),读卡方式一般可为接触式或非接触式,前者需要持卡人将卡插入读卡机内进行验证并将卡中信息发送到主机,后者只需持卡人将卡在读卡器附近快速晃动一次,读卡器即能感应到有卡并将卡中的信息（卡号）发送到主机。然后，主机进行卡的合法性检查，以决定是否开门。整个过程是通过刷卡来实现门禁管理功能。所用身份验证 IC 卡通常有"用户卡""特殊卡"和"设置卡"三类，进出人员只要拥有三类卡中的任何一卡，就可进出无阻，否则被谢绝入内。

小提示

在野外如何躲避雷电伤害

如何才能避免或减少雷击伤亡，保障生命安全呢？据专家介绍，雷击导致人员伤亡，主要发生在旷野。那么，在野外怎样才能防范雷击的伤害呢？

防雷专家指出，当雷电发生时，人们在野外一定要注意以下几点：不要在山顶、山脊或建筑物顶部停留，因为强大的电流可导致人员伤亡；不宜在水面或水陆交界处作业，在我国南方，尤其是在农村日常生活中，人们在水面及水陆交界处活动频率很高，雷击伤亡情况也特别严重；不宜快速骑摩托车、自行车，在雷暴天气时骑摩托车遭雷击伤亡的事件不断发生，骑摩托车而导致雷击伤害的人可能是抱着侥幸的心理，以为摩托车速度快，冲一冲便可避过雨淋了，其实，摩托车再快也不能快过雷电；不宜进行户外球类运动，雷雨天进行室外、野外的球类活动，容易造成群死群伤的严重后果，这已经被国外的许多雷击灾害实例证明；夏天在江河、湖泊、露天游泳池里游泳时，要注意天气的变化，尽量避免雷雨时游泳，在游泳过程中，当预感到雷雨即将来临时，应迅速上岸。在水中易于遭雷击，因为水是一种良好的导体，人横在水面，如果附近有闪击点，那么，危险性是很大的。

-------------------------------- ◎ 小　　结 ◎ --------------------------------

本章介绍了事故及其预防的基本原理、电气设备安全、机械设备安全、特种设备安全以及安全专用设施和专业安全管理等方面的基础知识。

-------------------------------- ◎ 思考与练习 ◎ --------------------------------

1. 什么是事故？事故的特点及预防原则是什么？
2. 大学生在日常生活过程中可能存在的物不安全状态和人不安全行为有哪些？请联系实际谈一谈。
3. 触电事故发生的原因是什么？如何对其进行有效预防？
4. 电气作业人员如何有效进行安全作业？请结合实际谈谈。
5. 机械设备有哪些危险因素？如何消除？
6. 生产设备设计时的安全要求是什么？
7. 什么是特种设备？我国对特种设备的安全使用有什么特殊要求？

8. 压力容器应具备的安全附件及工作特点有哪些？请展开论述。

9. 起重机械工作过程中的事故类型及发生原因是什么？

10. 什么是安全标志和安全色？

11. 下面漫画中表达的安全应急措施是否妥当？请指出其存在的问题，并结合现实展开讨论。

综 合 练 习 一

2013 年 8 月 7 日，暴雨袭击郑州，下午 5 点 40 分左右，路上两根 10 千伏电缆折断垂落地面，一名 26 岁小伙骑车经过时触电身亡；晚 8 点 10 分左右，一名年轻女子骑车经过花园路积水路面时触电，不幸身亡。

讨论：下雨天为防止触电，走路应该注意什么？如果不小心进入漏电"危险区"，那么该怎么安全通过？发现高压电缆断落接地，该怎么办？

综 合 练 习 二

2007 年 11 月 21 日 10 时 30 分左右，浙江大学医学院某附属医院住院楼一台病床电梯在一楼上行至二楼的过程中突然停运，五人被困梯内。由于过于慌张，采取不当的撤离方式，在明知电梯轿厢底距地面 1.5 米左右且有一定危险的情况下，盲目爬离电梯，姜某不慎经由井道坠入地下二层，造成大腿骨折和内脏出血等损伤，经抢救无效死亡。

讨论：电梯属于机电类特种设备，当电梯突然发生故障停止运行时，被困在电梯中的乘客该怎么自救？

-------------------------------- ◎ 阅读材料 ◎ --------------------------------

从成语和俗语中挖掘安全管理瑰宝

成语有很大一部分是从古代沿用下来的，成语之所以是成语，是因为"众人皆说，成之于语"。俗语是汉语语汇里为群众所创造、通俗并广泛流行的定型的语句，简练而形象,俗语反映人民生活经验和愿望。

　　成语与俗语都是通过长期大量社会实践或实验归纳而成的,其中包含不少对安全人性和安全社会规律的总结。特别是对人和组织行为方面的安全规律研究,现代人即使花大量精力去刻意做实验,得出的结论也远远不如从成语或俗语中筛选的安全规律来得真实和可靠。

　　下面列举几个典型例子,有兴趣者可以专门去研究。

　　(1)事故致因理论有一个"事故倾向性论",尽管该理论受到很多批评,但现实中很多人的行为安全事实还是证明了它是正确的。这一规律适用的俗语或成语有:"江山易改,本性难移"等。尽管有些话说得粗俗和极端,而且是针对个别人的,但事故往往也是个别人引发的。

　　(2)师傅带徒弟是安全传承的重要实践经验之一。很多安全规律都是统计出来的,既然是统计,那一定需要时间,安全要经验积累,这是生产实践预防事故的规律。与这一规律相关的俗语有"不听老人言,吃亏在眼前"等。

　　(3)在生产生活中,人们经常需要将同一类物品堆放或保存在一起,做到有条不紊,并使之不互相影响和安全,也便于采取专门的管理措施;开展安全教育时,经常需要分类进行,如企业负责人、职业安全管理人员、特种作业人员、新入厂人员、初训人员、复训人员等,分得越细,安全教育越有针对性,效果越好;组织机构设置等,也经常用分类分级的做法。与这一规律相关的成语或俗语有"物以类聚,人以群分""志同道合""三六九等"等。

　　(4)安全文化传承的一个重要途径就是熏陶,企业安全文化建设很重要的是营造安全的氛围和土壤,使所有员工在不知不觉中养成良好的安全行为习惯。与这一做法相关的深刻描述有"近朱者赤,近墨者黑"等,其实"人以群分"也是为了有利于形成"近朱者赤,近墨者黑"的环境。

　　从成语与俗语中可以找到颠扑不破的安全人性规律和安全社会规律,从而用于安全管理的实践。因此,我们没有理由不重视它。从成语和俗语中淘宝,也是一个有趣的安全科学研究方向。

　　(资料来源:吴超教授博客)

　　由中南大学吴超教授团队制作的 MOOC（慕课）"大学生安全文化"是国家级精品资源共享课程，在"爱课程"网站的"中国大学 MOOC"模块发布了全程教学视频资源。该团队负责人吴超也是本书主编之一，慕课的部分教学视频与本书部分章节的内容相配套（具体见下表），读者可通过访问相关网站免费观看学习。

本书部分章节内容与教学视频资源对应表

本 书 章 节		配套教学视频/讲
章	节	
第 3 章	3.1　日常生活安全	生活安全知识
	3.2　消费安全	
	3.3　运动安全	
	3.4　旅行安全	实习旅行和户外活动安全
	3.5　防盗防骗	失窃预防知识
第 4 章	4.1　心理健康	心理疾病疗法
	4.2　饮食安全	饮食安全知识
	4.3　保健常识	身体保健常识
第 5 章	5.1　大型公共活动安全	应对突发事件的安全知识
	5.4　消防安全	消防安全知识 校园防火知识
	5.5　交通安全	交通安全基本知识
	5.6　自然灾害安全	实习旅行和户外活动安全
第 6 章	6.1　实验安全	实验室安全知识
	6.2　实习安全	实习生的安全权利与义务
	6.3　勤工俭学安全	
	6.4　择业安全	

续　表

本　书　章　节		配套教学视频/讲
章	节	
第7章	7.1　职业卫生的基本概念	职业卫生基础知识
	7.2　劳动的生理和心理	劳动心理与生理知识
	7.3　粉尘与常触的毒物	粉尘对人体的危害及其防治
	7.4　物理因素职业病损	典型物理因素危害及其防护
	7.5　办公室的职业健康	办公室职业健康知识
第8章	8.2　电气安全	电气安全知识
	8.3　机械安全	机械安全基本知识
	8.4　特种设备安全	

　　对安全文化感兴趣的读者,可访问本书编者吴超与王秉的科学网博客来了解和学习更多有关安全文化的内容。

主要参考文献

［1］陈沅江,刘影,田森.职业卫生与防护[M].2 版.北京:机械工业出版社,2018.

［2］吴超,陈沅江.高职学生安全教育[M].2 版.北京:高等教育出版社,2018.

［3］吴超.安全科学原理[M].北京:机械工业出版社,2018.

［4］张大凯,聂彩林,胥长寿.高职学生安全教育通论[M].北京:航空工业出版社, 2018.

［5］吴超,王秉.大学生安全文化[M].2 版.北京:机械工业出版社,2017.

［6］李树刚.灾害学[M].3 版.北京:应急管理出版社,2021.

［7］姜伟,佟瑞鹏,傅贵.安全科学与工程导论[M].北京:中国劳动社会保障出版社, 2016.

［8］吴超.学生实习(实训)安全教育读本[M].北京:中国劳动社会保障出版社,2015.

［9］吴超,王秉.安全教育学教程[M].北京:化学工业出版社,2021.

［10］田水承,景国勋.安全管理学[M].2 版.北京:机械工业出版社,2016.

［11］李俊生,多俊岗.大学生安全教育[M].重庆:重庆大学出版社,2016.

［12］中共北京市委教育工作委员会,北京高教学会保卫学研究会.大学生安全知识 [M].4 版.北京:机械工业出版社,2014.

［13］王秉,吴超.安全标语鉴赏与集粹[M].北京:化学工业出版社,2016.

［14］刘永富,陈秀英.大学生安全教育[M].北京:化学工业出版社,2014.

［15］理阳阳.大学生安全教育[M].西安:西安电子科技大学出版社,2015.

［16］严华,朱建纲.坚持总体国家安全观[M].长沙:湖南教育出版社,2017.

［17］江苏省教育厅,江苏省高等教育学会高校保卫学研究员会.大学生安全教育读本: 案例与分析[M].南京:东南大学出版社,2014.

［18］王秉.《天工开物》中的安全文化[J].现代职业安全,2016(7).

［19］王秉.社会主义核心价值观引领的安全文化理念体系建设[J].安全,2020,41(4).

［20］王秉,吴超.安全信息视阈下的系统安全学研究论纲[J].情报杂志,2017,36(10).

［21］李飞.大学生心理健康问题的对策研究[D].石家庄:河北师范大学,2015.

［22］黎林戈.习近平政治安全观研究[D].广州:华南理工大学,2020.

高等教育出版社

教 学 资 源 索 取 单

仅限教师索取

尊敬的老师：

您好！

感谢您使用吴超等编写的《高职学生安全教育》第三版。

为了便于教学，本书另配有课程相关教学资源。如贵校已选用了本书，您只要加入职业素养和创新创业 QQ 群，关注微信公众号"高职素质教育教学研究"，或者把下表中的相关信息以电子邮件方式发至我社即可免费获得。

我们的联系方式：

职业素养和创新创业 QQ 群：167361230　　　微信公众号：高职素质教育教学研究

服务 QQ：800078148（教学资源）　　　电子邮箱：800078148@b.qq.com

联系电话：(021)56961310/56718921

地址：上海市虹口区宝山路 848 号　　　　　　　　　　　　　邮编：200081

姓　名		性　别		出生年月		专　业	
学　校				学院、系		教研室	
学校地址						邮　编	
职　务				职　称		办公电话	
E-mail						手　机	
通信地址						邮　编	
本书使用情况	用于＿＿＿＿＿＿＿学时教学，每学年使用＿＿＿＿＿＿＿册。						

您对本书有什么意见和建议？

您还希望从我社获得哪些服务？

☐ 教师培训　　　☐ 教学研讨活动

☐ 寄送样书　　　☐ 相关图书出版信息

☐ 其他＿＿＿＿＿＿＿＿＿＿＿＿＿＿＿＿＿＿＿＿＿＿＿＿＿＿＿＿＿＿＿＿＿＿＿＿＿